口絵1：早春のブナ林。下の写真ではすでにブナの淡い緑色の葉が姿を見せているが，上の写真ではまだ開葉していない（鳥取県大山　写真／山本進一）【第1部第4章参照】

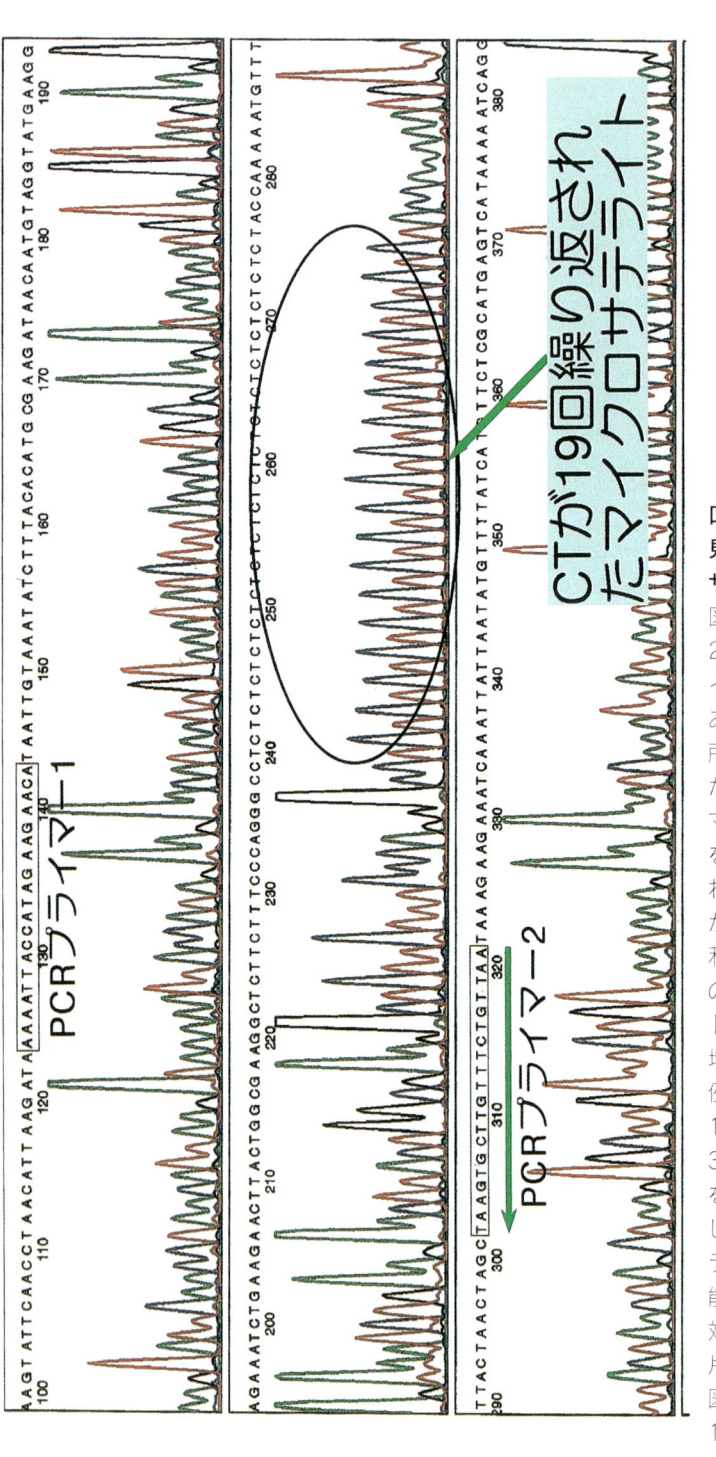

口絵2：ホオノキで見出されたマイクロサテライトの一例。図中の239から276番目の配列がマイクロサテライトである。このような場所がゲノム内に数万か所あるが，個々のマイクロサテライトを取り囲む部分はそれぞれの場所で特徴がある。その特徴を利用して，それぞれのマイクロサテライトをPCRで特異的に増幅する。この図の例では，124～143番目と302～321番目の塩基配列をPCRプライマーとした。この2つのプライマーがうまく機能すれば，198塩基対（bp）のDNA断片が増幅される（原図／井鷺裕司）【第1部第3章参照】

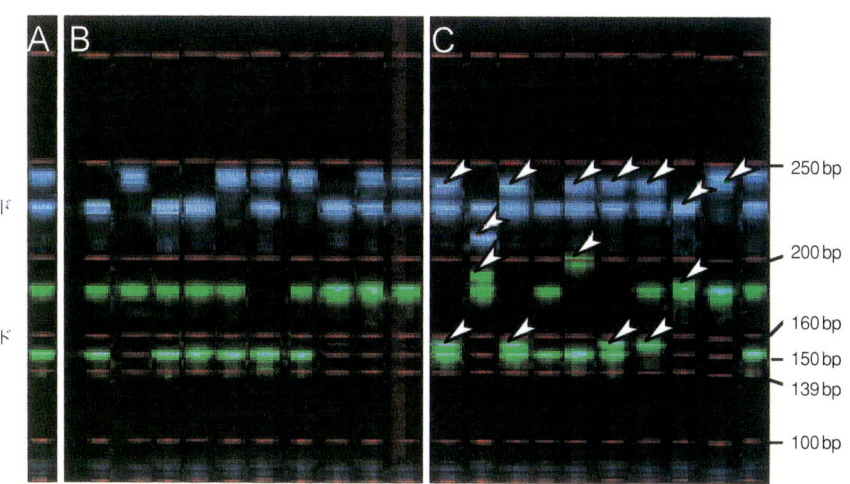

口絵3：DNAシーケンサーを用いて分析したマイクロサテライトマーカーのゲルイメージ。赤いバンドがサイズマーカー，青と緑のバンドがホオノキのマイクロサテライト。A：繁殖個体の遺伝子型。遺伝子座M10D3，M6D4ともに2本のバンドがあり，ヘテロ接合であることがわかる。B：Aの個体から採集した，ある集合果に由来する芽生えの遺伝子型。すべての芽生えはAのもつバンドのみの組み合わせからなる遺伝子型を示しており，自殖由来の可能性が高い。C：Aの個体から採集した，Bとは異なる集合果に由来する芽生えの遺伝子型。すべての芽生えが，2つの遺伝子座において少なくとも1本は種子親であるAと共通するバンドをもつが，Aのもたないバンド（白い矢印で示したもの，花粉由来）をもっており，他殖由来であることがわかる。右から1番目と7番目の個体は，この図だけ見れば自殖によるものと考えられるが，他の遺伝子座には父親（花粉）由来のバンドがあり，他殖由来であることがわかった。（写真／井鷺裕司）【第1部第3章参照】

口絵4：開花期のホオノキ。ホオノキは雌性先熟型の開花様式を持ち，同花受粉は行わない。しかし，個々の花の開花は同調しないので，雄期の花から雌期の花へと自家花粉が運ばれて自殖が生じる。写真の3個の花のうち，右の2個は雄期，左の1個は雌期（左上には開花終了直後の花，左下には開花直前のつぼみも見える）。（写真／石田清）【第1部第2章参照】

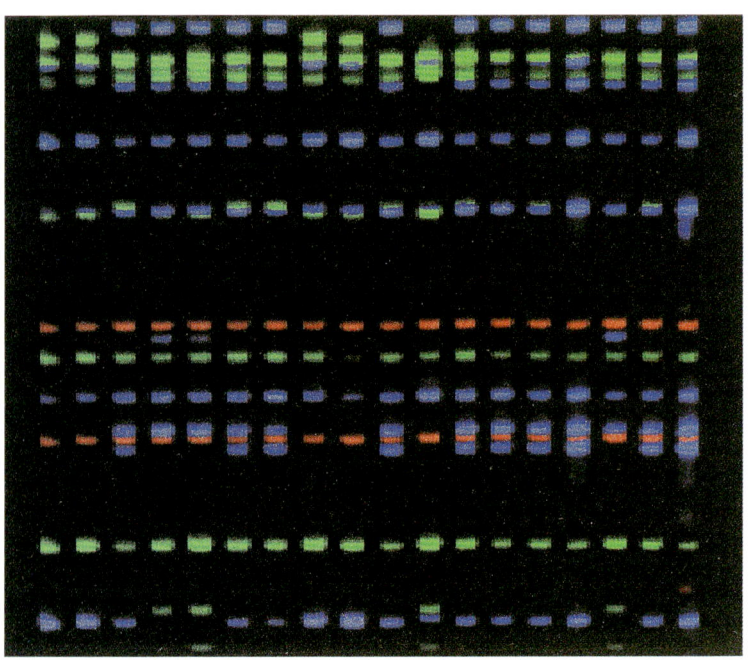

口絵5：クマイザサのAFLPフィンガープリント（部分）（写真／陶山佳久）【第1部第1章参照】

口絵6：蔵王のハッコウダゴヨウとキタゴヨウ。
上：標高1,700ｍほどのところに生育するハッコウダゴヨウ。幹が完全に匍匐し，外見からはハイマツとの区別は困難である。右：標高1,200ｍほどのところに生育するキタゴヨウ。高枝切りで葉を採取しているところ。両方とも，葉緑体DNAがキタゴヨウ型で，ミトコンドリアDNAがハイマツ型の細胞質キメラ個体である。（写真／綿野泰行）【第1部第5章参照】

# 森の分子生態学
～遺伝子が語る森林のすがた～

種生物学会 編
西脇亜也・陶山佳久 責任編集

文一総合出版

# Molecular Ecology of Woody Species

edited by
Aya NISHIWAKI and Yoshihisa SUYAMA,
The Society for the Study of Species Biology (SSSB)

Bun-ichi Sogo Shuppan Co.
Tokyo

種生物学研究　第23号
Shuseibutsugaku Kenkyu No.23

| | | |
|---|---|---|
| 責任編集 | 西脇　亜也 | （宮崎大学） |
| | 陶山　佳久 | （東北大学） |
| 編集協力 | 村上　哲明 | （京都大学） |

種生物学会　和文誌編集委員会

| | | |
|---|---|---|
| 編集委員長 | ＊川窪　伸光 | （岐阜大学） |
| 編集委員 | 大橋　一晴 | （東北大学） |
| | 大原　雅 | （北海道大学） |
| | 工藤　岳 | （北海道大学） |
| | 工藤　洋 | （東京都立大学） |
| | ＊酒井　聡樹 | （東北大学） |
| | ＊西脇　亜也 | （宮崎大学） |
| | ＊三島美佐子 | （九州大学） |
| | 横山　潤 | （東北大学） |
| | 綿野　泰行 | （千葉大学） |

＊：本書の編集担当者

# はじめに：
# 分子生態学への招待

　最近，遺伝子情報を駆使した野生植物の研究が盛んになり，今まで見えなかった植物の世界がいきいきと描かれはじめた．確固たる遺伝的分子情報に基づいて集団遺伝学と生態学とが融合し，言ってみれば「分子生態学」的な研究が進展しつつあるのだ．実際，樹木や森林植物に関するこの分野の研究者は，アロザイムからマイクロサテライトDNAまで，様々な遺伝子情報を駆使し，植物集団の遺伝的な構造を詳細に調べることができるようになった．そのため，例えば過去から現在までの地史的時間の流れの中で，野生植物がたどってきた進化の道筋を遺伝学的なデータをもとに議論することも可能になってきた．また，親子判定や種子親・花粉親の判別技術も発達し，自然淘汰や性淘汰の過程を実際に測定できるようにもなってきている．これからは，進化生物学や保全生物学の研究において，本書が紹介するような「分子生態学」的な手法を使うことが一般的になるだろう．

　ところが，分子生態学の敷居は高い．なぜなら，研究成果としての論文を読んだだけでは，とても「分子生態学」的な手法をマスターすることはできないからである．私たち自身，分子生態的な研究に興味があったので，学会会場で発表を聞いたり専門家の話を立ち聞きしたりして，垣根越しにこの分野の動向を把握しようと試みてきた．けれども，なかなか全容をつかむことは難しかった．そこで，この分野の教科書を探してみたが，適当なものが非常に限られているのである．この分野では，分子情報を解析する職人的技術が一子相伝的に伝えられるようなところがあって，そのような研究の場では，教科書や実験書の必要性が薄かったのだろう．

　しかし，それはまったく新しく，かつ正しく，この分野の研究を始めようとする人の流れを妨げているように思える．実際，学会口頭発表などでは解析手法の誤った適用例も見られ，分子マーカー手法の正しい使用法を簡潔に

まとめた解説の必要性は論を待たない。昔から使われてきたアロザイム分析（アイソザイム分析）にしても，生態学に適当な日本語の教科書はなく，多くの方が苦労しながら自力で手法を検討してきた。野生植物を材料に野外で行う遺伝子研究において，「手法の原理や適用範囲」を明瞭に示した教科書が渇望されているのだ。

本書では，野外の植物個体群を解析する際に必要となる分子マーカー，つまり，アロザイム，マイクロサテライト，ミトコンドリアDNA，葉緑体DNA，AFLP，SSCP，ゲノム情報などの様々な遺伝子情報を駆使した研究成果をまず紹介する。これらの研究成果は，1998年12月に鹿児島大学理学部において開催された第30回種生物学シンポジウム「森林植物の繁殖構造と集団分化－分子マーカーの有効性と限界」で講演された気鋭の研究者の方々に，講演内容を補完して文章にしていただいた。また，それらの研究成果を得た手法についても，「手法の原理や適用範囲」を明瞭にしつつまとめ上げた。したがってこの本には，野外植物の集団の研究に，非常に有効な遺伝子研究手法とその適用例が，ほとんどすべて網羅されている。分子生態的解析手法に興味のあるすべての方にとって，その解析手法の実態と成果を理解していただけると同時に，実際に研究を始めようとする際にも，本書の研究手法の解説が大いに役に立つはずである。

さて，この本はどのように読むべきだろうか？　大半の読者は，最近脚光を浴びているDNAを使った研究成果を理解したいとか，自分の研究に役に立つ手法はどれだろうか？といったことに興味があるのではないかと思う。

まず本書の前半では，実際のフィールドで分子生態的な研究がどのように行われているかがわかるように，最新の研究成果を紹介している。ここでは，分子生態的な研究によって明らかにされた植物の世界の新たな側面を知ることができると思う。どの研究においても，ただ外から眺めていては見ることができなかった野生植物の姿が浮き彫りにされる。

後半は手法解説編とし，分析法の原理と概要，長所や短所，適用できる研究例，分析結果の検討および解釈に多くのページを割いて，単なるマニュアル本とはならないようにした。したがって，すでにある程度の実験経験を積まれた方には，解説はまだるっこしく感じられるだろう。しかし，この様式の手法解説こそ，我々編集担当者の意図である。それぞれの分析法の原理的

理解は新たな手法開発の基礎的視点を提供するであろうし,初学者にとって,すべてを理解するうえで不可欠であると考えている。

以下では,研究目的別に本書の読み方の解説を試みたい。研究目的は人それぞれ異なるのだろうが,この本の読み方ガイドとして活用して欲しい。

## 植物集団の遺伝的多様性の測定

第1部研究実例篇の「ホオノキが語る近交弱勢の謎」,「遺伝子の地図」,「遺伝子の来た道:ブナ集団の歴史と遺伝的変異」,第2部研究手法解説の「遺伝的多様性研究ガイド」,「アロザイム実験法」,「PCR-RFLP法」,「マイクロサテライトマーカー分析法」などを読んで欲しい。

通常,花の色や葉の形などの外部形態の表現型からその個体の遺伝子型を知ることはできない(劣性遺伝子の存在:メンデルの優性の法則を思い出していただきたい)。そのため,集団内の遺伝的多様性を測定しようとして,どんなに多くの個体の外部形態を測定しても,表現型の背景にある遺伝型が明らかにならなければ,花や葉の変異に関与する遺伝子の頻度を知ることが困難であり,結局,遺伝的多様性を測定することはできない。しかし,共優性遺伝する分子マーカー(アロザイム,RFLP,マイクロサテライト,CAPS他)などを用いれば,様々な表現型を呈する個体間での交配実験をすることなく,集団の遺伝的多様性を把握できる。共優性遺伝する分子マーカーでは,バンドパターンとして得られる表現型から直接に遺伝子型を決定できるという便利な性質がある。ゲル電気泳動で酵素タンパク質やDNA断片の泳動度の違いを観察することによって,同じ遺伝子座の異なった対立遺伝子を異なったバンドとして検出できるのである。ホモ接合の場合は1本のバンドを示し,ヘテロ接合(例えば,遺伝子型が父親が$AA$,母親が$BB$のホモ接合の場合,子どもは$AB$でヘテロ接合となる)の場合には,ハイブリッド型のバンドパターンを示す(第2部第1章 図15〜17)。この特徴を利用することによって,集団の遺伝的多様性を測定することがとても簡単になった。

たとえ外部形態の代わりにDNAを用いても,優性遺伝する分子マーカーを使っている限りは,外部形態の表現型から解析を試みるのと同様に,結局,集団の遺伝的多様性を測定することはできない。

近年よく使われる RAPD 法は，極めて簡便であることから様々な研究で利用されている。しかし，RAPD 法で得られるバンドの多くは優性遺伝することから，バンドの出現の仕方から遺伝子型を厳密に決めることは難しい。また，調査した個体ごとに出現するバンドが一致した度合いを遺伝的類似度と見なす研究例は数多いが，最適な方法であるとは言えない。

このように，DNA を用いた研究であればすべて正しい遺伝情報の解析であると思われることがあるが，そうとは限らないので，目的に合った手法を選択すべきである。

## 種子散布や花粉散布，親子判定，父親の繁殖成功度の測定

この場合も共優性遺伝する分子マーカーが有効であるので，上記の項を読むことをお勧めするが，特に「マイクロサテライトマーカーで探る樹木の更新過程」を読んで欲しい。「森林の中で，どの木とどの木が花粉を交換しているのか」，「個体間がどれだけ離れると花粉の交換という点で個体が孤立してしまうのか」，「受粉の結果できあがった種子はどの程度散布されるのか。林床で生育している稚樹は一体どこからやってきたのか」，「花粉や種子の飛散距離は種特性の異なる樹種間でどの程度違うのか」「そしてその違いが現在，将来の個体数や遺伝構造にどのようなかかわりを持つのか」を知るのにマイクロサテライトは有用である。今後は，父親の繁殖成功度の測定や性淘汰の研究に大いに活用されることだろう。

マイクロサテライトは，開発に多少の時間と労力がかかるが，（誰かが）いったん開発してしまえば，アロザイム分析よりも極めて多い情報量が得られる長所を持っている。「PCR-RFLP 分析法」や「SSCP 分析法」を読んだ人は，CAPS マーカーや SSCP マーカーも簡便な共優性マーカーとして利用価値の高いことがわかっていただけるだろう。

## 適応に関係する遺伝子

「遺伝子の地図」を読んでいただきたい。アロザイムやマイクロサテライトは自然淘汰に対してほぼ中立と考えられているので，これらのマーカーは

自然淘汰に関与する遺伝子を研究する際には不向きである。適応に関係する遺伝子の研究は近年急速に進んでおり，量的形質遺伝子座であるQTLのゲノム地図と野外植物の繁殖様式とを関連づける研究などが紹介されている。多くの植物でゲノム解析が進んだ将来には，このような研究が一般的になるのかもしれない。そうなれば，生態学，遺伝学，分類学といった分野の垣根はますます低くなっていくであろう。

## 集団間の遺伝的分化

　集団間の遺伝的分化に関しては，第1部研究実例篇の「遺伝子の地図」と「遺伝子の来た道：ブナ集団の歴史と遺伝的変異」，第2部研究手法解説の「遺伝的多様性ガイド」を読んでいただきたい。
　いくつかの樹種では，アロザイムなどで示される核ゲノムの集団分化と，オルガネラゲノムの集団分化を比べると，オルガネラゲノムの方が大きくなる事実があるが，その理由について「遺伝子の来た道：ブナ集団の歴史と遺伝的変異」で詳しく解説されている。
　また，種の持っている全体の変異量を集団内の変異量，集団間の変異量に分割し，分集団間の遺伝子分化の指標を算出する方法についても平易に解説されている（「遺伝的多様性ガイド」）。
　さらに，異種間の遺伝的分化に関する研究には，「遺伝子の地図」で，連鎖地図を活用する方法や，進化速度の遅いオルガネラゲノムのDNAマーカーが有効であることが解説されているが，残念ながら本書ではこの点に関する具体的な研究紹介は行えなかった。

## オルガネラDNAを用いた集団の地史的変遷

　多くの植物では，ミトコンドリアや葉緑体中にあるDNAは母親由来でしか遺伝しない。この性質と進化速度が遅いことを利用して，種子によって集団が拡大してきた歴史を知ることができる。樹木の地理的に来た道（footprint）をDNAの情報を使って探る研究が盛んになってきた。集団の地史的変遷を知りたい人は，研究実例篇の「遺伝子の来た道：ブナ集団の歴史と遺

伝的変異」を読んでいただきたい。氷河期以降にブナが日本列島でたどった足取りをDNAによってたどる研究は必読である。こういった研究では，手法編の「RFLP分析法」，「PCR-RFLP法」，「SSCP分析法」が有用である。現在ではPCRベースの手法が主流になってきている。

## 異種間の遺伝子浸透

本書では，マツ科でのオルガネラDNAの遺伝様式の特色を生かした研究「ハイマツーキタゴヨウ間におけるオルガネラDNAの遺伝子浸透」が紹介されている。SSCP分析法によって，オルガネラDNAのタイプ（ハプロタイプ）を解析し，異種間の遺伝子浸透を驚くほど鮮明に示している。SSCP分析法では，必ずしもオートシーケンサーなどの高価な設備が必要ないことから，金銭的に余裕の少ない研究室ではたいへん有用な手法である。また，「遺伝子の地図」では，連鎖地図の活用によって異種間の遺伝子浸透の研究が容易になってきた現状が解説されている。

## DNAフィンガープリント法によるクローン識別

多くの植物は栄養成長や無性繁殖によって容易にクローン集団を形成する。しかし，それらの集団が本当に同じクローンに属するかどうかを外部形態から厳密に判断することは極めて難しい場合が多い。この目的のためには同時に無数のバンドを解析できるDNA指紋法（DNAフィンガープリント法）が有効である。RAPD法も有用であるが，泳動条件などによる再現性が低い欠点もあることから，本書ではAFLP法を解説している。研究紹介編の「遺伝子の指紋：AFLP分析を用いた森林構造の解明－ササ群落の隠された構造を暴く－」と手法解説編の「AFLP分析法」を読んでいただきたい。再現性が高く，解像度の高いクローン識別が可能な「使える」技術のようだ。AFLP分析によって得られるバンドの多くは優性遺伝すると考えられているが，この欠点が克服されれば遺伝的多様性の測定や父親判定にも用いることが可能なのにとも思う。

## 集団遺伝学と生態遺伝学の勉強

　本書は集団遺伝学の教科書ではないものの，研究紹介や手法解説の際にどうしても集団遺伝学の用語を用いなければならない場面が数多く出てきた。特に「ホオノキが語る近交弱勢の謎」では，分子マーカーを用いた他殖率の推定にとどまらず，自殖性と近交弱勢の関係を説明する理論の考察が主となっているため，集団遺伝学の要素が強い。

　他の章でも専門性が高い部分については各著者によってBox記事として示されているが，本文中にも専門用語が頻繁に出てくるので，読者には少し我慢して読んでいただく必要があるだろう。Box記事と巻末の索引を活用すれば，集団遺伝学や生態遺伝学で使われる基本的な知識が得られるように工夫したつもりだ。

　本書では，以上に述べた他にも多くの研究紹介や手法紹介，アイデアの提示がなされているので，私たちがここでそのすべてを交通整理することはとても無理である。以降の章で，読者自身でこの本の世界を探検し自分にとっての宝の山を探しあてて欲しい。

　「森」が，いったいどこから来て，多種多様の植物によってどのように構成されているのか。今，その実態を明らかにする研究が示される。できるだけ多くの人に「分子生態学」の世界のおもしろさを知っていただければ幸いである。

2000年9月

宮崎大学農学部　西　脇　亜　也
岐阜大学農学部　川　窪　伸　光

# 森の分子生態学
~遺伝子が語る森林のすがた~

# 目　次

はじめに：分子生態学への招待 ……………… 西脇亜也・川窪伸光　*3*

この本を読むための集団遺伝学ガイド ……………… 戸丸信弘　*12*

## 第1部　遺伝子が語る森林のすがた：研究実例篇

第1章　遺伝子の指紋：AFLP分析を用いた森林構造の解明
　　　　――ササ群落の隠された構造を暴く―― …………… 陶山佳久　*19*

第2章　ホオノキが語る近交弱勢の謎 ……………………… 石田　清　*39*

第3章　マイクロサテライトマーカーで探る
　　　　　　樹木の更新過程 ………………………… 井鷺裕司　*59*

第4章　遺伝子の来た道：
　　　　ブナ集団の歴史と遺伝的変異 ………………… 戸丸信弘　*85*

第5章　種を越えた遺伝子の流れ：
　　　　オルガネラDNAの遺伝子浸透 ……………… 綿野泰行　*111*

第6章　遺伝子の地図 …………………………………… 津村義彦　*139*

## 第2部　きみにもできる遺伝子研究：研究手法解説

プロローグ　遺伝的多様性研究ガイド ………………… 津村義彦　*158*
　　　　　　遺伝的多様性をはかるパラメータ　津村義彦・戸丸信弘　*179*

2-1　アロザイム実験法 …………………………………… 津村義彦　*183*

2-2 RFLP分析法 …………………………………… 戸丸信弘 *221*

2-3 PCR-RFLP法 …………………………………… 津村義彦 *237*

2-4 AFLP分析法 …………………………………… 陶山佳久 *251*

2-5 SSCP分析法 …………………………………… 綿野泰行 *263*

2-6 マイクロサテライトマーカー分析法 …………… 井鷺裕司 *275*

編集委員 *2*
執筆者一覧 *305*

事項索引 *306*
生物名索引

# この本を読むのための集団遺伝学ガイド

**戸丸信弘**（名古屋大学大学院生命農学研究科）

　この本はいわゆる「専門書」ではなく，一般読者をも想定して，できるだけわかりやすいよう心がけて書かれた「読み物」として構成されている。しかし，この本をより深く読みこなすためには，前もって分子生態学の基礎にある集団遺伝学の考え方や用語を理解しておくことが，大きな助けとなるだろう。そこで，ここでは集団遺伝学入門として簡単な解説を行いたい。

　この短い集団遺伝学の解説が読者の理解を助けることになれば幸いである。集団遺伝学についてもっと詳しく知りたい読者は他の教科書を読み進めていただきたいが，日本語の教科書は意外と少ない。遺伝学一般の教科書の中にもたいていは集団遺伝学の記載があるが，集団遺伝学に限った教科書として『基礎集団遺伝学』（クロー，1989）がある。海外のものでは良い教科書がいくつかあり，『Principles of Population Genetics』（Hartl & Clark, 1997），『A Primer of Population Genetics』（Hartl, 2000）などがある。

## 1. 集団と遺伝的変異

　まずは「集団」を定義したい。種を構成する個体が空間的にランダムに分布することはめったになく，たいていは個体が高い密度で存在する場所が個体が存在しない場所に島状にあるいは帯状にみとめられる。集団遺伝学では，このような個体の集まりで，どの個体も他の個体と潜在的に交配できる単位を「集団」と呼ぶ。このように集団が地理的に分割されていると，必然的に集団間には遺伝的分化（集団分化）が生じる可能性がある。

　種のすべての遺伝的変異は，結局のところその種を構成する個体の間に見られる遺伝的差異の総体である。この変異は，集団内部の個体間に見られる変異と集団間に見られる変異とに分割して取り扱うことができる。実際に種内の遺伝的変異を測る場合，普通，集団内の交配可能性はわからないままに

集団を設定するので,正確に表現すれば操作上の集団ということになる。

ある遺伝子座について,それぞれの個体の遺伝子型が明らかになると,各集団ごと各遺伝子座ごとに遺伝子型頻度と対立遺伝子頻度が計算される。これらの値から遺伝的変異をあらわす統計量が求められるが,どの統計量も値が大きいほど変異が大きいことを示す。なお,このような統計量の概略は第2部「遺伝的多様性をはかるパラメータ」に紹介したが,詳細な計算方法は根井(1990)に記載されている。

## 2. 集団遺伝学の理論 (クロー, 1989; Hartl & Clark, 1997)

自然集団の遺伝的変異を予測するモデルでは,遺伝的変異に影響を及ぼす要因として突然変異,遺伝的浮動,移住および淘汰が取り上げられる。しかし,ここではアロザイムなど淘汰に中立な対立遺伝子を扱うので,淘汰の効果は考えない。以下では,まず集団遺伝学の最も基本的な法則であるハーディ-ワインバーグの法則について述べ,次に集団遺伝学の理論に基づいた集団内の遺伝的変異や集団分化に影響を及ぼす要因について解説する。そこで設定されている共通の仮定は,問題としている生物は2倍体,生殖は有性生殖,世代は不連続世代,交配は任意交配である。

### (1) ハーディ-ワインバーグの法則

この法則はいわば対立遺伝子頻度から遺伝子型頻度を予測するものである。無限に大きな集団で任意交配が行われていて,突然変異や遺伝的浮動,移住(後述)がないとすると,それぞれの遺伝子型頻度は関係する対立遺伝子頻度の積に等しい。最も簡単な例で説明すると,ある1つの遺伝子座に2つの対立遺伝子 $a$ と $b$ があり,それぞれの頻度が $p$ と $q$ であるとき,遺伝子型頻度は次のようになる。

| 遺伝子型 | 遺伝子型頻度 |
|---|---|
| $aa$ | $p^2$ |
| $ab$ | $2pq$ |
| $bb$ | $q^2$ |

対立遺伝子頻度は世代を越えても変わらないので,どの世代であっても遺伝子型頻度も変わらない。この平衡状態をハーディ-ワインバーグの平衡と呼

ぶ。また，この平衡は1世代の任意交配で得られる。

ハーディ-ワインバーグの法則にはいくつもの仮定が置かれているので，その平衡は自然集団には当てはまらないように思えるが，自然集団でよく見いだされている。したがって，いくつかの仮定が満たされない場合でも第一近似として十分適当であると考えられている。

## (2) 集団内の遺伝的変異の大きさに影響を及ぼす要因

集団内の遺伝的変異の大きさに影響を及ぼす要因として遺伝的浮動や突然変異，移住がある。まず遺伝的浮動とは，集団の対立遺伝子頻度が偶然に変動することを言う。親集団のある対立遺伝子頻度が0.5であるとき，その集団が無限に大きく，任意交配していれば，子供集団においても頻度は0.5のままである。ところが，集団の個体数に限りがあると，対立遺伝子頻度は世代ごとに偶然にばらつき，最終的には頻度が0か1になってしまう。頻度が0というのはその対立遺伝子が集団から消失してしまうことを，1というのはその対立遺伝子だけになってしまうことを意味する。したがって，遺伝的浮動には遺伝的変異を小さくする効果があり，その効果は実際の個体数でなく，繁殖個体数の方に依存する。遺伝的浮動に効果を持つ個体数を「集団の有効な大きさ」と言う。

突然変異は，集団内の遺伝的変異を大きくする効果がある。集団の遺伝的変異の大きさは，移住がないと仮定すると，変異を大きくする突然変異と変異を小さくする遺伝的浮動によって決まり，その平衡状態というものが考えられる。それは，突然変異によって生じる対立遺伝子と，遺伝的浮動によって失われる対立遺伝子の数がつり合ったときの平衡状態である。突然変異によって生じた対立遺伝子は，集団中にそれまで存在していなかった対立遺伝子とする（無限対立遺伝子モデル）。ヘテロ接合度（p. 179）の平衡値（$\hat{H}$）は以下の式に従う。

$$\hat{H} = \frac{4N_e\mu}{4N_e\mu + 1} \quad \cdots\cdots\cdots\cdots\cdots\cdots (1)$$

ここで，$\mu$ は1世代あたり遺伝子あたりの突然変異率，$N_e$ は集団の有効な大きさである。この式から，突然変異率を一定（アロザイムは$10^{-7}$程度）と考えると，集団の有効な大きさが大きくなるとヘテロ接合度も大きくなる。

次に移住とは，集団間を個体あるいは対立遺伝子が移動することをいう。植物は固着性なので，移住は花粉散布と種子散布でなしとげられる。継続的な遺伝子の移住を「遺伝子流動（gene flow）」という。突然変異と同様に，移住は集団の遺伝的変異を大きくする効果がある。無限対立遺伝子モデルのもとで，他の集団から移住してきた対立遺伝子はそれまで存在していなかった対立遺伝子とすると，移住には突然変異と同じ効果がある。今度は突然変異を無視できるものとして移住と遺伝的浮動の平衡状態を考える。ヘテロ接合度の平衡値（$\hat{H}$）は以下の式に従う。

$$\hat{H} = \frac{4N_e m}{4N_e m + 1} \quad \cdots\cdots\cdots\cdots\cdots\cdots\cdots (2)$$

ここで $m$ は移住率であり，集団の有効な大きさにおける1世代あたりの移住個体の割合を示す。(2) 式は (1) 式と形が同じであるが，移住率が突然変異率に比べて非常に大きいという違いから生物学的意味は異なる。(2) 式からわかるように，集団の有効な大きさおよび移住率が大きくなるとヘテロ接合度が大きくなる。

## (3) 集団分化に影響を及ぼす要因

それぞれの集団で遺伝的浮動が生じると，おのずと遺伝的組成が異なってくる。すなわち，遺伝的浮動は集団分化を進めるはたらきがある。逆に移住は妨げるはたらきがある。集団分化程度を表す遺伝子分化係数（$G_{ST}$）は，突然変異率が十分に小さければ遺伝的浮動と移住の平衡状態のとき以下の式に従う。

$$G_{ST} = \frac{1}{4N_e m \alpha + 1} \quad, \quad \alpha = \left(\frac{n}{n-1}\right)^2 \quad \cdots\cdots\cdots\cdots\cdots (3)$$

ここで $n$ は種内の集団数を表すが，全体の集団が大きいとき $\alpha$ はほぼ1に等しくなる。この式から集団の有効な大きさと移住率が大きくなるほど $G_{ST}$ の値は小さくなることがわかる。

自然集団の遺伝的変異の研究において，ヘテロ接合度や $G_{ST}$ を求めて遺伝的浮動と移住の効果を見るとき，それらの統計量の平衡値に達する速度を考慮する必要がある。ヘテロ接合度は突然変異率と全体の集団の有効な大きさ

に依存するので平衡に近づく速度はたいへんゆっくりであり，平衡に到達している自然集団はめったにないほどである。一方，$G_{ST}$ はずっと速く平衡に近づき，十分実用に供せる場合がある。

## 引用文献

Hartl, D. L. 2000. A primer of population genetics. Third edition. Sinauer Associates.
Hartl, D. L. & A. G. Clark. 1997. Principles of population genetics. Third edition. Sinauer Associates.
クロー, J. F. 1989. 基礎集団遺伝学　培風館.
根井正利　1990. 分子進化遺伝学　培風館.

## 第1部　遺伝子が語る森林のすがた：
　　　　研究実例篇

# 第1章 遺伝子の指紋：
## AFLP分析を用いた森林構造の解明
——ササ群落の隠された構造を暴く——

陶山佳久（東北大学大学院農学研究科）

## 1.「使える」新技術

　1995年にDNAの「指紋」を検出する新しい手法が発表され，「これは使える！」と直感した。「強力・安定」というそのキャッチフレーズはまさにバラ色で，さらにその明快な原理はますます魅力を感じさせるものだった。ただし，新しく発表される技術の中には，実際に「使える」ものもあればそうでないものもある。したがって，それらをすぐに研究室に導入するかどうかは慎重に判断する必要がある。この判断を間違うと，研究室に金銭的・時間的ダメージを与えることになってしまうからである。そこで，はやる心を抑え，とりあえずこの新技術を「要注目」と位置づけて学界の動向を待った。すると翌年には試薬メーカーから分析キットが発売され，国際学会では「注目の技術」としていくつかの研究事例が紹介され始めた。どうやら本当に「使える」らしい。キットが発売されたことで一気に技術が身近なものになったため，もはや「使うしかない」という判断に格上げし，すぐに研究室への技術導入を行うことにした。

　この新しい分析技術はAFLP（Amplified Fragment Length Polymorphism）法と呼ばれ，DNAの違いを指紋のようにして検出することのできる技術である。森林研究におけるこの手法の有効な利用法の1つとしては，例えば個体の識別をあげることができる。ヒトの指紋を使って犯人を特定することができるように，この手法を使ってDNA指紋（フィンガープリント）を調べれば，別々のサンプルが遺伝的に同一の個体に由来するのかどうかを明らかにすることができるのである。

この手法が発表される以前には，私たちはアロザイムやRFLP，RAPDや塩基配列分析など，様々な分析技術を森林の研究に利用してきた。しかしながら，個体識別に用いるための分析手法としては，情報量や再現性，労力や必要時間の面で今ひとつ不満を感じており，実際の研究課題に利用するのをためらっていた。最も不満に感じていたのは情報量の限界であった。つまり，限られた情報をもとに「同一個体である」と判断しても，どうしても「本当にそう？」という不安がつきまとってしまい，識別力が物足りない場合があるのだ。しかしながら，新しく登場したAFLP法は，一度に得られる情報量の多さを売り物の1つにしている。具体的には数十個以上の標識（バンド，DNAの断片）を一度に検出することができ，必要に応じてさらに数百，数千に増やすことも可能なため，個体識別のための技術として十分な能力を備えていると考えられた。ついに「使える」技術に出会うことができたと感じたのである。

　この強力なAFLP法の個体識別能力を利用すれば，外見上は知ることのできない「隠された森林構造」を暴くことができるかもしれない。私たちは，さっそくこの技術を使って森林のしくみを解明する研究に着手した。


## 2．ササ群落に隠された謎

　地上部の見た目は多数個体の大集団だけど，実はみんな地下でつながった1個体。植物の中にはこういった「隠された」構造を持って群落を形成している種がある。身近な例の1つに，ササ・タケ類の群落があげられる。「裏山の竹林は昔植えた1株が広がったものだから，全部地下でつながっているはずだ」とか，「ササを掘っていたらどこまでもつながっていて，結局全体を掘りあげることができなかった」など，地下茎のつながりにまつわるエピソードは数多くある。日本の代表的なササ類の1つであるクマイザサ（*Sasa senanensis* (Franch. et Sav.) Rehd.）も，このように地下茎を発達させた群落を形成し，広い面積を一面に覆いつくすような密生したササ原をつくることがある（図1）。こういった群落では，いったいどこからどこまでが一つの個体なのか，一つの群落はいくつの個体によって構成されているのか，外見からはまったく知ることができない場合が多い。

図1 クマイザサの群落

　この研究を始める前に,「ササの1個体はどのくらいの広さを占めているのですか?」という極めて単純な質問を何人かの研究者に尋ねてみた。しかしながら,何人に聞いてみても明確な答えはほとんど返ってこなかった。ある人は「1つの山全部1個体かもしれないね」と言うし,またある人は「数メートルくらいじゃないの?」といった具合で,いったい本当はどのくらいなのか,まったく見当がつかなかった。こんなに基礎的なことなのに,どうやらはっきりしたことはほとんどわかっていないらしい。少々驚いたと同時に,研究意欲がめらめらと湧いてきた。

　こういった1個体のつながりを調べるためには,直接地面を掘って丹念に地下茎のつながりを追跡していく方法がある。しかしながら,ササの地下茎を1つ1つ掘っていくのはとても大変な仕事で,大面積にわたって調査するのはほとんど不可能に近い。我が研究室の大学院生が数個体のササの地下茎のつながりを実際に掘って調べたことがあるが,その苦労話には事欠かない。特に密生した群落では,びっしりとはびこった稈(地上部の茎)や地下茎が掘りとり作業を拒み,なかなかその隠された構造を見せてはくれない。さらに,いったん地下茎が切断されてしまえば,もともと1つの個体に由来するのはどこからどこまでなのか,もはや掘り取りによって明らかにするのは不可能である。

　そこで登場したのがDNAフィンガープリントである。ササの葉からDNAを抽出し,遺伝的に同一かどうか調べていけば,地下茎によってつながった

1つの個体あるいは地下茎が切断されて分離した遺伝的に同一の株（以後，これらをまとめて「クローン」と呼ぶ）がどこからどこまで広がっているのか，どのくらいの数のクローンで群落が構成されているのかを明らかにすることができる。私たちはクローン識別に用いる手法としてAFLP法が最適であると考え，この手法を適用する研究の第一番手として，クマイザサ群落のクローン構造を明らかにする研究を開始した。

## 3. 謎解明への第一歩 －予備調査－

### (1) 失敗は成功のもと －反応条件の調整－

　新しい技術を初めて研究室で立ち上げるときには，それなりの苦労がある。わからないことをいろいろと調べながら進めていく手間や，しばしば遭遇する予期せぬトラブルの原因究明・改善作業などに費やす手間である。これらの行程を「おもしろい」と思って取り組むか「面倒くさい」と思って重い腰を上げるのか，同じ実験をするにしても精神的負担には明らかな違いが出る。そこで，「どうせやるなら楽しみながらいろいろやってみよう」という姿勢を基本とし，技術の立ち上げから補足実験まで，とにかく手間を惜しまず徹底的にいろいろやってみることにした。

　まず，とりあえず分析手法の全体像を理解するために，最後までひと通り分析実験を行ってみることにし，試験的サンプルとしてクマイザサの葉を採取するところからスタートした。調査地は長野県にある筑波大学菅平高原実験センターのアカマツ・ミズナラ林内に広がるクマイザサ群落である（図2）。その際，うまく結果が出たらクローンの大きさについておおよその見当がつくようなサンプリングをしておいた方が賢いだろうと考え，サンプル間の距離を様々に変えて採取した。まず，1つめのサンプルと同一クローンであろうと考えられるすぐ隣の稈から1つ，次に同じ群落内で1，2，4，8 mと少しずつ間隔を離した場所，さらに隣りあった別の群落と見られる場所，500 mほど離れて確実に分布の不連続な場所，思い切って2 kmほど離れた場所，そして参考までに別種であるチシマザサも採取した。「これは別のクローンだろう」「いやいやもしかしたら同じクローンかもしれない」「こんなところまで一緒だったらどうしよう」などと，様々な想像をめぐらせ，議論し

**図2 調査地付近の空中写真**

白枠内が調査区
(写真提供:筑波大学菅平高原実験センター)

ながら材料を採取するのはなかなか楽しいものである。この段階ではまったくの謎であるクローンの大きさが,分析実験を行うことで明らかになると思うと,サンプリングやDNA抽出などの準備作業にも思わず熱が入った。

採取したサンプルのうちいくつかを用い,分析キットに付属のマニュアルを頼りに分析実験をすすめ,とりあえず最後までAFLP分析を行ってみた。うまくいけばいよいよ謎が解けるかもしれない瞬間である。果たして1つ目のサンプルからどこまでが同じパターンなのか,頭の中でいくつかの結果と仮説の組み合わせが渦巻いた。さて,どんなパターンが目の前にあらわれるのだろうか。コンピュータスクリーンに各サンプルのフィンガープリント(バンドパターンの全体像)が映し出された。

結果はなんと,どの予想にも当てはまらない,まったくもって奇妙なものであった。各サンプルのフィンガープリントは,どれ1つ同じものがないのである。一瞬にして目の前が真っ暗になった。気を取り直してもう一度慎重に見てみると,1つ目のサンプルと同じ群落から採取したサンプルは,極めて似たパターンを示していることがわかった。それに対して,別の群落と見られる場所から採取したものにはいくつかのバンドで明らかな違いが認められた。さらに,チシマザサはまったく違ったパターンを示していた。これらの結果はそれなりに納得がいく。しかしながら気に入らないのは,すぐ隣の稈から採取したサンプルさえわずかに違っていることである。もちろんそれらは,実際に地下茎がつながっていることを確認したわけではないので,同

一クローンであるとは言い切れないが，別クローンと考えるにはあまりにも不自然であった。頭の中でいろいろな想像が交錯しては消えた。

　冷静にこれらの結果を解釈してみると，実験手順のどこかで安定した反応が行われていなかったプロセスがあったと考えるしかなかった。すなわち，おそらく同一であろうと考えられるサンプル間が「極めて似ていた」というのは，裏を返せば「微妙に結果がばらついている」ということであろうと考えた。これではAFLP法のセールスポイントである「高い安定性」が実現されていない，すなわち正確な実験が行われていないということである。ショックに打ちひしがれる間もなく，原因究明に取りかかった。

　分析手順の全体を眺めてみて，結果の安定性に最も影響を及ぼすと考えられるのは，最初のステップの反応（制限酵素処理およびライゲーション：第2部参照）であることが容易に想像できた。この反応が完全に行われていないと，そのばらつきが最終的な結果に影響を及ぼすのは明らかだった。分析キットに付属の実験マニュアルには，その行程として2種類の反応条件が書かれていた。しかしながら，試薬の性質やこれまでの経験と照らし合わせて考えてみても，これらの反応条件はいずれも奇妙に感じられた。どうやらこのプロセスが怪しい。さっそく確認のための比較実験を行うことにした。

　この段階の反応について5種類の反応条件を設定し，結果を比較してみることにした。うまく反応するであろうと考えられる条件はその5種類で網羅したつもりだったが，「全部ダメならどうしよう」という不安がちらちらと頭をよぎる。もしすべて同様にダメなら，別の反応条件が必要なのか，あるいは別の段階の反応に問題があるということになる。さて，比較実験の結果は予想が的中したことを示していた。つまり，これらの反応条件によって得られるフィンガープリントには顕著な差が見られ，そのうち1つの条件では安定したバンドパターンが得られるようであった。やはり原因はこの段階にあったらしい。

　このように，実験マニュアルに書いてある通りにやるとうまくいかないという例にはしばしば遭遇する。この反応の場合，おそらくサンプルとして使ったDNAの質が高ければ（きれいなDNA），マニュアルに書いてある方法のままでもうまくいくのかもしれない。しかし，さまざまな種類の野生植物を相手にする場合，抽出されるDNAの質もさまざまである。このようにスタ

ート時点での条件が異なっていると,分析実験の途中においても条件を変更しなければならなくなる場合がある。マニュアルに縛られることなく,臨機応変に対応する必要が出てくるのである。こういったトラブルを解決するのには多くの時間と労力を要する場合があり,ともすれば解決できないまま研究全体をあきらめることさえある。しかし,今回の場合は幸運にも1回の比較実験で原因を特定することができたようだ。さっそくこの反応条件を改善し,もう一度始めから実験をやり直してみることにした。

## (2) 基礎を固める —コントロール実験—

まず,材料の採取に立ち返り,基本的なことを押さえることにした。つまり,実際に地下茎によってつながっている別々の稈から葉を採取し,それらから抽出したDNAを用いてAFLP分析を行い,同じフィンガープリントが得られることを確認することにした。このことが確認されない限り,この先何をやろうとも無駄になるからである。その際,別クローンと考えられる離れた2か所で同様のサンプリングを行い,反復実験を行った。つまり,それぞれの場所で同一クローン由来の8つの稈から葉を採取し,合計16サンプルを用いて2組のコントロール実験を行った。

その結果,地下茎によってつながった稈から得られたサンプルグループ内ではすべてが同じフィンガープリントを示した。反応条件を改善したおかげで,安定した結果が得られたわけである。さらに,別の場所から得られたサンプルグループとの間では明らかに異なったフィンガープリントを示した。つまり,同じクローンからは同じフィンガープリントが得られ,別クローンからは異なったフィンガープリントが得られるという基本的なことを確認することができたわけである。言いかえると,これによって「AFLP法を用いてクマイザサのクローン識別が可能である」という実例が示されたわけである。一見当たり前の実験をしているようでもあるが,こういった基礎を固めることは,研究の現場では非常に大切なことである。また,この予備実験のおかげで,調査地内には少なくとも2つのクローンが存在することが明らかになった。どうやら「ひと山全部同じクローンだよ」という仮説は消去してもいいらしい。

次に,最も効率の良い分析を行うための基礎データを取ることにした。

AFLP法では，最後のステップで行うPCR（ポリメラーゼ連鎖反応）で2種類のプライマーを組み合わせて使用する。私たちが使用している市販のキットでは，合計64の組み合わせの中からプライマー組を選択することができる。通常1組のプライマー当たり50本以上のバンドが検出されると言われている。したがって，たくさんのプライマー組を使えばそれだけ情報量が増えるが，その分だけ手間も増える。私たちは，クローン識別のための情報量として，少なくとも100本のバンドを利用したいと考えていたため，3組のプライマーを用いて分析すれば十分だと判断した（150本程度得られると期待される）。また，プライマー組によって，フィンガープリントの質（はっきりしたバンドパターンかどうか）や情報量（何本のバンドが得られるか）に差があると言われているため，質・量ともに優秀なプライマーを使用したいと考えた。これらのことから，まず64種類のプライマー組の比較実験を行うことによって最も優れた3組を選び出し，本調査の分析に使用することにした。これは必ずしも必要な作業ではないが，実際にプライマー組によってどの程度の差が出るのかはわかっていないため，「何でもやってみよう」という基本姿勢に従って実践してみることにした。今になって思えば，この作業のおかげで最終的に安定した結果を導き出すことができたのかもしれないと感じている。

　分析には，先の実験で別クローン由来であると確認された2つのサンプルを用いた。その結果，プライマー組の「優秀度」には予想以上の差があることがわかった。まず第一に，はっきりしたバンドが出にくい組があることがわかった。とりあえずこれらのプライマー組は「落選」とした。次に，各プライマー組の識別能力の目安として，サンプルとして用いた2つのクローン間で最も違いの出た（バンド有無の不一致数が多い）組を「当選」とすることにした。この識別能力にも大きな差があった。すなわち，2クローンの違いがわずか4本のバンドしかないものから，最高では26本ものバンドで違いが出るものまであった。このようにして最終的に「優秀」なプライマー組3つを選び出し，本調査に用いることに決定した。

## （3）アタリをつける　ーサンプリング戦略の策定ー

　さて，これまでの予備調査から，どうやら調査地には少なくとも2つのク

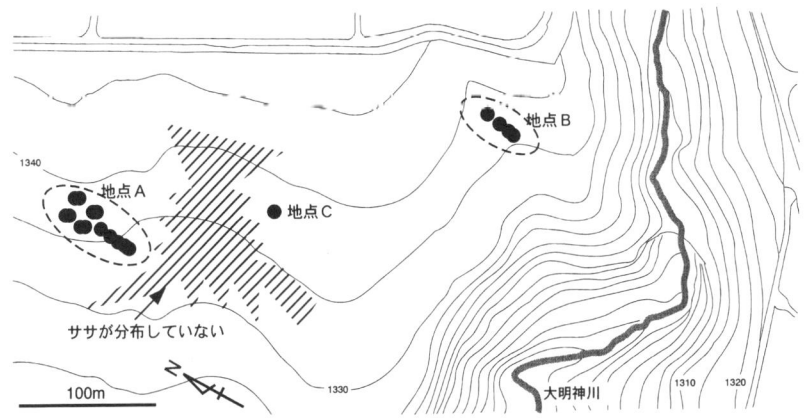

**図3　予備調査におけるサンプリング位置図**
　予備調査の時点では，調査地がおおまかに広くササに覆われていると認識していたが，少なくとも斜線部分にはササが分布していないことを確認していた。

ローンが存在することはわかっていたが，まだそれらのクローンの大きさが数mレベルなのか，それとも数百mレベルなのかはまったくわかっていない。そこで，おおよそのクローンの大きさを知ることを目的として改めて予備サンプリングを行い，第1回目の実験で用いたサンプルとともに解析を行うことにした。すなわち（図3），まず地点Aにおいて0.5～20mの間隔で16サンプルを順に採取して行った。もしクローンの大きさが数mレベルならば，これらのサンプル間で違いが検出されるはずである。次に，地点Aから350mほど離れた地点B（別クローンがあることが先の実験で確認されている）においても，念のため0.5～4m間隔で4サンプル採取し，さらに地点A・Bの中ほど（地点C）で1サンプルを採取した。これらを解析すれば，この調査地におけるクローンがおおよそどの程度の大きさなのか想像がつくはずである。この時点の予想では，地点A・Bそれぞれでいくつかのクローンが見つかるだろうと考えていた。

　結果は思いがけないものとなった。予想に反し，地点Aで採取した16サンプルはすべて同一クローンであると判断されたのである。つまりこのクローンは数十mレベル以上の大きさというわけである。この結果は地点Bにおいても同じで，採取された4サンプルはすべて同一クローンであった。さ

らに思いがけない結果となったのは地点Cのサンプルである。驚いたことに、このサンプルは地点Bとまったく同一クローンであるという結果が出たのである。地点B〜C間は約200mもある。すなわち、このクローンは少なくとも数百mレベルの規模に広がっているということになるわけである。まさかそんなに大きなクローンが広がっているとは思ってもみなかった。

これらの結果をもとに調査地を眺めてみると、「とんでもないことになりそうである」ということに気がついた。つまり、地点AとB・Cの間にはクマイザサの分布が途切れている場所があり、この切れ目がクローンの境のように見える。もしそうだとすると、この調査地には地点Aから川（図右端）までに2つの巨大なクローンしか存在しないかもしれないと推定できるのである。これは当初のぼんやりとした予想をはるかに上回る大きさである。

この巨大なクローンをカバーするためには、かなり広い範囲の調査プロットを設定する必要がある。本調査の最終結果として、少なくとも数クローンの分布域を明確にしたいと考えていたため、これらのことを考慮して調査プロットおよびサンプリング計画を策定した。すなわち、川を越えればおそらく別クローンが存在するだろうと考え、調査プロットは地点A側のササ分布域の端から川の対岸に至る範囲までを含め、500×200m（10ha）の方形区を設定することにした。また、クローンの範囲が数十m規模以上であると予想されたことをかんがみ、サンプルはこの方形区内に50m間隔で採取することにした。このサンプリングによって少なくとも3クローンを検出することができると期待され、10haの調査地内におけるそれらの範囲を把握できると考えた。

密生したササ藪の中を測量しながら調査プロットを設置していくのは結構骨の折れる仕事である。調査プロットを設置しながらその中のクマイザサの分布図を作成し、さらにプロット内に引かれた50m間隔メッシュの交点上で分析用サンプルを採取した。合計51サンプルが採取され、それらに基づいて10haのクローン構造を明らかにすることになった。さあ、いよいよ隠されたササ群落の全体像に迫る時が来た。

## 4. 全体像に迫る —本調査—

### (1) AFLPの威力

　選び抜かれた3つのプライマー組を使い，10haの調査プロットを網羅する51サンプルのAFLP分析を行った。予備実験で反応条件を吟味した甲斐あって，すべてのサンプルから安定したバンドパターンが得られた。3つのプライマー組によって得られたバンド数を合計すると，1サンプルあたり135〜166本（平均154.6）のバンドが得られた（表1）。サンプル間でそれらのバンドがすべて一致していた場合に，それらは同一のフィンガープリントであると見なした。つまり，別のサンプルを同一クローンと見なす根拠として，150種類ほどの情報を用いているわけである。これは従来の手法に比べて際立って精度が高いことを意味する。さて，同一クローンと見なされるサンプルグループは何組出てくるだろうか。

　データを整理してみると，51サンプルそれぞれから得られたフィンガープリントは22種類あることがわかった。そのうち12種類は2〜9つの複数サンプルによって構成されるグループであったが，残りの10種類は1つのサンプルのみに特有のフィンガープリントであった。すなわち，10haのプロットには，少なくとも22のクローンが存在することがわかったのである。なお，同一クローンであると見なしたフィンガープリントでは，バンドの「ある・なし」のみならず，各バンドのシグナル強度比（反応によってつくり出

表1　クマイザサの22クローンにおいて得られたAFLP　　（Suyama et al., 2000より）

| プライマーペア | 検出したバンドの範囲 (bp) | 1サンプルあたりのバンド数 | 1クローンペアあたりのバンド数 | 1クローンペアあたりの多型バンド数 | 1クローンペアあたりの多型バンドの割合 (%) |
|---|---|---|---|---|---|
| M-CTC/E-ACT | 64〜386 | 51.9 (43〜61) | 62.9 (48〜73) | 22.1 (7〜34) | 35.0 (14.6〜50.8) |
| M-CTG/E-AAC | 70〜465 | 60.8 (54〜67) | 71.5 (62〜80) | 21.3 (8〜32) | 29.7 (12.7〜41.0) |
| M-CTT/E-ACG | 59〜439 | 41.9 (36〜48) | 50.9 (41〜59) | 18.0 (5〜28) | 35.0 (12.2〜48.3) |
| Total | | 154.6 (135〜166) | 185.3 (158〜199) | 61.4 (24〜83) | 33.1 (15.2〜42.3) |

（　）内は範囲を示す

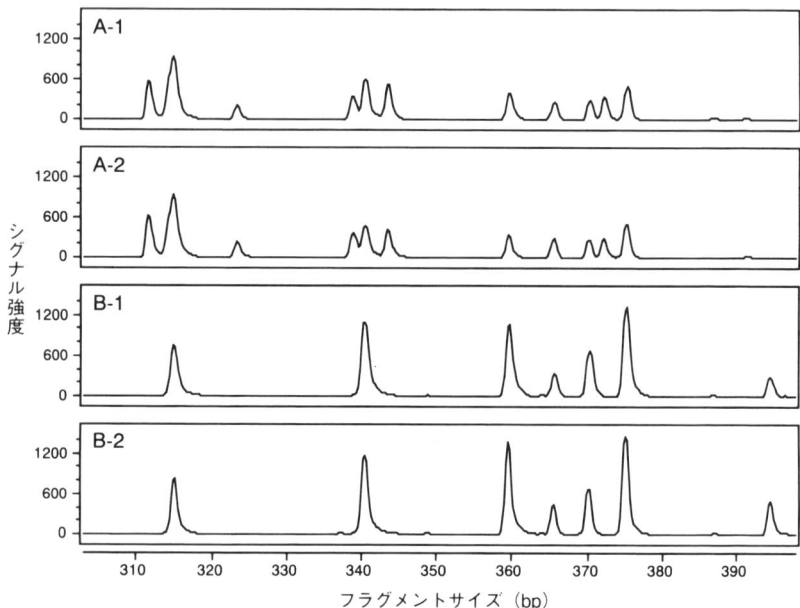

**図4 クマイザサの異なるクローン間で検出されたAFLPを示すエレクトロフェログラム**

A, Bは異なるクローンであることを示し, 1, 2は別サンプルであることを示す。同一クローン内では同じパターンを示し, 異なるクローン間では異なったパターンを示すことがわかる。

された生産物の量比)までもがほぼ一致しており(図4),信頼性の高い結果が得られていることを示していた。

一方,別クローンであると見なされたフィンガープリント間では,明らかな違いがみとめられた。すなわち,異なったクローンのフィンガープリントを比べると,24〜83本(平均61.4本)ものバンドに不一致(一方にはあるが,他方にはない)がみとめられ,それらは全体の15.2〜42.3%(平均33.1%)にも及んだ。言いかえると,別のクローンであると見なす根拠として,60種類ほどの情報がすべて異なっているという証拠を用いているわけである。そして,いわゆる「微妙に違う」ようなサンプルはなく,違うものははっきり違い(全体の3分の1にもあたるバンドが一致しない),同じものは完全に同じという白黒のはっきりした結果が得られた。これらのことから,極めて精度の高いクローン識別が行われたと言うことができる。

## (2) 構造が見える

　さて，同一クローンであるとみなされたサンプルは，プロット内のどのような場所に配置しているのだろうか。この研究を始めて以来，何度も頭の中で描いては消した予想図が目の前にあらわれる瞬間である。図5に，同一クローンであると見なされたサンプルの位置を同じ数字で示し，線で囲んでその範囲を示した。すると，なかなか興味深い模様が姿をあらわした。

　一見してわかるように，各クローンはほぼ隣り合った位置でかたまりを形成している。ただし1組（クローン11）のみは離れた場所に位置している。さらによく見てみると，クローンのかたまりは等高線に沿うように，同じ高さに広がっている傾向がみとめられる（クローン1, 2, 3, 4, 5, 6, 10, 12, 21, 22）。また，図の左側にあたる地形の平坦な場所では比較的大きなクローンがはびこっているのがわかる。中でも最も大きなクローンは約300mにも伸びる巨大クローンであった（クローン5）。予備調査ではたまたまこの最も大きなクローンからサンプリングした（地点B・C）ために，「とんでもないことになるかもしれない」と予想してしまったわけである。一方，図の右側にあたる急斜面では，いくつもの小さなクローンがパッチ状に分布していた。どうやらクローンの広がり方は地形と密接な関係があるようである。苦労して広い調査プロットを設定したおかげで，思いもかけぬ興味深い構造が隠されていたことが明らかになった。

　では，このように地形によってそこに分布するクローンの大きさが異なるのはなぜだろうか？　果たしてこれは一般的な現象なのだろうか？　残念ながらこの質問に答えるために必要なクマイザサに関する知見は極めて少なく，十分な考察をすることができなかった。しかし，この結果が得られてからいろいろな人に意見を聞き，有意義なディスカッションを重ねることができた。以下に，それらを参考にして行った大まかな考察を試みる。

　容易に想像がつく原因の1つは，急斜面における土壌の条件が地下茎の伸長を制限していることであろう。つまり，急斜面では崩壊頻度が高く，表土が薄いため，ササにとっては地下茎を進入させにくい場所が多いと考えられる。それどころか，急斜面のところどころに露出している岩場は，ササの進入を不可能にする。これらのことから，急斜面に存在する個々のササクローンにとっては，分布域の拡大そのものあるいはそのスピードが制限され，結

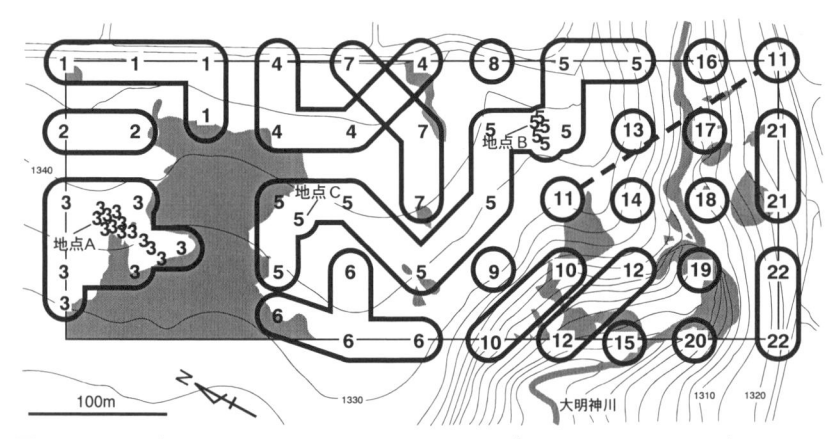

図5 AFLP分析によって明らかになった10ha調査区におけるクマイザサ22クローンの分布図（Suyama *et al.*, 2000を改変）
地点A-Cは予備調査におけるサンプリング地を示す。グレーのエリアはクマイザサが分布していない領域を示す。

果として大きなクローンを形成することができないと考えられる。また，クローン間の競争という視点から見てみても，地下茎の進入に適さない微地形は，裏返せば他のクローンが自分の領域に進入してくる際の防護壁として機能し，結果として小さなクローンが競争にさらされることなく生き延びることを可能にしているのかもしれない。一方，表土が厚く，土壌が安定し，岩場もない平坦地では，ササの地下茎はより速く，簡単に伸長することができるため，巨大なクローンを形成しやすいと考えられる。同時に，均一な環境の中でよりシビアな資源獲得競争が起こり，少数の強いクローンが生き残ることになるのかもしれない。また，等高線に沿うようにクローンが広がっていると考えられる理由の1つとしては，地下茎が同じ深度を維持して伸長しようとする場合，同じ標高の方向に進むと地下茎を水平に伸長させて行けるため無理がないのではないかと推定できる。現段階ではこれらの仮説を証明するデータが不足しているが，将来の研究アプローチとしていくつものヒントを示唆していると考えている。

さて，図に示されたように，ほとんどのクローンは1つの連続したかたまりとなって分布している。しかし先に述べたように1例（クローン11）だけ，離れた位置で見つかったものがある。2つのサンプルの採取地は川をはさん

## 4. 全体像に迫る

で200mほど離れており，同一クローンの分布様式としては奇異に感じられる。研究結果の中にはこういった不可解なデータが紛れ込んでいることがしばしばあり，それらは単なる人為的ミスが原因で生まれるときもあれば，時として「思いこみ」の仮説を覆すヒントになることもある。したがって，こういった一見奇異なデータにこだわってみるのも悪くない。

最初に疑ったのは「実験ミス」である。もしかしたらサンプルを間違えて分析したのかもしれないと考えた。そこでもう一度これらのサンプルを分析し直してみた。しかし結果は同じだった。次に，もしかしたらサンプルを採取する時点で間違えてしまったのかもしれないと考え，もう一度それらの場所から葉をサンプリングして分析することにした。その際，念のためその場所近辺から3サンプルずつを採取して分析してみたが，結果はやはりすべて同一だった。さらに，プライマーの「識別力」が足りないのかもしれないと考え，別のプライマー組を使って分析してみたが，やはり結果は同一クローンであると見なされた。これはもう，正真正銘の同一クローンであると考えるしかない。

では，どうしてこのように離れた場所に同じクローンが存在するのだろうか。想像力をたくましくしていろいろなシナリオを考えてみるのは楽しいが，それだけではただの「お話」になってしまう。そういったさまざまな仮説を証明するためにはまったく別の調査や実験をする必要があるため，今回はそれらを見送ることにした。ただ，1つ認識しておきたいのは，この結果はクローン11が必ずしも200m離れて分布していることを示しているわけではないということである。特にクローン11が分布している傾斜地では，小さなクローンが細切れになって分布していることが想像され，本研究の50m間隔のサンプリングでは，多くのクローンにおいてそういった細切れの構造を検出できなかったのかもしれないと考えることができる。したがって，クローン11は，この中で唯一検出された「細切れクローン」の1例なのかもしれないと認識する方が，本研究から得られる情報として有意義だと考えている。

## 5. 石橋を叩く

### (1) 兄弟かクローンか —アロザイム分析—

　AFLP分析によって得られたクローン識別結果は満足のいくものだった。それどころか, 予想もしなかった興味深い現象を目の当たりにさせてくれた。しかし, クローン構造を示す図を眺めながら, ふと思った。「これが間違いであるなんてことはないだろうか」と。考えているうちに, AFLPによって判断されたクローンが, もしかしたらクローンではないかもしれない最悪のケースが存在することに気づいた。可能性は極めて低いとは思ったが, 叩ける石橋はしっかりと叩いておくことにした。

　最悪のシナリオはこうである。もしあるクマイザサが自殖を続けるなどして純系化している（すべての遺伝子座が固定（ホモ接合）している）とすると, その家系内では物理的には別クローンであっても, 遺伝的にはまったく見分けることができない。したがって, もし純系の兄弟が1か所にかたまって生育していたとすると, それらをクローンとして見間違えてしまうことになる。もちろんそれらは遺伝的には1つのまとまったグループであることに違いはないが, 有性繁殖に由来する個体群なのか無性繁殖に由来する個体群なのかという意味でまったく異なる。ではこの最悪のシナリオを否定するにはどうしたらいいのだろうか。

　純系では, 個体内ですべての遺伝子座がホモ接合である。残念ながらAFLPは基本的に優性マーカー（ホモとヘテロを見分けることができない。ただし現在では共優性マーカーとして扱える場合も出てきている）なので, クローン内のヘテロ性を確認することができない。そこで, 共優性マーカーとしては最も手軽なアロザイムを用いて, 各クローン内にヘテロ接合の遺伝子座があるのかどうか確認してみた。もしヘテロ接合が見つかれば, この最悪のシナリオは否定される。

　結果はシロ。22クローンの葉を材料として, 12酵素種のアロザイムの検出を試みたところ, 17遺伝子座が確認でき, そのうち10遺伝子座（58.8％）で変異が見つかった。そして, ヘテロ接合であった遺伝子座は全体の12.6％にのぼった。この値は通常の風媒植物に匹敵し, 調査地のクマイザサが純系化している証拠はまったくみとめられなかった。

ちなみに，アロザイム分析に基づいてどれだけのクローンを識別できたかというと，22 クローン中 14 クローンにとどまった。もしアロザイムのみを用いてこの研究を行っていたら，残る8クローンについては識別能力不足により，複数のクローンを同一クローンとして見誤る結果になっていたわけである。

## (2) コンタミの恐怖　—菌類の影響—

　さらに石橋を叩いてみることにした。今度は逆の可能性はないだろうか。つまり，違うクローンであると見なしたサンプルが，実は同一クローンである可能性である。もし，あるサンプルの中に他のDNAが紛れ込んでいたら，それらの影響がフィンガープリントにあらわれるかもしれない。すると，同一クローンであるにもかかわらず，それらのサンプルからは異なったフィンガープリントが検出され，別クローンであると判断してしまう可能性がある。

　AFLP法はPCRを利用した技術である。そして，PCRは，理論的には1分子のDNAであっても膨大な量に増幅することのできる技術である。実際にコンタミネーション（混入）の恐怖を味わったことのある方には痛いほどわかると思うが，本当に信じられないような微量のコンタミでも，PCRによって増幅され，実験結果に悪影響を及ぼしてしまう場合がある。ただ，AFLPの場合，必ず本来のターゲットである鋳型DNAが多量に存在するため，通常はコンタミの影響が出にくいとも考えられる。しかしながら，混入した他の生物のゲノム中の高次反復配列が鋳型となってしまっていたら，その影響は無視できないかもしれない。

　菌類は地球上のいたるところに存在している。そして当然のことながら，私たちが研究材料として採取したササの葉にも，多くの菌類が生息していると考えられる。したがって，私たちが抽出したササのDNAの中には，菌類のDNAが混入している可能性がある。もちろん，本研究で材料として用いたササ葉は，できるだけきれいなものを選んでいるし，DNA抽出前に洗浄剤を用いて丹念に洗っており，コンタミの量は最小限に押さえる努力を行っている。したがって，その量は無視できるほど少ないはずであるが，PCRの鋭敏さと高次反復配列のことが気にかかり，念のためその影響を調べてみ

ても悪くはないと思った。また，ササの葉にはどんな菌類が生息しているのか，実際に見てみたいという興味もあった。さらに，それらの菌類から同じようにDNAを抽出し，同じようにAFLP分析を行ってみたらどんな結果が出るのか，実際に確かめてみたい気がした。ここでもまた「楽しみながら徹底的に」の精神を実行に移してみた。

ササ葉のDNAを抽出したときと同様に，丹念に洗浄した葉を用いて菌類の培養を行ってみると，出るわ出るわ。2週間ほどの培養で，ササ葉の中に隠れていた菌類が次々とあらわれてきた。見えないものが見えてくるこういった体験は，率直な驚きとして感動することができる。丹念に洗い落としたつもりでも，菌類はササ葉の内部や表面にしっかり生き続けているのである。これでササDNAサンプル中への菌類DNAのコンタミは否定できなくなった。

出現した菌類の中から最も優占していると考えられる3種（*Pestalotiopsis* sp., *Epicoccum* sp., *Aureobasidium pullulans*）を単離・培養し，それらからDNAを抽出してAFLP分析を行ってみた。そして，3種の菌類から得られたAFLPのバンドのうち，増幅量の多い29本のバンドを検査対象とし，それらと同じバンドがササのフィンガープリントの中で出現しているかどうかを調べてみた。その結果，29本中11本についてはササのフィンガープリントの中にも見られたが（もちろん他人のそら似である可能性が高い），そのほかの18本についてはどのササのサンプルにも出現していなかった。また，ササのクローン識別では，最低でも24本のバンドが異なっていたことを考えると，たとえ3種の菌類由来のバンドが特定のササのサンプルでのみすべて出現したとしても，別クローンとして認識した数には及ばないことがわかる。以上のように，本研究においては，菌類のコンタミがササのクローン識別結果に影響を及ぼしているという証拠は認められなかった。

こうして，叩ける石橋は叩き終わり，本研究の結果が正しいものであるという自信を持つことができた。

## 6. 研究を振り返って

この研究によって，大面積にわたるササのクローン構造が初めて明らかになった。研究を始めるにあたって問いかけた「ササの1個体はどのくらいの

広さを占めているのですか？」という単純な質問に対して，「数十m以下から，数百mに及ぶものもある」という答えが導かれた。それのみならず，クローンの広がりは地形の影響を受けている可能性があることが示唆され，ササの生態解明にかかわる貴重なヒントを得ることができた。この研究では，とりあえずクローン構造の実態を把握するにとどまったので，本研究の結果が暗示しているさまざまな仮説を検証するためには，異なった場所での同様のデータや，そのほかの検証実験・調査が必要であろう。

また，注目の新技術であるAFLP法はクローン識別の手法として強力に機能することが示された。同時に，分析行程で注意すべき点が明らかになった。このAFLP法は対象とするサンプルを選ばず，即座にあらゆる種に応用することができるため，今後同様のクローン構造研究が一気に押し進められる推進力となるであろう。

この研究を進めるうえで貫いてきた「楽しみながら徹底的にやる」という姿勢は，結果としていくつもの貴重な情報を得ることにつながった。そしてこの姿勢さえ忘れなければ，いくら失敗しても予想を裏切られても，次から次へと新しいアイデアが湧いてステップアップしていけるのを実感することができた。ともすれば忘れてしまいがちな単純な思考ではあるが，今後とも大切にして行きたいと改めて自分に言い聞かせている。

最後に，この研究は当時筑波大学生物学類4年生だった大林恭子さんの卒業研究としてともに取り組んだ成果である。この研究にご協力いただいた筑波大学菅平高原実験センターの林一六，徳増征二，町田龍一郎，出川洋介，青野孝文の各氏を始め，学生の方々にお礼を申し上げる。

## 引用文献

Suyama, Y., K. Obayashi & I. Hayashi. 2000. Clonal structure in a dwarf bamboo (*Sasa senanensis*) population inferred from amplified fragment length polymorphism (AFLP) fingerprints. Molecular Ecolology **9**: 901-906.

# 第2章　ホオノキが語る近交弱勢の謎

石田　清（森林総合研究所　北海道支所）

　高等植物には，雌雄同体の種が多い。この雌雄同体の植物のなかには，「自殖」，すなわち自分の花粉で自分の卵を受精させて種子を実らせるという性質を持つものが少なからず見られる。これは，多くの種が雌雄異体で他殖（他個体の配偶子で自分の子どもをつくること）を行う動物との際立った相違点である。この植物の自殖性は，どのような場合に進化するのだろうか。

　自殖性の進化には多くの遺伝学的・生態学的要因が関与していると考えられているが，最も重要視されているのは「近交弱勢」，すなわち，自殖由来の子孫の生存率や繁殖力（適応度）が他殖由来の子孫のそれよりも低くなるという現象である。これまでの理論的研究によると，遺伝子を次世代に伝達するという点では，近交弱勢の大きさ[*1]（$\delta：\delta = 1 -$（自殖子孫の適応度）/（他殖子孫の適応度））が0.5よりも小さい時に，自分の花粉で自分の卵と他個体の卵を受精させる個体の方が他殖のみを行う個体よりも有利となり，自殖を促す形質が進化する（Barrett & Harder, 1996）。逆に，この値が0.5よりも大きい時は，他殖を行う個体の方が自殖を行う個体よりも有利となり，他殖を促す形質が進化する。したがって，交配様式の進化の方向性は，近交弱勢の大きさに応じて決まることになる。一方，自殖を行う集団では，遺伝学的なプロセスを通して近交弱勢が小さくなると予想されている。これら2つの理論的な予想に従うと，もともと近交弱勢が大きく他殖を促す形質が進化し

---

[*1]：近交弱勢は，このように自殖子孫の適応度が減少するという現象を表す用語であるが，近交弱勢が強くあらわれる時は「近交弱勢が大きい」と表現する。すなわち，近交弱勢と「近交弱勢の大きさ」が同義的に用いられることが多い。

てきた集団であっても，花粉媒介昆虫の減少などの環境変化が原因で自殖率（自殖由来の種子の割合）が増加し，それによって近交弱勢の大きさが0.5以下に減少すると，自殖を促す形質が進化し始めると予想される（Lande & Schemske, 1985）。

しかしながら，近交弱勢の遺伝的メカニズムについての研究が進展するにつれて，自殖と近交弱勢の進化的な関係はそう単純ではないと考えられるようになってきている。この問題を複雑にしているのは，環境の変化によって自殖率が高くなっても，近交弱勢が大きく減少するとは限らないという予想である（Lande *et al.*, 1994）。この予想が当てはまる集団では，環境の変化が高い自殖率をもたらしても，次世代への遺伝子の伝達という点のみを考えれば，自殖を促す形質が進化しないかもしれない。そして，自殖を確実に避ける性質が進化しうる場合は，やがてその性質が進化して自殖率が減少していくだろう[*2]。これらのことは，自殖による近交弱勢の減少のしかたが，自殖性の進化の「起こりやすさ」を決めていることを示している。

現実の雌雄同体植物について見ると，生活史特性と交配様式との間には明瞭な関係が認められている。種ごとに推定された他殖率（他殖率＝1 - 自殖率）のデータを取りまとめて他殖率の頻度分布を調べた研究によると，1年生草本種，多年生草本種ともに高い値と低い値にモード（最頻値）を持つ二山型の分布を示すが，木本種の大部分は高い値を示す（Barrett & Eckert, 1990）。このような草本と樹木との交配様式のモードの違いは，以上に述べたような「自殖による近交弱勢の減少のしかた」の違いを反映しているのだろうか？理論的研究によると，樹木では，高い自殖率のもとでも大きな近交弱勢があらわれやすいと予想されているので，自殖による近交弱勢の減少の仕方からこの樹木の特性を説明できるかもしれない。しかしながら，このアイデアを

---

[*2]：近交弱勢が0.5以上ある時でも，他家花粉で受精できなかった胚珠がある場合は，そのような胚珠を自家花粉で受精させる受粉システム（遅延自家受粉）が繁殖個体の適応度を最も高める。したがって，他家花粉が不足している集団では，部分的に自殖を行う受粉システムが進化するかもしれない（Lloyd, 1992）。しかしながら，多年生植物では，ある年に他家花粉が不足していても，その年の自殖種子に投資する資源を翌年以降の成長と他殖種子に配分した方が有利となる場合が多いので，1年生植物よりも部分自殖を促す形質が進化しにくい（Iwasa, 1990）。ただし，このIwasaの予測がなりたつのは，近交弱勢の大きさが0.5以上の時に限られる。

検証できる資料は少なく、自殖と近交弱勢の関係が樹木の交配様式の進化にどの程度関与しているのかは明らかにされていない。

この章では、(1) 自殖と近交弱勢の関係を決める遺伝学的メカニズムについての理論・仮説と (2) アロザイム (1遺伝子座で構造の変異が決まる酵素) を用いた自殖率と近交弱勢の間接推定法について解説するとともに、(3) ホオノキという樹木の集団にあらわれる近交弱勢を調べた事例の紹介を通して、樹木の繁殖特性を理解するのに自殖と近交弱勢の関係を考慮することがいかに重要であるかを示したい。

## 1. 近交弱勢の大きさはどのようにして決まるか？

それでは、自殖と近交弱勢の関係は、どのような遺伝学的メカニズムに規定されているのだろうか？ そして、樹木と草本の間の交配様式のモードの違いも、この関係の違いを反映しているのだろうか？

### (1) 遺伝学的メカニズム

近交弱勢は、主に「劣性有害突然変異」で生じる有害遺伝子によってもたらされると考えられている[*3]。この劣性有害遺伝子は、ホモ接合体 (有害遺伝子を2個持つ遺伝子型) となったときに有害な効果をもたらすが、正常な対立遺伝子とのヘテロ接合体 (有害遺伝子と正常遺伝子を1個ずつ持つ遺伝子型) となったときは、より小さな有害効果をもたらす (BOX1参照)。生涯近交弱勢 (生涯適応度にあらわれる近交弱勢) や生活史段階ごとの近交弱勢成分 (たとえば種子形成期の近交弱勢) の大きさは、多数の遺伝子座にある劣性有害遺伝子の量で決まり、集団が保有する有害遺伝子の量が多くなるほど大きくなる。この有害遺

---

*3：近交弱勢をもたらす遺伝的メカニズムについては、いまだに議論が続いている。このメカニズムを説明する仮説として、「部分優性仮説」と「超優性仮説」の2つが考えられている。部分優性仮説では、「劣性有害突然変異」で生じた有害遺伝子が原因で近交弱勢が生じると考える。一方、超優性仮説では、生存力や繁殖力に関与している遺伝子座において、超優性 (ヘテロ接合体がホモ接合体よりも高い適応度を持つこと) が生じることで近交弱勢があらわれると考える。超優性仮説が支持される事例は自家不和合性などごく少数に限られており、超優性が近交弱勢の主要なメカニズムとなる可能性は低いと考えている研究者が多い。野生植物の交配実験で両仮説を検証した多くの研究でも、部分優性仮説が支持されている (Dudash & Carr, 1998など)。

伝子の保有量は，突然変異で供給される量と自然淘汰で除去される量とのバランスで決まる。自殖率が高くなると，劣性有害遺伝子がホモ接合体となって自然淘汰で除去される量が増加するので，結果として有害遺伝子の保有量も減少する。したがって，自殖している集団では近交弱勢が減少する。

以上のように，劣性有害突然変異で生じる近交弱勢は自殖率が高くなるほど減少するが，次の二つの遺伝学的メカニズムによって高い自殖率のもとでも大きな近交弱勢があらわれる[*4]。(1) 高い突然変異率：劣性有害遺伝子の保有量は，突然変異で供給される量と自然淘汰で除去される量とのバランスで決まるので，ゲノム突然変異率（2倍体生物1個体あたり世代あたりの突然変異率）が高くなるほど近交弱勢も大きくなる（D. Charlesworth et al., 1990）。(2) 遺伝子座間の選択干渉：部分的に自殖している集団では，自然淘汰によって除去される有害遺伝子の量が，「選択干渉」と呼ばれる遺伝子座間の相互作用によって減少し，個々の遺伝子座が独立に作用するときよりも大きな近交弱勢があらわれる（Lande et al., 1994）。たとえば，完全劣性の

## BOX1　選択係数と優性の度合い

有害な劣性突然変異遺伝子を $A$，野生型の対立遺伝子を $B$ とし，遺伝子型 $AA$, $AB$, $BB$ の個体の適応度をそれぞれ $1-s$, $1-hs$, $1$ と表せば，$0 < s \leq 1$, $0 \leq h < 0.5$ となる。$s$ と $h$ は，それぞれ「選択係数」，「優性の度合い」と呼ばれるパラメータである。$h = 0$ のとき，対立遺伝子 $A$ は $B$ に対して「完全劣性」であるという。また，$0 < h < 0.5$ のときは，「部分劣性」であるという。有害遺伝子のホモ接合体が個体の死亡をもたらす突然変異は（$s = 1$），致死突然変異と呼ばれる。一方，選択係数が小さいものは（$s$ が 0 に近い値をとる），弱有害突然変異と呼ばれる。

劣性有害突然変異の選択係数と優性の度合いとの間には負の相関がある。例えば，ショウジョウバエの場合，致死突然変異の優性の度合いの平均値は $0.01 \sim 0.03$ と小さいが，弱有害突然変異のそれは $0.1 \sim 0.2$ と大きい（向井，1978）。また，このような劣性有害突然変異の遺伝学的性質は生活史段階によって異なる。生活史初期段階（受精直後の胚〜発芽期）にあらわれる近交弱勢は主に致死突然変異によってもたらされ，生活史後期段階（実生期〜成熟期）の成長と繁殖にあらわれる近交弱勢の主要因は弱有害突然変異であると考えられている（Husband & Schemske, 1996）。

致死突然変異について見ると、突然変異が1遺伝子座で生じる場合は、自殖が生じると致死遺伝子がホモ接合体となって除去される確率が増加し、この遺伝子座がもたらす近交弱勢成分が減少する。ところが、致死突然変異が複数の遺伝子座で生じる場合、ある遺伝子座では致死遺伝子を持たない「健全」な個体でも、別の遺伝子座で致死遺伝子がホモ接合体となって死亡する可能性が生じる。こうなると、次世代に伝わる遺伝子頻度の点から見ると、健全な遺伝子が除去される量も自殖によって増加してしまう。このために、多数の遺伝子座が原因で近交弱勢があらわれるときは近交弱勢が大きくなる。これが選択干渉と呼ばれるメカニズムであり、ゲノム突然変異率が高くて大きな生涯近交弱勢が生じるときにこの効果が強くあらわれる。

### (2) 樹木－近交弱勢維持仮説

植物では、成長にかかわる細胞と繁殖にかかわる細胞とが分化していないので、寿命が長くてサイズの大きい植物ほど、茎頂部の世代あたり遺伝子座あたりの突然変異率が高くなると予想されている (Klekowski, 1988)。この仮説に従うと、生活史特性とゲノムの大きさとの間に関係がない限り、樹木は寿命の短い草本よりも高いゲノム突然変異率を示すことになる。実際、レッドマングローブといくつかの針葉樹種では、致死作用を持つ葉緑体突然変異のゲノム突然変異率が、1年生草本のそれよりも10倍以上高いと推定されている (Williams & Savolainen, 1996 など)。ならば、樹木の近交弱勢にかかわるゲノム突然変異率も同様に高ければ、高突然変異率と選択干渉の効果があらわれ、高い自殖率のもとでの近交弱勢も大きくなるかもしれない。このことから、Klekowskiの仮説を発展させると、「樹木は、高突然変異率・選択干渉の効果で高い自殖率のもとでも大きな近交弱勢を示す」という「樹木－近交弱勢維持仮説」を導くことができる[*5]。自殖と近交弱勢との関係を考え合わせると、この仮説から「樹木では、環境の変化が原因で自殖率が高くなっても、自殖性を促す形質が進化しにくい」ことが予想される。したがって、高木種の大部分が高い他殖率を示す理由も、この仮説で説明できることにな

---

*4：各遺伝子座の有害効果が相乗的に作用して個体の適応度を低下させる時も、高い自殖率のもとで大きな近交弱勢があらわれる可能性がある (B. Charlesworth et al., 1990)。しかしながら、適応度に及ぼす遺伝子座の相乗効果を検出した事例は少ない。

る。

　それでは，中程度以上の初期自殖率（受精直後の胚に占める自殖子孫の割合）を示す現実の樹木集団は大きな近交弱勢を示すのだろうか。そして，その値は草本種のそれよりも大きいのだろうか。これまでの研究によると，中程度の初期自殖率（$0.3 < r < 0.6$）を示すいくつかの針葉樹種の生涯近交弱勢は0.8以上あり，同程度の自殖率を示す草本種のそれよりも大きい（Husband & Schemske, 1996など）。しかしながら，樹木と草本の違いは種子形成期にあらわれ，発芽期と実生期以降にあらわれる近交弱勢については明瞭な違いが認められていない。また，高い初期自殖率を示す樹木の近交弱勢は，いまのところヒノキ科の針葉樹 *Thuja plicata* でしか調べられていない。この樹木の場合，比較的小さい生涯近交弱勢が観察されている（Husband & Schemske, 1996；$\delta = 0.3$）。

　以上のように，樹木－近交弱勢維持仮説を検証するための資料は十分ではない。とりわけ問題となるのは，(1) 発芽期以降にあらわれる近交弱勢に関しては，樹木と草本との違いが明瞭にみとめられていないことである。しかしながら，樹木の実生期以降の近交弱勢を，多くの研究者は圃場に植栽した実生や若齢木を用いて測定している。圃場の環境は自然集団の生育環境よりも厳しくないことが多いので，これまでの研究はこの生育段階の近交弱勢を過小評価しているのかもしれない。この問題を検討するためには，集団遺伝学的な方法を用いて，自然集団の発芽期から成熟期までの生存率にあらわれる近交弱勢を間接的に推定する必要がある。また，(2) 樹木と草本との違いが明瞭にあらわれる種子形成期の近交弱勢についても，高い初期自殖率を示す樹木集団で大きな近交弱勢があらわれるかどうかが問題となる。種子形成期にあらわれる近交弱勢の主要因は劣性致死突然変異であると考えられており，後期自殖率（成熟個体に占める自殖子孫の割合）が少し高くなるだけで（10％以上），この近交弱勢成分が大きく減少すると予想されている

---

＊5：生活史後期段階の生存率にあらわれる近交弱勢と世代の重なりを考慮した人口統計学的なモデルによる理論的研究でも，寿命が長い植物ほど近交弱勢が大きくなることが指摘されている（Morgan *et al.*, 1997）。しかしながら，このモデルを遺伝学的に検討した理論的研究によると，多年生と近交弱勢との関係はやはり突然変異率に依存している（Morgan, 2001）。

(Husband & Schemske, 1996; Lande et al., 1994)。したがって，中程度の自殖率のもとで種子形成期に大きな近交弱勢があらわれる場合でも，さらに自殖率が高くなるとその値は小さくなるかもしれない。この点を検討するためには，高い初期自殖率を示す樹木の近交弱勢を調べなければならない。

## 2. アロザイムを用いた自殖率と近交弱勢の推定法

樹木の研究事例を紹介する前に，植物の交配様式と近交弱勢を調べるときに必要となる3つの尺度（自殖率，近交係数，近交弱勢）をアロザイムで推定する方法について解説しておこう。

### (1) 自殖率

種子に占める自殖子孫の割合，すなわち自殖率を推定するために使われる最もポピュラーな遺伝マーカーは，アロザイムである。アロザイムは1遺伝子座で構造の変異が決まる酵素の総称であり，電気泳動によってその変異を調べることができる。この方法では，複数の母植物とそれから採取した種子をそれぞれすりつぶし，ポリアクリルアミドゲルなどを用いて電気泳動実験を行う。その結果に基づいて，複数のアロザイム遺伝子座について各個体の遺伝子型を特定し，その頻度から自殖率を計算する。

マイクロサテライト（第3章参照）のように遺伝的多型の程度が高いマーカーを用いる場合は，個々の種子の両親を高い精度で特定できるので，自殖率も直接計算できる。一方，遺伝的多型の程度が低いアロザイムの場合は，母植物がわかっている場合でも，父親（花粉親）を特定できない場合が多いので，数理モデルを用いて自殖率を間接的に推定しなければならない。このために用いられる混合交配モデルでは，集団内の各個体がランダム交配と自殖の両方を行うと仮定する（Brown, 1990など）。具体的には，以下の手順で他殖率を推定する。

まず1遺伝子座のみを用いた場合について見てみよう。自殖率が$r$で，対立遺伝子$a$と$A$の頻度が$p$，$1-p$である集団の場合，遺伝子型$aa$の母植物から遺伝子型$aa$の種子ができる確率$V$は，

$$V = p(1-r) + r$$

と表せる。この式から、対立遺伝子$a$の頻度$p$がわかっていれば、遺伝子型$aa$の種子の頻度を求めることで自殖率$r$を推定できる。この方法は多遺伝子座の場合でも使える。例えば、対立遺伝子$b$と$B$の頻度が$q$, $1-q$であるもう1つの遺伝子座も調べた場合、この遺伝子座がもう一方の遺伝子座と連鎖していなければ、遺伝子型$aabb$の母植物から遺伝子型$aabb$, 遺伝子型$aAbb$, 遺伝子型$aaBb$, 遺伝子型$aAbB$の種子ができる確率$W$, $X$, $Y$, $Z$は、それぞれ、

$$W = pq(1-r) + r$$
$$X = (1-p)q(1-r)$$
$$Y = p(1-q)(1-r)$$
$$Z = (1-p)(1-q)(1-r)$$

となる。したがって、種子の遺伝子型頻度から$W$, $X$, $Y$を推定することができれば、連立方程式を解くことで3つのパラメータ$p$, $q$, $r$を同時に求めることができる($Z$は$1-W-X-Y$に等しい)。

実際の自殖率の計算には、ほとんどの研究者がRitlandのプログラムを用いている(Ritland, 1990a)。このプログラムを使えば、複数の遺伝子座に基づいた自殖率の推定値を求めることができる。また、種子の分析だけでも自殖率が推定できる。Ritlandの方法による推定値は、少数の遺伝子座で推定したときは大きな推定誤差を伴うが、4遺伝子座以上で推定すれば誤差が小さくなり大きな問題にはならない。また、集団に構造があり、兄弟交配やいとこ交配が生じている集団では、自殖率を過大推定してしまう。このような二親性の近親交配が生じているかどうかは、1遺伝子座で推定した自殖率と多遺伝子座で推定した自殖率の差を調べることで推定できる。

以上の方法で種子段階の自殖率$r$を推定することができるが、初期自殖率$r_p$、すなわち受精直後の段階の自殖率を求めるためには、交配実験を行って種子形成期にあらわれる近交弱勢の大きさも推定しなければならない(交配・栽培実験による近交弱勢の求め方については、Jhonston and Schoen, 1994参照)。種子形成期にあらわれる近交弱勢の大きさを$\delta_e$とすると、初期自殖率

$r_p$ は

$$r_p = r / [\,1 - (1-r)\,\delta_e\,]$$

と表される (Maki, 1993)。一方，発芽期から成熟期までの生存率にあらわれる近交弱勢が推定できる場合は，後期自殖率$r^*$も求められる。この近交弱勢の大きさを$\delta_1$とすれば，後期自殖率$r^*$は次式で与えられる (Lande et al., 1994)。

$$r^* = r\,(1-\delta_1)/(1-r\delta_1)$$

## (2) 近交係数

近交係数は近親交配の度合いを表す尺度であり，同一祖先に由来する同じ対立遺伝子がホモ接合となる確率と等しい。この尺度は，近交弱勢を遺伝マーカーで間接的に推定するときに必要となる。また，近交弱勢がないと仮定すれば，この値から自殖率も推定できる。

集団に地理的構造がない場合，近交係数$F$はWrightの固定指数$F_{IS}$と等しい。この固定指数は，ヘテロ接合度 (ヘテロ接合体の頻度) の観察値$H_o$と期待値$H_e$ (ハーディ-ワインバーグ平衡のもとでの期待値) から，次式で推定できる (根井, 1987)。

$$F_{IS} = 1 - H_o / H_e$$

頻度$p$, $q$の2つの対立遺伝子からなる遺伝子座の場合，$He$は$2pq$に等しい。多遺伝子座に基づいて固定指数を求める方法はやや複雑だが，FSTATなどのプログラムでこの推定値と標準誤差を計算できる (http://www.unil.ch/izea/softwares/fstat.html参照)。

近交弱勢がなく，兄弟交配などの二親性近親交配も生じていないと仮定すれば，近交係数と自殖率$r$の関係は次の式で与えられる (ファルコナー, 1989)。

$$F = r/(2-r)$$

## (3) 近交弱勢の大きさ

寿命が長い樹種では，発芽期から成熟期までの生存率にあらわれる近交弱

勢の大きさ$\delta_1$を調べるのに時間がかかり過ぎてしまうが，集団遺伝学的な手法を用いれば，アロザイム分析でこの近交弱勢成分を間接的に推定できる（Ritland, 1990b）。まず，種子段階の自殖率と近交係数を$r$と$F'$，その種子が成熟個体に成長した時の近交係数を$F''$とすると，$\delta_1$は，

$$\delta_1 = 1 - [(1-r)F''/(F'-rF'')]$$

と表される。この式からわかるように，同じ世代の種子段階と成熟期でアロザイム分析ができれば，$\delta_1$を求められる。成熟期の近交係数が平衡状態に達して毎世代一定となっている場合は，その種子の両親の近交係数を$F$（=$F''$）とすると，

$$\delta_1 = 1 - \{2(1-r)F/[r(1-F)]\}$$

となる。この式から，近交係数が平衡状態に達している集団では，成熟個体の近交係数とその種子の自殖率を推定するだけで，発芽期から成熟期までの生存率にあらわれる近交弱勢の大きさを求められる。しかしながら，自殖率と近交係数が中程度の値（0.5に近い値）でない場合は，この方法で求められる推定値の標準誤差が大きくなる。また，自殖率が世代ごとに変動する場合は，近交弱勢を過小推定してしまう。

近交係数が平衡状態に達している集団では，生涯近交弱勢$\delta_t$は，受精直後から成熟期までの生存率の低下として表すことができる。この近交弱勢を求めるためには，$\delta_1$とともに種子形成期にあらわれる近交弱勢の大きさ$\delta_e$も推定しなければならない。$\delta_1$は発芽期にあらわれる近交弱勢$\delta_g$と実生期以降の生存率にあらわれる近交弱勢$\delta_s$とに分割できるので，$\delta_t$は次式で与えられる。

$$\begin{aligned}\delta_t &= 1 - (1-\delta_e)(1-\delta_1) \\ &= 1 - (1-\delta_e)(1-\delta_g)(1-\delta_s)\end{aligned}$$

## 3. ホオノキ集団の交配様式と近交弱勢

以上の手法を用いて中程度以上の自殖率を示す樹木の自殖率と近交弱勢を調べれば，樹木－近交弱勢維持仮説を間接的に検証できるだろう。この節で

**図1　ホオノキの花**
　雌性期の花（a）とその柱頭部（b: 雌期，c: 雄期）。ホオノキの花は，100〜150個の雌しべとその下部につくほぼ同数の雄しべを持つ。

は，中程度以上の自殖率を示すホオノキ集団を用いて（1）発芽期から成熟期までの生存率にあらわれる近交弱勢はどの程度大きいか？（2）高い自殖率のもとでも種子形成期に大きな近交弱勢があらわれるか？（3）どのようなメカニズムによって大きな近交弱勢が維持されているのか？　という三つの問題を検討した事例を紹介する。

## (1) 花の咲き方

　ホオノキは日本の温帯林で普通に見られる落葉高木だが，葉と花が大きいために林のなかではひときわ目立つ。北海道では6〜7月に咲き，多様な分類群の昆虫が訪花する。この花は雌しべと雄しべを両方とも持つ両性花であるが，雌しべが花粉を受け取る時期（雌期）と雄しべが花粉を出す時期（雄期）がずれている。つまり，1つの花についてみると，開花1日目は花粉を受け取りやすいように柱頭の先端部がそり返っているが，雄しべは花粉を出していない。翌日以降になると，柱頭は花柱に張りついて花粉を受け取らなくなるが，雄しべから花粉が出てくる（図1）。このような花の咲き方は「雌性先熟」と呼ばれ，雄しべから出た自家花粉が同じ花の雌しべにつくことを避ける機能を持つと考えられている。しかしながら，札幌市（羊ヶ丘）のホオノキ集団で種子のアロザイム分析を行った石田・長坂（1994）は，この樹木が中程度以上（0.4以上）の自殖率を示すことを明らかにしている。この樹木は自殖を避けることに適した開花様式を持つにもかかわらず，個々の花の

開花が同調しないので，雄期の花から雌期の花へと自家花粉が運ばれて生じる自殖を避けることができないのである。

## (2) 発芽期から成熟期までの生存率にあらわれる近交弱勢

このように中程度以上の自殖率を示すホオノキ集団には，どれくらい大きな近交弱勢があらわれるのだろうか。そこで，札幌市の3集団と福岡市の2集団でアロザイム分析を行って種子段階の自殖率と成木集団の近交係数を求め，これから発芽期から成熟期までの生存率にあらわれる近交弱勢の大きさを推定してみた。その結果，種子段階の自殖率については，福岡市・油山2の集団が0.4と中程度の値を示す一方，札幌市・簾舞の集団が0.9とかなり高い値を示すことがわかった（表1）。成木集団の近交係数についてみると，どの集団も低い値を示し，0と有意に異ならなかった（表2）。これらの自殖率と近交係数から推定した発芽期以降の生存率にあらわれる近交弱勢は，0.8～1.0と非常に大きい値となった（図2）。また，近交弱勢の大きさと自殖率との明瞭な相関もみとめられなかった。以上の結果は，ホオノキ集団では，発芽期以降に非常に大きな近交弱勢があらわれ，その大きさは自殖率が高くなっても減少しにくいことを示している。

**表1　ホオノキ集団の自殖率の推定値とその推定に用いたアロザイム遺伝子座**

| 集団（調査年） | 遺伝子座 | 個体数 母樹 | 個体数 種子 | 自殖率（平均値±標準誤差） |
|---|---|---|---|---|
| 札幌市 | | | | |
| 　羊ヶ丘（1995） | Adh, Aat-1, Aat-2, Lap | 10 | 220 | 0.54 ± 0.05 |
| 　羊ヶ丘（1997） | Adh, Aat-1, Aat-2, Dia Lap, Pgi | 8 | 224 | 0.42 ± 0.05 |
| 　定山渓（1996） | Aat-1, Aat-2, Lap | 8 | 213 | 0.70 ± 0.05 |
| 　簾舞　（1996） | Aat-1, Aat-2, Lap | 8 | 124 | 0.90 ± 0.04 |
| 福岡市 | | | | |
| 　油山1（1998） | Aat-1, Aat-2, Dia, Pgi | 10 | 273 | 0.38 ± 0.05 |
| 　油山1（1999） | Aat-1, Aat-2, Dia, Pgi | 7 | 211 | 0.60 ± 0.05 |
| 　油山2（1998） | Aat-1, Aat-2, Dia, Pgi | 9 | 196 | 0.42 ± 0.05 |

実験には次の5種類の酵素種を用いた：アスパラギン酸アミノ転移酵素（AAT），アルコール脱水素酵素（ADH），ディアホラーゼ（DIA），ロイシンアミノペプチダーゼ（LAP），ホスホグルコースイソメラーゼ（PGI）。

## 3. ホオノキ集団の交配様式と近交弱勢

**表2 ホオノキ集団の近交係数とその推定に用いたアロザイム遺伝子座**

| 集団 | 遺伝子座 | 近交係数<br>(平均値±標準誤差) |
|---|---|---|
| 札幌市 | | |
| 羊ヶ丘 | Adh, Aat-1, Aat-2, Dia, Lap, 6Pgd | 0.061 ± 0.045 |
| 定山渓 | Adh, Aat-1, Aat-2, Dia, Lap, 6Pgd, Pgm | 0.099 ± 0.077 |
| 簾舞 | Adh, Aat-1, Aat-2, Dia, Lap, 6Pgd, Pgm | 0.140 ± 0.040 |
| 福岡市 | | |
| 油山1 | Adh, Aat-1, Aat-2, Dia, Mnr, Pgi | -0.004 ± 0.104 |
| 油山2 | Adh, Aat-1, Aat-2, Dia, Mnr, Pgi | -0.012 ± 0.031 |

1集団あたり60～61個体の成熟個体を材料として，8種類の酵素種で実験を行った：アスパラギン酸アミノ転移酵素（AAT），アルコール脱水素酵素（ADH），ディアホラーゼ（DIA），ロイシンアミノペプチターゼ（LAP），メナジオンリダクターゼ（MNR），6-ホスホグルコン酸脱水素酵素（6PGD），ホスホグルコースイソメラーゼ（PGI），ホスホグルコムターゼ（PGM）。

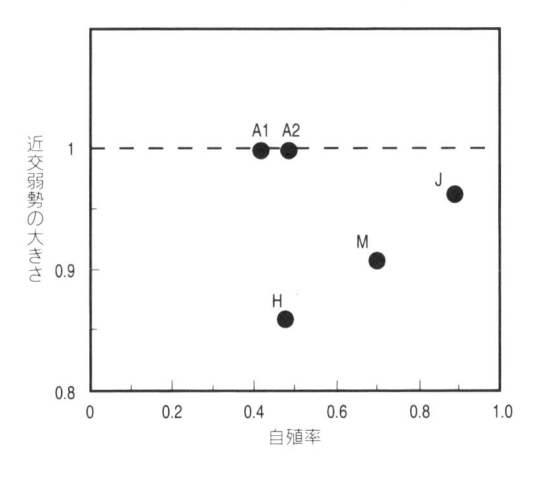

**図2 ホオノキ集団における種子段階の自殖率（$r$）と発芽期～成熟期の生存率にあらわれる近交弱勢の大きさ（$\delta_l$）との関係**

成木段階の近交係数がマイナスの値をとるときは，$\delta_l = 1$とした。H：羊ヶ丘（$r$は1995年と1997年の推定値の平均値）J：定山渓，M：簾舞，A1：油山1（$r$は1998年と1999年の推定値の平均値），A2：油山2。

　それでは，この大きな近交弱勢は，主として発芽期にあらわれるのだろうか？　それとも実生期以降にあらわれるのだろうか？　そこで，札幌市・羊ヶ丘の5母樹で得た自殖種子と他殖種子の発芽率を調べた結果，発芽期にあらわれる近交弱勢の大きさは0.41と推定された。また，この値と発芽期から成熟期の生存率にあらわれる近交弱勢の推定値（= 0.90）を用いて求めた実生期以降の近交弱勢の大きさは0.83となった。これらのことから，ホオノキ集団では，実生期以降にかなり大きな近交弱勢があらわれると考えられる。

### (3) 種子形成期にあらわれる近交弱勢

1節で述べたように，樹木と草本との近交弱勢の違いは種子形成期に明瞭にあらわれる。中程度以上の自殖率を示すホオノキ集団でも，この生活史段階に大きな近交弱勢があらわれるのだろうか。この点を検討するためには，人工的に自家受粉と他家受粉を行い，胚の生存率（種子数／胚珠数）の受粉処理による違いを調べれば良い。ただし，この方法で近交弱勢の大きさを推定するためには，ホオノキが自家不和合性，すなわち，柱頭または花柱で自家花粉の発芽・伸長を抑制する生理的メカニズムを持つかどうかも調べておく必要がある。そこで，羊ヶ丘の集団の5母樹で人工的に他家受粉と自家受粉を行ったところ，受粉処理間で成熟果実の未発達胚珠の割合（[未受精または受精後発達せずに死亡したと推定される胚珠数]／[全胚珠数]）に有意な差が認められなかった（Ishida et al., 2003）[*6]。このことから，ホオノキは自家不和合性を持たないと考えられる。

それでは，ホオノキの種子形成期にはどの程度大きな近交弱勢があらわれるのだろうか。そこで，羊ヶ丘と油山1の2集団で受粉実験を行い，種子形成期にあらわれる近交弱勢を推定してみた。その結果，この生活史段階にあらわれる近交弱勢の大きさは，羊ヶ丘と油山1でそれぞれ0.76（Ishida et al., 2003），0.85とかなり大きいことがわかった（集団あたり4～5母樹で得た値）。また，この推定値と種子段階の自殖率を用いて初期自殖率，すなわち受精直後の自殖率を推定すると，その値は羊ヶ丘と油山1でともに0.86となった。これらの結果は，ホオノキの種子形成期には，高い初期自殖率のもとでもかなり大きな近交弱勢があらわれることを示している。

### (4) 大きな近交弱勢が維持されるメカニズム

以上の結果は，ホオノキ集団では，高い初期自殖率のもとでも種子形成期

---

[*6]：自家不和合性には，後発型自家不和合性という，自家花粉で受精した胚の死亡をもたらすメカニズムも含められる（Seavey & Bawa, 1986）。この後発型自家不和合性の有無は，自家受精した胚が死亡するステージが揃っているかどうかで判断できる。自家受粉で得たホオノキ果実の胚珠・種子のサイズを測定したところ，発達途上で死亡した胚珠・種子のサイズは2～7 mmと幅広くばらついていた（成熟種子のサイズは8～15 mm; Ishida et al., 2003）。したがって，ホオノキは後発型自家不和合性も持たない可能性が高い。

と実生期以降にかなり大きな近交弱勢があらわれることを物語っている。そしてこの結果から，この樹木が高い自殖率を示すにもかかわらず，自殖を避けることに適した開花様式を持つことを説明できる。すなわち，ホオノキ集団には非常に大きな近交弱勢があらわれるので，高頻度に自殖が生じているにもかかわらず，他殖を促す方向に淘汰圧がかかり続けていると考えられる。また，この結果は「樹木集団では，高い自殖率のもとでも大きな近交弱勢があらわれる」とする樹木－近交弱勢維持仮説の予想と矛盾しない。種子形成期の近交弱勢についてみると，ホオノキは中程度以上の初期自殖率を示すにもかかわらず，他殖性針葉樹10種（初期自殖率が0.4以下の種）の推定値（平均で0.58；Husband & Schemske, 1996）と同程度かそれ以上に大きい値を示す。一方，実生期以降にあらわれる近交弱勢に関しては，ホオノキの値はこれらの他殖性針葉樹の推定値（平均で0.12）よりもかなり大きい。ただし，これらの研究の多くは植栽した若齢木を用いて近交弱勢を測定しているので，この生活史段階の近交弱勢を過小推定している可能性が高い。

それでは，このホオノキ集団にあらわれる大きな近交弱勢は，高突然変異率・選択干渉の効果で説明できるのだろうか？　そこでこの問題を検討するために，近交弱勢をもたらす劣性有害突然変異のゲノム突然変異率を推定することにした。

部分的に自殖している集団の場合，ゲノム突然変異率を近交弱勢の大きさのみから推定するのは難しい。一方，完全にランダム交配している集団の場合は，優性の度合い（$h$）が0に近い値をとると仮定して，種子形成期にあらわれる近交弱勢の大きさを説明できるゲノム突然変異率を求めることができる（BOX2参照）。そこで，成熟期の近交係数が0に近い油山1の集団を，次世代への遺伝子伝達の点ではランダム交配しているとみなし，このゲノム突然変異率を推定してみた。その結果，この集団の種子形成期の近交弱勢の大きさを説明できるゲノム突然変異率は，0.08～0.23となった（$h$ = 0.01～0.03と仮定して求めた値）。この推定値は，これまでに報告されている高木種3種の値（0.2～0.5）と同程度だが，1年生草本3種の値（0.01～0.02）よりも大きい（Lande *et al.*, 1994, Williams & Savolainen, 1996）[7]。一方，ホオノキの種子形成期の近交弱勢をもたらす有害突然変異がこれらの草本種と同程度のゲノム突然変異率を持つと仮定すれば，近交係数が0のとき（後期自殖率 =

0）の近交弱勢の予測値は0.08〜0.39となり，油山1の集団の種子形成期の近交弱勢を説明できない。これらのことは，高いゲノム突然変異率がホオノキの種子形成期にあらわれる大きな近交弱勢をもたらしていることを示しており，樹木が高い突然変異率を持つとするKlekowskiの仮説と矛盾しない。

次に問題となるのは，発芽期以降にあらわれる大きな近交弱勢が，種子形成期の近交弱勢に対してどの程度大きな選択干渉をもたらしているのかという点である。そこで，発芽期以降に近交弱勢があらわれないと仮定した時に，油山1の集団の種子形成期にどの程度大きな近交弱勢があらわれるのかを，選択干渉モデル（Lande $et\ al.$, 1994）[*8]という数理モデルを用いて予測してみた。その結果，この予測値は0.04〜0.11となり，実際の推定値（0.85）よりもかなり小さくなることがわかった（$h$ = 0.01〜0.03と仮定して求めた値）。この結果は，発芽期以降にあらわれる近交弱勢も，選択干渉を通して種子形成期の近交弱勢を大きくしていることを示している。つまり，発芽期以降に大きな近交弱勢があらわれ，成木段階での自殖率が0に近い値となってしまうために，自殖による有害遺伝子頻度の減少がほとんど起こらず，結果として種子形成期の近交弱勢はランダム交配している集団であらわれるものと同程度に大きいものとなるのだろう。

以上のことから，ホオノキ集団の種子形成期に関しては，この生活史段階にあらわれる有害突然変異がもたらす効果（高突然変異率・選択干渉）と発芽期から成熟期までの近交弱勢による選択干渉という2つの要因が，高い初期自殖率のもとでの大きな近交弱勢の維持に関与していると考えられる。残る問題は，発芽期から成熟期までの生存率にあらわれる大きな近交弱勢がど

---

[*7]：致死作用をもたらす葉緑体突然変異の遺伝子座あたりの突然変異率を用いて，致死突然変異をもたらす遺伝子座が5,000あると仮定してゲノム突然変異率を求めた（Lande $et\ al.$, 1994）。

[*8]：選択干渉モデル（identity equilibrium model）は，高突然変異率・選択干渉の効果を検討するために考案されたモデルである（Lande $et\ al.$, 1994）。このモデルでは，(1)集団サイズは無限大で世代は重複しない，(2)個体あたりの有害遺伝子数はポアソン分布に従う，(3)有害遺伝子頻度に及ぼす自然淘汰の影響は後期自殖率で決まる，と仮定して世代ごとに有害遺伝子の頻度を求める。パラメータ（初期自殖率と近交弱勢の関係を決める数値）として，遺伝子座あたりの突然変異率，突然変異が生じる遺伝子座数，優性の度合い，選択係数を与えれば，ある初期自殖率のもとでの近交弱勢の平衡値を求めることができる。

のようにして維持されているかである。この近交弱勢については，それをもたらす有害突然変異の優性の度合いを絞り込めていないので，上に述べた方法でそのメカニズムを推定することができない。したがって，発芽期以降の生存率にあらわれる近交弱勢が高突然変異率・選択干渉の効果で維持されているのかどうかは検討できない。ただし，種子形成期にあらわれる近交弱勢がかなり大きいので，この近交弱勢で生じる選択干渉が発芽期以降にあらわれる近交弱勢を大きくしている可能性は高い。

## BOX2　劣性有害突然変異の突然変異率を推定する方法

劣性有害突然変異で生じた近交弱勢の大きさδから，致死相当量$2B$，すなわち，近交弱勢の大きさを個体あたりの致死遺伝子数に換算したときの値は次式で与えられる (Morton et al., 1956)。

$$2B = -4 \ln(1-\delta)$$

一方，ランダム交配している集団では，劣性有害突然変異の優性の度合いの調和平均を$h$，ゲノム突然変異率を$U$（2倍体あたりの値）とすると，これらのパラメータと致死相当量との関係は次のようになる (Charlesworth & Charlesworth, 1987)。

$$2B = U(1/(h) - 2)$$

したがって，ランダム交配している集団の近交弱勢に関しては，その値を説明できる$h$と$U$の組み合わせを次式で求めることができる。

$$\delta = 1 - \exp[U(1-1/2h)]$$

この式は，多遺伝子座の効果を考慮したモデル (D. Charlesworth et al., 1990) で求められる近交弱勢の良い近似を与える。この式は選択係数を含まないので，$h$を特定すれば，この式からδを説明できる$U$を求めることができる。部分的に自殖する植物の場合は，すべての自殖子孫が死亡するときにのみランダム交配していると見なせるので，この式を適用できる集団は少ないはずである。ただし，油山のホオノキ集団のように，非常に大きな生涯近交弱勢があらわれ，成木集団の近交係数がほぼ0となる場合は，この式を用いることができる。完全に自殖する集団についても，近交弱勢の大きさから突然変異率を推定する方法がある (B. Charlesworth et al., 1990)。

## 4. 今後の展望

　以上に紹介した，中程度以上の自殖率を示すホオノキ集団の近交弱勢についての事例は，「樹木では，高突然変異率・選択干渉の効果で大きな近交弱勢があらわれる」とする樹木－近交弱勢維持仮説と矛盾しない。ただし，この性質が多くの高木種に共通したものなのかどうかという問題に関しては，高い自殖率を示す他の高木種で同様の検討を行わないと結論が出せない。したがって，高木種の大部分が低い自殖率を示すのはなぜかという謎に答えるためには，さらに時間がかかりそうである。

　ホオノキの交配様式と近交弱勢に関しても，いくつかの謎が残されている。たとえば，自殖を効率良く避けることを可能にする自家不和合性が，この樹木で見られないのはなぜなのだろうか。自殖を完全に避ける自家不和合性を持つ個体は，自殖種子へ配分する資源を他殖種子や翌年以降の繁殖に振り向けることができるので，近交弱勢が非常に大きい集団では，そのような突然変異個体が自家不和合性を持たない個体よりも有利になるはずである。だから，ホオノキ集団で自家不和合性が進化していないことが問題になるのである。また，この問題は，大部分の高木種が低い自殖率を示すにもかかわらず，なぜホオノキが高い自殖率を示すのかという問題とも関係しているにちがいない。この疑問に答える仮説としては，(1) ホオノキは袋状の心皮（雌ずい）を持ち，花粉の遺伝子型を識別するための場所となる柱頭・花柱が発達していないので，自家不和合性が進化しにくい，(2) ホオノキの種皮は種子散布動物の餌となるので，自家不和合性が母樹あたりの総種子数を減らすならば種子散布の効率も低下してしまい，自家不和合性を持たない個体の方が有利になる，などが考えられる。後者のアイデアは実験・観察と理論の両方で検証できるだろう。

　高い自殖率を示すホオノキ集団において，実生期以降にあらわれる大きな近交弱勢がどのようにして維持されているのかという問題も残されている。この生活史段階にあらわれる大きな近交弱勢も，種子形成期にあらわれる近交弱勢と同様のメカニズムで維持されているのかもしれないが，別の要因が関与している可能性も否定できない。たとえば，高木種の実生期以降の生存率にあらわれる近交弱勢を調べたいくつかの事例によると，同種個体間の競

争が近交弱勢を大きくしていることが観察されている (Sorensen, 1999 など)。ホオノキの成長には近交弱勢があらわれるので (Ishida & Nakamura, 1997)、そのような種内競争が実生期以降の生存率にあらわれる近交弱勢を大きくしているかもしれない。このような種内競争がホオノキ集団の近交弱勢の維持にどの程度重要な役割を果たしているのかを検討するためには、(1) 自然集団における自殖・他殖種子の分布と種内競争の実態と、(2) 種内競争のもとであらわれる近交弱勢の遺伝学的メカニズム、を遺伝マーカーを用いて調べる必要がある。

# 引用文献

Barrett, S. C. H. & C. G. Eckert. 1990. Variation and evolution of mating systems in seed plants. *In*: S. Kawano (ed.), *Biological approaches and evolutionary trends in plants*, p.229-254. Academic Press, New York.

Barrett, S. C. H. & L. D. Harder. 1996. Ecology and evolution of plant mating. Trends in Ecology and Evolution **11**:73-79.

Brown, A. H. D. 1990. Genetic characterization of plant mating systems. *In*: Brown, M.T. Clegg, A.L. Kahler, & B. S. Weir (eds.), Plant population genetics, breeding, and genetic resources, p.282-298. Sinauer Associates, Sunderland.

Charlesworth, B., M. T. Morgan & D. Charlesworth. 1990. Genetic loads and estimates of mutation rates in highly inbred plant populations. Nature **347**: 380-382.

Charlesworth, D. & B. Charlesworth. 1987. Inbreeding depression and its evolutionary consequences. Annual Review of Ecology and Systematics **18**: 237-268.

Charlesworth, D., M. T. Morgan & B. Charlesworth. 1990. Inbreeding depression, genetic load, and the evolution of outcrossing rates in a multilocus system with no linkage. Evolution **44**: 1469-1489.

Dudash, M. R. & D. E. Carr. 1998. Genetics underlying inbreeding depression in *Mimulus* with contrasting mating systems. Nature **393**: 682-684.

ファルコナー, D. S. 1989. (田中嘉成・野村哲郎訳, 1993) 量的遺伝学入門 (原書第3版). 蒼樹書房.

Husband, B. C. & D. W. Schemske. 1996. Evolution of the magnitude and timing of inbreeding depression in plants. Evolution **50**: 54-70.

石田清・長坂寿俊 1994. ホオノキの繁殖特性(I)ーアイソザイムによる受粉特性の推定ー 日林論 **105**: 295-296.

Ishida, K. & K. Nakamura. 1997. Outcrossing rate and inbreeding depression in natural populations of *Magnolia hypoleuca*. American Journal of Botany **84 Supplement-**

**Abstracts**: 121.

Ishida, K., H. Yoshimaru & H. Itô. 2003. Effects of geitonogamy on the seed set of *Magnolia obovata* Thunb. (Magnoliaceae). *International Journal of Plant Sciences* **164**: 729-735

Iwasa, Y. 1990. Evolution of the selfing rate and resource allocation models. Plant Species Biology **5**: 19-30.

Johnston, M. O. & D. J. Schoen. 1994. On the measurement of inbreeding depression. Evolution **48**: 1735-1741.

Klekowski, E. J. 1988. Genetic load and its causes in long-lived plants. *Trees*: 195-203.

Lande, R. & D. W. Schemske. 1985. The evolution of self-fertilization and inbreeding depression in plants. I. Genetic models. Evolution **39**: 24-40.

Lande, R., D. W. Schemske & S. T. Schultz. 1994. High inbreeding depression, selective interference among loci, and the threshold selfing rate for purging recessive lethal mutations. Evolution **48**: 965-978.

Lloyd, D. G. 1992. Self- and cross-fertilization in plants. II. The selection of self-fertilization. International Journal of Plant Sciences **153**: 370-380.

Maki, M. 1993. Outcrossing and fecundity advantage of females in gynodioecious *Chionographis japonica* var. *kurohimensis* (Liliaceae). American Journal of Botany **80**: 629-634.

Mogan M. T. 2001. Consequences of life history for inbreeding depression and mating system evolution in plants. *Proceedings of the Royal Society of London. Series B, Biological sciences* **268**: 1817-1824.

Morgan, M. T., D. J. Schoen & T. M. Bataillon. 1997. The evolution of self-fertilization in perennials. American Naturalist **150**: 618- 638.

Morton, N. E., J. F. Crow & H. J. Muller. 1956. An estimate of the mutational damage in man from data on consanguineous marriages. Proceedings of the National Academy of Sciences of the United States of America **42**: 855-863.

向井輝美　1978　集団遺伝学　講談社サイエンティフィック．

根井正利　1987　（五條堀孝・斉藤成也訳, 1990）分子進化遺伝学　培風館．

Ritland, K. 1990a. A series of FORTRAN computer programs for estimating plant mating systems. Journal of Heredity **81**: 235-237.

Ritland, K. 1990b. Inferences about inbreeding depression based on changes of the inbreeding coefficient. Evolution **44**: 1230-1241.

Seavey, S. R. & K. S. Bawa. 1986. Late acting self-incompatibility in angiosperms. Botanical Review **52**: 195-219.

Sorensen, F. C. 1999. Relationship between self-fertility, allocation of growth, and inbreeding depression in three coniferous species. Evolution **53**: 417-425.

Williams, C. G. & O. Savolainen. 1996. Inbreeding depression in conifers: Implications for breeding strategy. Forest Science **42**: 102-117.

# 第3章 マイクロサテライトマーカーで探る樹木の更新過程

井鷺裕司（広島大学総合科学部）

## 1. 森林の中で

　森林の中でふと足元に目を向けて見つけた，小さな芽生え。林冠を構成するほどの大きな個体にまで成長するのはごく一部にすぎず，たいていのものは数年のうちに枯れて消えてゆくのだろう。だが，生えては消えるこれらの芽生えこそが，森林の更新を担っていることは間違いない。これらの芽生えは一体どこから来たのだろうか。森林の中で近くを見回しても，母樹と思われる樹木が見つからないことも多い。一方，おそらくこの木から飛んできたのではないか，と思われる大きな樹木が近くに見つかることもある。しかし，その場合でも，本当にそうなのかと聞かれると沈黙せざるを得ない。さらに，この芽生えの花粉親はいったいどの木なのだろうか，という疑問に対しては，信頼に足る答えを出すことは絶望的である。遺伝的には種子親も花粉親もほぼ同等に重要であるにもかかわらず，林床の芽生えの父親を正しく推定することは，これまでは無理な相談だったのである。
　森林の中で，どの木とどの木が花粉を交換しているのか。個体間がどれだけ離れると花粉の交換という点で個体が孤立してしまうのか。受粉の結果できあがった種子はどの程度散布されるのか。林床で生育している稚樹は一体どこからやってきたのか。花粉や種子の飛散距離は種特性の異なる樹種間でどの程度違うのか，そしてその違いが現在，将来の個体数や遺伝構造にどのようなかかわりを持つのか。これらの疑問は植物群落の維持機構や更新過程を理解するうえで極めて本質的なものであるし，さらに生態系の保全という

観点からも重要な問いかけでもある。現在，地球上のすべての生態系は人為攪乱により，多少なりとも断片化や孤立化が進んでいる。そのような森林の断片化や孤立化は生き残った個体の繁殖プロセスや遺伝的多様性に対してどのような影響を与えるのだろうか。多くの樹木の寿命は人間活動のタイムスケール，特に近年の森林の断片化速度に比べると著しく長いため，繁殖個体は孤立化前の遺伝的組成を代表しているが，孤立後の交配に由来する新しい芽生えは，繁殖個体の交配相手が限定されてしまったため，遺伝的な構成が親集団とはずいぶん異なっているという可能性もある。生態系の保全のためには，花粉や種子の散布量や散布距離，そして世代を経るにつれて遺伝的な質が断片化によってどのように変化しているか，ということを明らかにすることが重要である。

　これらの生態学的にも保全生物学的にも重要な問いかけに対して，フィールドワークを中心とする生態学者にはこれまで有効な解析方法がなく，間接的な方法で取り組み，推定をするほかなかったのである。しかしながら，本章で紹介するマイクロサテライトマーカーを用いることで，正確な個体識別や親子判定，遺伝子交流の測定が可能になり，上記の疑問に対して，直接的な解答を得ることができるようになった。マイクロサテライトマーカーとは何か，そしてどのように分析を行うのかという紹介を行う前に，これまでどのような方法で花粉や種子の動きが測定されてきたのか見てみよう。

## 2. これまで行われてきた花粉・種子散布の測定方法

### (1) 花粉や種子散布の直接観察

　これは文字通り花粉や種子の移動距離を肉眼で直接的に観察する方法だが，花粉の動きを直接的に肉眼で見ることは困難なので，送粉者の行動を観察したり，花粉の代用物として目に見えやすい蛍光物質や染料を用い，花粉の移動距離を推定することが行われてきた。その結果によると，大部分の花粉は花粉源からごく近くに散布されているようだ。

　花粉に比べると種子は観察しやすい。種子親となっている個体の周りにシードトラップを設けたり，種子に何らかのマークをつけて一定期間後に種子の移動距離を測るといった測定がなされている。こういった方法で測定した

結果を見ると，種子の場合もその多くは母樹の近くに散布されることが多く，また，哺乳類による散布も距離は限られているようだ。

花粉，種子ともに直接観察ではあまり飛んでいないという報告が多いが，ではそういった事実が次世代の遺伝的な構造にも反映されるかとなると話は別である。花粉源の近くには花粉がたくさん飛んでいるが，そのような場所に生育していても花粉を受け取る側の雌ずいの状態や開花時期がうまく合っていないと花粉は有効には機能しないだろう。特定の系統に対する交雑不和合性が発現し，選択がかかることも考えられる。また，繁殖している植物の配置に何らかの遺伝的な構造がある場合（例えば，血縁度の近いものが近くにかたまって生えている等），近くの個体どうしで花粉が交換されても近交弱勢のために淘汰がはたらくこともあるだろう。花粉や種子の散布に関する直接観察から推測されるよりも実際の遺伝子流動（gene flow）は盛んであるという報告は多いが，それはこのような様々な生態的，遺伝的なプロセスを反映しているものと考えられる。

また，森林内に生育している様々なサイズの稚樹が，同じ林内にある繁殖個体とどのような血縁関係にあるかということを種子散布の直接観察によって明らかにするためには，母樹がわかっている種子が発芽し，成長する過程を長期間にわたって継続調査しなければならない。もっとも，そうした根気のいる調査を行ったとしても，父親についてははっきりとしたことはわからないのである。

## (2) アロザイムマーカーを用いた推定

アロザイム多型を利用した遺伝マーカーによる遺伝子流動の推定は多数のサンプルを対象に比較的低コストで行えるため，多くの研究に用いられてきた。ただし，アロザイムマーカーは一般に各遺伝子座における対立遺伝子数が少ないうえに，利用できる遺伝子座が多くても10～20程度に限られるため，個体識別が可能なほどには情報量が得られない。そのため，花粉や種子の飛散距離を樹木個体レベルで詳細に調べたり，林床で生育している稚樹の親個体を特定することは一般には不可能である。そのためアロザイムマーカーを用いて幼個体の親探しをすると，情報量の不足から親候補が3個体以上残ってしまうことが多いが，その中から真の親を推定するためにいろいろな

方法が取られてきた。例えば、幼個体に最も近い場所に生育する個体を親とする少々乱暴な方法や、幼個体の遺伝子型を最も再現しやすい遺伝子型を持った候補を親とする方法（most-likely method）、そして、真の親か否かという判定をするのでなく、個々の候補に親である確率を割り振る方法（fractional paternity method）などがある。

1つ1つの遺伝子座における情報量は少ないとはいえ、比較的低コストで簡便に複数の共優性マーカーが分析に利用できる点はアロザイムマーカーの優れた特徴である。特に、集団間の遺伝的な分化や遺伝子流動に関しては多くの解析がアロザイムマーカーを用いてなされている。この方法では、個々の集団において、遺伝的多様性の遺伝的浮動による消失と移入による回復とが平衡状態に達していることを前提にし、集団間の遺伝的分化から遺伝子流動のレベルを推定する。しかしながら、平衡状態というのはそれほどたやすく到達できるものではない。特に寿命の長い樹木において、このような平衡状態に達するには非常に長い期間を要すると考えられるので、現在の集団の持つ多様性が移動の効果によるものだけでなく、集団の過去の状況を反映している可能性があることを忘れてはならないだろう。

### (3) DNAフィンガープリント法

DNAを用いて個体識別や親子判定を行うと聞くと、各サンプルに対してバーコードのようなバンドがあらわれ、サンプル間におけるバンドの有無を個体識別や親子判定のための情報として利用する、いわゆるDNAフィンガープリント法を思い浮かべるかもしれない。この分析方法は、ゲノム内に多く存在するミニサテライト部位（10～50塩基（bp）の配列が縦列に反復しているもので、全体の長さが1～20kbpのもの）をプローブとして用い、個体間の遺伝的な差異を明らかにするものである。複数のミニサテライト部位を同時に分析するので、通常数十程度のバンドが同時にあらわれ、アロザイムマーカーに比べると多くの情報を得ることができる。しかしながら、たくさんのバンドが一度にあらわれる点はこの方法の欠点でもある。ゲルの中にあらわれるたくさんのバンドは、理想的にはDNA断片のサイズに応じた場所に位置しているはずであるが、実際には1枚のゲルの中でさえ様々な条件の違いで微妙に位置がずれてしまう。異なったゲルを比較する場合は、さらにこの

問題は深刻になる。ゲルの位置だけでなく，それぞれの測定時の微妙な条件の違いを反映して，バンドの濃さまで異なってしまうことも少なくない。

ヒトを対象とした犯罪捜査や親子鑑定では，容疑者や父親候補は数人に絞られているはずである（容疑者は数名のはずだし，父親候補が数十人，あるいは数百人ということはないだろう）。従って，たいていの分析ではすべてのサンプルをゲル1枚で処理できる。バンドの位置や濃さの微妙な違いも注意深く検討できるだろう。これに対して野外の樹木集団では，分析対象個体数が数十や数百となることは普通のことであり，そのような数のサンプルを1枚のゲルで分析することはできない。複数のゲルを用いて大量のサンプルを処理したときにサンプル間の比較が難しくなるという点で，DNAフィンガープリント法は樹木の更新過程の分析には不向きである。

## 3. マイクロサテライトマーカーとは

親子解析や個体識別に関して，上にあげた分析方法の欠点をすべて解消するような遺伝マーカーが最近になって利用できるようになった。それは，マイクロサテライト部位の多型を利用した「マイクロサテライトマーカー」と呼ばれるものである。

---

### *BOX 1* マイクロサテライトの名前の由来

マイクロサテライトとは奇妙な名前である。なぜ，短いモチーフの反復が衛星（サテライト）なのか，といったことをよく聞かれる。ゲノムDNAを密度勾配遠心により分画すると，ゲノムDNAの大部分を含む大きなバンドから少し離れた場所に，サテライトバンドと呼ばれる複数の小さなバンドが分離される。サテライトバンドは特定の反復配列（たとえば17塩基と25塩基の配列が交互に連続して配列するヒトゲノムのサテライト1や，染色体のセントロメアで171塩基の配列がくり返されるアルフォイドDNAなど）を含むDNA断片からなる。マイクロサテライトは，密度勾配遠心でサテライトバンドを形成するわけではないが，反復配列という点でサテライトDNAと共通し，しかも反復のモチーフが従来のサテライトDNAと比べると非常に短いということからこのように名づけられた。

DNAはG, A, T, Cの4つの塩基配列によって遺伝情報を伝える巨大分子である。たとえばヒトの細胞には, 30億程度の塩基配列を含むDNAがある。この配列の中には多くの反復配列が含まれている。そういった配列の内で, 1塩基から5塩基までの (2から6, あるいは2から4という定義もある) 長さのモチーフが連続してくり返されている部分をマイクロサテライトと呼んでいる (BOX 1)。マイクロサテライト部位において, モチーフの反復数には高度の多型があり, また, その多型がPCRによる増幅と電気泳動によって簡単に検出できることがわかってからは, 大量のサンプルを対象とした親子解析や個体識別において最も有用な遺伝マーカーとして用いられるようになった。

## (1) 遺伝マーカーとしてのマイクロサテライトの特長

 遺伝マーカーとしてマイクロサテライトが持つ, 優れた特長を列挙してみよう。

### ①モチーフの反復数が変異に富む

 マイクロサテライトマーカーでは, 異なったくり返し数を持つものを異なった対立遺伝子として扱うが, 遺伝子座あたりの対立遺伝子数が多く (遺伝子座あたり数十の対立遺伝子があるケースもごく普通である), 多くの情報を得ることができる。アロザイムマーカーのヘテロ接合度が0.15程度であるのに対して, マイクロサテライトマーカーでは多くの遺伝子座で0.5以上 (Jarne & Lagoda, 1996), ヒトゲノム中のACリピートを5,264座位にわたって調べた例では平均0.7 (Dib *et al*, 1996) と, 大きな値となることが知られている。

### ②分析可能な遺伝子座が非常に多い

 遺伝マーカーとしてよく用いられるマイクロサテライトは2塩基か3塩基の反復のものであるが, 2塩基の反復からなるマイクロサテライトは, 様々な生物で数万から数十万の塩基配列ごとに存在している。一般的な生物のゲノムサイズを数十億〜数百億塩基対と考えると, ゲノム内にマイクロサテライトは2塩基のモチーフのものに限っても数万から数十万程度存在することになる。無数と言って良いほどふんだんにあるマイクロサテライトから, 適当なものを必要に応じて選択し分析することで, いくらでも詳細な個体識別や親子判定が可能になるのである。

③共優性である

マイクロサテライトマーカーの対立遺伝子はたがいに共優性であるので，ある遺伝子座でヘテロ接合をしているときはどちらの対立遺伝子も検出できる。対立遺伝子に優劣の関係があると，ある遺伝子座で1つのバンドのみがあらわれたときに，その遺伝子座において対立遺伝子がホモ接合している場合と，劣性の対立遺伝子が隠れていて実際にはヘテロ接合しているケースが考えられ，分析が煩雑になるばかりでなく，情報量も減少してしまう。共優性を示すマイクロサテライトマーカーの性質は，親子解析を行ううえで重要な利点といえる。

④微量のサンプルでも分析ができる

マイクロサテライトのサイズは反復部分が100塩基程度，前後の配列を入れても数百ベース程度とコンパクトであるため，各遺伝子座をPCRで特異的に増幅することができる。そのため，微量のサンプル，古いサンプル，劣化したサンプル等の分析も可能である。花粉1粒の分析も可能であり，RFLPのように良質のDNAが大量に要求されることはない。保全が必要とされる生物を分析する場合でも，微量サンプルで分析できるため，生物体に与えるダメージを少なくすることができる。

---

### BOX 2　マイクロサテライトの中立性

マイクロサテライトは淘汰に対して中立なマーカーとして取り扱われることが多いが，必ずしもそうばかりとは限らないようである。

3塩基の反復からなるマイクロサテライトはしばしばエクソンの中に見られるが，これらの反復配列はあまりに長すぎると遺伝子の機能を損なうと考えられるので，長さに関して何らかの淘汰圧がかかるものと思われる。エクソンの中に存在するマイクロサテライトが3塩基反復のものが多いのも，コドンは3塩基からなるため，2塩基単位で反復数が変化するよりも遺伝子発現への影響が少ないためであろう。また，ハンチントン舞踏病や脆弱性 $X$ 染色体症候群のように，3塩基のモチーフからなるマイクロサテライトの反復数が著しく増大することで発症する病気も知られている。

ある種の細菌では外膜タンパク質をコードする遺伝子の中にマイクロサテライトがあり，この反復数が増減することで，宿主の様々な抗菌因子から逃れているという。

⑤異なった対立遺伝子を明確に区別できる

　マイクロサテライトマーカーでは，対立遺伝子の違いをPCR産物のサイズの違いで明確に区別できる。アクリルアミドゲルを用いればPCR産物の1塩基のサイズの違いも検出できる。しかも，塩基サイズで対立遺伝子を記載するので，複数のゲルや異なった研究室で分析した結果でも客観的に比較できる。

## (2) マイクロサテライトマーカーの短所

　何もかもいいことずくめのようだが，実は，マイクロサテライトマーカーにもいくつかの欠点や「使用上の注意事項」がある。

### ①開発に必要とされる手間とコスト

　マイクロサテライトマーカーの最大の短所は，実際に生物集団を対象に解析を行う前に，マーカーそのものの開発を行わなければならない点にある。マイクロサテライトの多型を検出するためには，反復部分とその前後をPCRで一括して増幅するためにPCRプライマーをデザインしなければならない（口絵2）。2つのプライマーとして利用する配列はそれぞれ20塩基程度であるが，効率の良いプライマーを作るためには塩基配列がいくつかの条件を満たしていなければならず，そのデザインのためにはマイクロサテライト部位を含む数百ベース程度の連続した塩基配列を知る必要がある。ヒト，実験動物，栽培植物などではDNAの塩基配列情報が大量に蓄積されているので，データベースにアクセスしてマイクロサテライトを含む塩基配列を検索すればよい。しかしながら，大部分の野生植物ではそのような情報の蓄積はなく，手法編第6章に示すようなサンプルからの良質なDNAの抽出，ライブラリー作成，スクリーニング，DNAシーケンシング，PCRプライマーのデザイン等を各研究者が行わなければならない。これらの作業は特に特殊なものではなく，ごく基礎的な分子生物学の知識と設備があれば，個人で行っても1，2か月程度でできるものである。しかしながら，必ずしもこのような作業に慣れておらず，また設備も揃っていないフィールドワーカーにとっては，まったくよけいな仕事に感じられるだろう。

　ただし，近縁種に関しては共通のマーカーが使用できるケースが多く，また，最近は様々な生物を対象に活発にマイクロサテライトマーカーが開発さ

## 3. マイクロサテライトマーカーとは

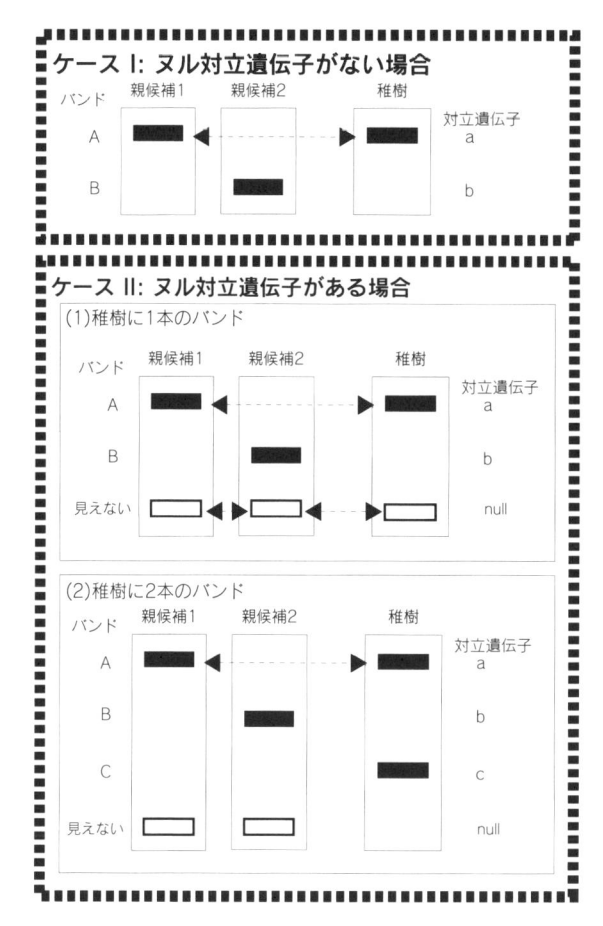

**ケース I: ヌル対立遺伝子がない場合**

| バンド | 親候補1 | 親候補2 | 稚樹 | 対立遺伝子 |
|---|---|---|---|---|
| A | ■ ◄----► | | ■ | a |
| B | | ■ | | b |

**ケース II: ヌル対立遺伝子がある場合**

(1) 稚樹に1本のバンド

| バンド | 親候補1 | 親候補2 | 稚樹 | 対立遺伝子 |
|---|---|---|---|---|
| A | ■ ◄----► | | ■ | a |
| B | | ■ | | b |
| 見えない | □ ◄----► | □ ◄----► | □ | null |

(2) 稚樹に2本のバンド

| バンド | 親候補1 | 親候補2 | 稚樹 | 対立遺伝子 |
|---|---|---|---|---|
| A | ■ ◄----► | | ■ | a |
| B | | ■ | | b |
| C | | | ■ | c |
| 見えない | □ | | | null |

図1　ヌル対立遺伝子の有無と親子解析

れているので，運が良ければ研究対象の種について自ら開発することなくマーカーが使えるようになることもあるだろう．

②ヌル対立遺伝子の存在

モチーフの反復回数が個体レベルで変異していることがマイクロサテライトを有用な遺伝マーカーとしているのだが，PCRプライマーと相補的な塩基配列の部位がサンプルごとに変異していると，あるサンプルに対してはPCRプライマーが機能しなくなり，マイクロサテライトのPCR増幅が行われなくなる．このような原因で検出できない対立遺伝子を「ヌル対立遺伝子

(null allele，無効対立遺伝子)」と言っている。ヌル対立遺伝子を持つ遺伝子座は最大25％程度あるとされている。

　ある個体がヌル対立遺伝子をホモで持つ場合，その遺伝子座に対応するバンドがまったく見えなくなるので，ヌル対立遺伝子の存在が疑われる。ただし，ヌル対立遺伝子が $p$ の確率で存在するときに，ホモ接合となるのは $p^2$ であることに注意しなければならない。$p=0.1$ という大きな値でもホモ接合は100個体に1つ，$p=0.05$ だと400個体に1つしかないのである。

　それでは，どのようにすればヌル対立遺伝子の存在がわかるのだろうか？ヌル対立遺伝子と通常の対立遺伝子がヘテロ接合として存在するときには，後者が一見ホモ接合で存在しているように見える。従って，ヌル対立遺伝子が存在している集団では，見かけ上のヘテロ接合度は対立遺伝子頻度から期待されるヘテロ接合度よりも小さくなる。一般に，集団レベルでヘテロ接合度が期待値よりも小さい場合には任意交配が行われていないことが考えられるが，マイクロサテライトを用いた解析では，まずはヌル対立遺伝子の存在を疑うべきである。

　マイクロサテライトマーカーで親子解析をするときの基本的な姿勢は「排除」である。すなわち，親子関係にない親候補を排除していくプロセスを複数の遺伝子座で重ねて，親候補を絞り込んでゆく。

　例えば，図1のケースIを見てみよう。ヌル対立遺伝子がない場合では，1つの遺伝子座にあらわれた1本のバンドは，対立遺伝子がホモ接合していることを意味する。したがって親子解析では，稚樹と同じバンドを持つ個体を親候補として残せばよく，この場合，親候補2は排除される。しかしながら，図1ケースIIのように，分析した遺伝子座でヌル対立遺伝子が存在する場合，電気泳動でケースIと同じようなバンドパターンが得られても，ヌル対立遺伝子の存在を考えると，親候補1，2とも排除できなくなる（図1ケースII(1)）。図1ケースII(2)のように稚樹に2本のバンドがあらわれれば，稚樹がヌル対立遺伝子を持っていないことがわかるため，親候補2とは共有する対立遺伝子はなくなり，排除できる。II(2)のようなケースはあるものの，ヌル対立遺伝子が存在すると親候補の排除という点でマイクロサテライトマーカーの情報量はかなり低下してしまうことは明らかであろう。また，ヌル対立遺伝子の存在を気づかずに親子判定を行うと，排除すべきでない親候補を排除して

しまうことになる。

### ③cryptic gene flow

たいていの研究では，有限サイズの調査地内で親子判定が行われる。ある稚樹の本当の親が調査地の外にあるにもかかわらず，解析に用いた遺伝マーカーの情報量が足りないために，親子関係にない調査地内の候補を排除しきれず，親であると誤って判定してしまった場合を考えてみよう。この場合，実際の親は調査地の外にあるので，その稚樹に関しては外部から遺伝子が流れて来ているが，調査地内の個体を親であると判断したため，調査地外からの遺伝子の流れが見えなくなる。このような「見えなくなった」遺伝子流動をcryptic gene flowと呼んでいる。

ただし，このような間違いはマイクロサテライトマーカーを用いた解析に限ったものではない。マイクロサテライトマーカーのように分析が可能な遺伝子座が非常に多く存在するマーカーでは，なるべくたくさんの遺伝子座を分析して情報量を増やすことでcryptic gene flowを小さくできるので，この問題には対処しやすいといえる。

### ④突然変異

マイクロサテライトマーカーが多型に富んでいるのは，反復数の突然変異が多いことによる。しかしながら，あまりに突然変異率が高く，親子間の1世代で反復数が変化してしまうと，正しい解析が不可能になる。従って，マイクロサテライトの突然変異率はマーカーとして利用するうえで重要である。これまでマイクロサテライトの突然変異率は1世代あたり $10^{-2} \sim 10^{-5}$ という値が報告されているが，この値はアロザイムマーカーの突然変異率よりも2,3桁高いものである。数百のサンプルを扱って親子解析を行う場合，そのうちのいくつかに関しては，突然変異により真の親を候補から排除してしまう可能性があることを忘れてはならないだろう。

## 4. マイクロサテライトマーカーを用いた野外樹木集団における更新過程の解析

植物を対象としたマイクロサテライトマーカーは，栽培植物や植林樹種を中心に開発されてきたが，最近は野生樹木に関してもいくつか開発がされる

ようになり,野生集団における解析も発表されるようになった。

　樹木のようにサイズが大きく,寿命の長い生物の動態を明らかにするためには,大面積,長期間にわたる調査プロットの設定・維持が必要である。また,本書の中で紹介されている遺伝マーカーの中でも,マイクロサテライトマーカーは開発に手間とコストがかかる部類に属し,フィールドと実験室,両方の仕事を1人で行うことは労力とコスト面でも負担が大きい。私たちの研究室ではこのような理由から,様々な樹種を対象に固定プロットを設けて精力的なフィールドワークを行っている研究者と共同でマイクロサテライトマーカーを用いた研究を進めている。これまで開発した樹種は,シラカシ,ホンシャクナゲ,トチノキ,ホオノキ,カツラ等である。ここでは,ホオノキを対象にマイクロサテライトマーカーを用いて明らかになったこと (Isagi *et al.*, 2000) を中心に紹介しよう。

### (1) ホオノキの特徴

　ホオノキは普通種と言ってよいが,群落の中で繁殖個体が密生し,純林状態になることはない。つまり,ブナ林のブナ,アカマツ林のアカマツのように群落の中で優占して生育することはなく,繁殖サイズに達した個体は1haにたかだか数本しかない。このように,森林の中で低頻度で安定して生存している樹木は,ホオノキ以外にも,トチノキ,ヤマザクラ,カツラ,ハリギリ,ハクウンボク,ミズキ,シナノキと少なくない。また,熱帯多雨林のように,ほとんどの樹種が繁殖サイズに達した個体は1haに数本以下で存在する生態系もある。1haに数本以下という低密度で個体群が維持されるという性質は,多くの樹木に見られる普遍的性質であるように思える。したがって,そのような低密度で存在するホオノキ個体群において,繁殖個体間でどのように花粉が交換され,成熟した種子が散布されるのかを明らかにすることは,ただ単にホオノキという樹種の繁殖過程を明らかにするという意味を持つだけでなく,広く樹木一般の更新過程の理解にもつながるであろう。

### (2) 調査プロット

　このように考えて,適切なホオノキの野外個体群を捜した結果,小川学術参考林がよいのではないかということになった。この調査地は,茨城県北茨

城市にある林野庁の学術参考林であり，1980年代後半に森林総合研究所の中静　透さん（現在京都大学生態学研究センター）達が面積6haの長期大面積調査プロットを設定し，群落の動態に関して様々な樹種を対象とした精力的な研究がなされてきたところである。マイクロサテライトマーカーを用いて親子関係の解析を行うためには，最低限調査区域内で繁殖を行っているすべての個体を対象に，その位置，サイズ，遺伝子型を明らかにしなければならない。また，草本に比べて個体サイズの大きな樹木では，当然調査プロットも大きくしなければならない。このような条件を，小川学術参考林の調査プロットは満たすと考えたのである。

　小川学術参考林は1つの集水域全体が保護されており，その中心に位置する6 haの調査プロットでは，すべての個体の位置とサイズが測定されている。このプロットは十分広いように思えるが，繁殖サイズに達していたホオノキの個体数は10個体にも満たなかった。これでは父親候補の個体をカバーできないのではないかと考え，森林総合研究所のスタッフで共同研究者の金指達郎さん，鈴木和次郎さん，安部哲人さん達が集水域内で繁殖サイズに達しているすべての個体，83個体について位置とサイズを測定した。調査を行った集水域は南北1400 m，東西900 mに及び，面積は70 haほどであった。平均個体密度は1 haあたり1.2本であり，ホオノキの繁殖個体は低い密度に保たれていた。毎木調査を行ったすべての繁殖個体からDNA抽出用の葉サンプルを採集した。

　中心部の6 haのプロットでは林床をしらみつぶしに歩いた結果，91本の稚樹を見つけ，DNA抽出用に葉を採集した。ホオノキの稚樹はほとんどが繁殖個体の位置と何の関係もなく生えているようで，種子は鳥散布によって母親から離れた場所に運ばれるようだ。また，密度もヘクタールあたり15本と稚樹としては低いものであった。

## (3) 具体的な解析方法

　繁殖個体と稚樹のサンプルからDNA抽出を終えると，いよいよマイクロサテライトの分析となる。PCRプライマーはIsagi *et al.*（1999）が開発したものを用い，まずは繁殖個体すべてについて8個の遺伝子座を分析し，それぞれの遺伝子座における対立遺伝子をPCR産物のサイズで記録した。

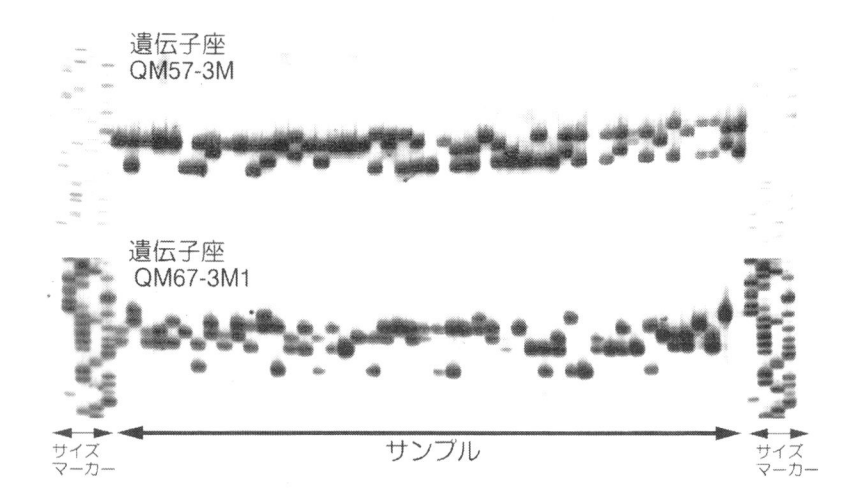

**図2 ビオチンラベルで検出したマイクロサテライトマーカーのゲルイメージ**
ビオチンを取り込ませたPCR産物をアクリルアミドゲルで電気泳動し，X線フィルム上に検出したもの。左右のサイズマーカーはpUC18のシーケンシングラダー。

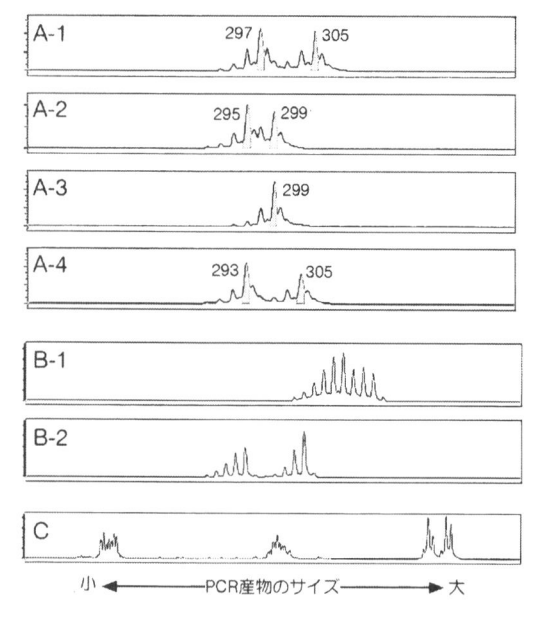

## 図3 DNAシーケンサーを用いた対立遺伝子のサイズ決定

ABIのシーケンサーで分析する場合，口絵3のようなゲルイメージだけでなく，サイズマーカーとの相対的な位置からサンプルの対立遺伝子のサイズをGeneScan$^{TM}$というソフトウェアで分析できる。A：読みとりやすいマイクロサテライトマーカーの例。ピーク横の数値は対立遺伝子のサイズ（bp）。B：一つの対立遺伝子に似通った高さのピークが複数ある例。B-2の様に2つの対立遺伝子のサイズが離れていれば良いが，B-1の様に似通ったサイズだと，読みとりが難しくなる。C：3つ以上のバンドがある例。プライマーとして選択した配列がゲノム中に複数あり，複数の座位を増幅したものと思われる。分析には使えない。

表1 各遺伝子座の特徴

| 遺伝子座 | 対立遺伝子数 | $H_o$ | $H_e$ | 排除確率 | |
| --- | --- | --- | --- | --- | --- |
| | | | | 1番目の親 | 2番目の親 |
| M6D1 | 30 | 0.96 | 0.95 | 0.792 | 0.883 |
| M6D3 | 29 | 0.95 | 0.98 | 0.806 | 0.893 |
| M6D4 | 36 | 0.92 | 0.91 | 0.695 | 0.819 |
| M10D3 | 21 | 0.91 | 0.95 | 0.685 | 0.812 |
| M10D6 | 8 | 0.84 | 0.89 | 0.495 | 0.667 |
| M10D8 | 21 | 0.92 | 0.91 | 0.674 | 0.805 |
| M15D5 | 6 | 0.66 | 0.68 | 0.256 | 0.423 |
| M17D5 | 9 | 0.78 | 0.84 | 0.514 | 0.683 |
| 平均 | 20 | 0.87 | 089 | | |
| 合計 | 160 | | | 0.999769 | 0.999995 |

　ほんの数年前までは，PCRで増幅したマイクロサテライトはアクリルアミドゲルで電気泳動して分離し，X線フィルム上で現像して分析を行っていた（図2）。アクリルアミドゲルの分解能は，そもそもDNAシーケンシングも可能なことからも明らかなように，DNAの1塩基の違いをも検出できるものである。しかしながら，図2でも明らかなように，1枚のゲルの中でも同じサイズの対立遺伝子がレーン毎に微妙にずれている。ゲル板の端に比べて温度が高い中央部では，同じサイズのDNAでも，より早く進んでしまうのだ（電気泳動像が微笑んでいる口元の形に似ているのでスマイリングと呼んでいる）。もちろん，サイズマーカーを適当な間隔で入れることでこのような問題にはそれなりに対処できるが，それでも1塩基の違いを複数のゲルで正確に判定しようとすると正直なところつらいものがある。また，これらの対立遺伝子の違いをたくさんのサンプルを対象に1つ1つ読んでいくのも実際には骨の折れる作業である。図2に示した例では対立遺伝子数が比較的少なく読みとりは楽だが，これが20～30もの対立遺伝子を持つ遺伝子座だと，情報量が増えて嬉しい反面，読み取りの悩みは多く，複雑な心境となる。

　このような作業をシーケンサーを用いて行うと，分析は劇的に正確で楽なものとなる。DNAシーケンサーは塩基配列の解析だけでなく，対立遺伝子の判別にも極めて有効な機械なのである。特にApplied Biosystems社のシーケンサーは一度に4種類の蛍光色素を使うことができるため，1つの色素を

サイズマーカーの標識に用い、別の色素で標識されたサンプルとともにサイズマーカーをすべてのレーンに流すことで（口絵3）、スマイリング等によるゲル内の条件の不均一性を取り除くことができる。各レーンにある既知のサイズマーカーから対立遺伝子のサイズを正確に測定できるのである（図3，BOX 3）。マイクロサテライトマーカーの特長の項で、対立遺伝子数が多く、対立遺伝子の違いを塩基数サイズで客観的に記述できるのがマイクロサテライトマーカーの優れた点であると述べたが、これらの特長を生かすにはDNAシーケンサーが使用できる環境を整えることが望ましい。

## （4）野外個体群でどれだけ有効か？

繁殖個体について分析した結果、それぞれの遺伝子座における対立遺伝子

---

### BOX 3　マイクロサテライトマーカーの様々なピークパターン

　図3 Aでは、対立遺伝子がホモ接合しているサンプル（A-3）とヘテロ接合しているもの（A-1, 2, 4）がはっきり区別できる。しかしながら、1つの対立遺伝子として認識されたバンドもよく見ると複数のピークによって構成されていることが多い。

　図3 Bには極端な例（私たちは「ハリネズミ」と呼んでいる）、1つの対立遺伝子に対してたくさんのピークがある例を示した。ピークの数や形が異なった対立遺伝子間で安定していれば、特定のピークを1つだけ代表して読んで遺伝子型を決めることも可能だが、図3 B-1のようにヘテロ接合で2つの対立遺伝子のサイズが似ているときにはピークが重なり合い、判別が難しくなることが多い。また、同一遺伝子座でも小サイズの対立遺伝子と大サイズの対立遺伝子でピークの数、形が異なることも多く（たいていは大サイズのものでピーク数が増える）、どのピークを代表させて扱うべきか迷うことが多い。このような遺伝子座はなるべく使わないことである。

　1つの遺伝子座に3つ以上のバンドが出ることもある（図3 C）。このようなケースは、ゲノムサイズが大きく構造が複雑な裸子植物ではしばしば見られるようだ（Pfeiffer et al., 1997）。サンプルの遺伝子型を正しく決定するためには、たくさんのサンプルを分析してパターンを見ることや、3つ以上のバンドを持つサンプルがないか確認しなければならない。また、交配実験をして、親子間でどのピーク、パターンが遺伝しているかを確認することも非常に役に立つ。交配実験が難しければ、特定の母樹から採集した種子の遺伝子型を見ることでも遺伝子座の

数は平均20であり，8つの遺伝子座を合計すると160にもなった。ヘテロ接合度も，平均して約0.9と，たいへん大きな値であった（表1）。親子判定をするときに，親でない個体をどの程度の確率で排除できるか示しているのが「排除確率」で示した列の数字である。核ゲノム中にあるマイクロサテライトを用いた場合，親子関係にない繁殖個体を排除して残った2個体のどちらが母親でどちらが父親かを区別することはできないのであるが，例えば，*M6D1*という遺伝子座から得られる情報だけで，両親のうち，片方の親（表1では「1番目の親」としている）に関しては，親でない樹木の79％を排除できる。更に，片方の親が確定した後に残ったもう一方の親（表1では「2番目の親」としている）を確定するとき，あるいはある特定の樹木から取ってきた種子の花粉親を確定するときには，*M6D1*の情報だけで88％の親でない

癖がわかり，より正確なサイズの読みとりが可能になる。

さて，「ハリネズミ」のケース（図3 B）であるが，1つの対立遺伝子に対応するこれら複数のピークは，いったいどうして発生するのであろうか。実は，これらはPCRによる増幅で各分子に30回程度くり返された変性，アニーリング（一本鎖になったDNAが再び相補的な配列どうしで結合し，2本鎖となること），伸長の過程中に複製のミスで生じた「多型」なのである。各ピークのサイズ差はマイクロサテライトを構成するモチーフのサイズと同じことが多い。つまり，GTリピートのように2塩基の反復からなるマイクロサテライトではピークは2塩基ごとにあらわれ，ATTリピートだと3塩基ごとにあらわれるといった具合である。30回程度のくり返しですら，ポリメラーゼはこのようなミスをしてしまうのである。このようなミスの起こりやすさはまさに，生物集団において見られるマイクロサテライトの高度な多型をもたらすものと同根のものである。

しかしながら，1世代あたり$10^{-2} \sim 10^{-5}$というマイクロサテライト部位の突然変異率と比べると，PCRにおける変異はいかにも高頻度すぎる。これは，正常な細胞中ではDNAの複製中に発生した反復数の変化はミスマッチ修復系によって直されるが，PCRを行っているチューブ内には実際の細胞中とは異なり，修復機構がないことに起因するものである。

複数の臓器に，転移によらない原発性のガンを多発する患者の中には，ミスマッチ修復系遺伝子に異常のある例があるが，ガン細胞中のマイクロサテライト部位の変化を調べることでミスマッチ修復系遺伝子の異常の有無を検知できるという。今回紹介している親子判定へのマイクロサテライトマーカーの利用とはまったく異なった利用法として，こういったものもある。

表2 各遺伝子座における対立遺伝子のサイズ（bp）例

| サンプル | 遺伝子座 | | | | | | | |
|---|---|---|---|---|---|---|---|---|
| | M6D1 | M6D3 | M6D4 | M10D3 | M10D6 | M10D8 | M15D5 | M17D5 |
| 親候補A | 173 185 | 130 136 | 156 189 | **238 238** | **273 273** | 293 299 | 102 <u>104</u> | **301** 305 |
| 親候補B | **171** 175 | 130 132 | 156 158 | **238** 265 | <u>279</u> <u>283</u> | 302 303 | 98 **100** | **301** 307 |
| 親候補C | 151 <u>149</u> | 106 128 | 150 171 | 225 250 | 281 285 | 293 <u>301</u> | **100** <u>104</u> | 293 **301** |
| 親候補D | 175 185 | 120 168 | 150 156 | **238** 250 | <u>279</u> 281 | 283 299 | **100 100** | <u>299</u> <u>299</u> |
| 親候補E | **149** 173 | 128 150 | 155 156 | <u>221</u> <u>221</u> | <u>279</u> 283 | 279 289 | **100** <u>104</u> | 293 293 |
| 親候補F | **149** 169 | 120 126 | 156 158 | 225 250 | 277 **279** | 289 **297** | 102 <u>104</u> | <u>299</u> 305 |
| 親候補G | 169 **171** | 120 162 | 150 150 | 229 248 | 281 283 | 267 <u>301</u> | **100 100** | <u>299</u> **303** |
| 親候補H | 143 143 | 124 170 | <u>152</u> 179 | 211 240 | <u>279</u> 285 | 295 **297** | 96 102 | 293 293 |
| 親候補I | **149** <u>189</u> | **122** 170 | 150 **197** | **227 238** | <u>279</u> 281 | 289 **297** | **100** 102 | **301 301** |
| 親候補J | 167 **171** | **160** 162 | **154** 222 | 229 **238** | **273** <u>279</u> | 279 **297** | **100** 102 | **303** 307 |
| 稚樹A | **149 171** | **122 160** | **154 197** | **227 238** | **273 279** | **279 297** | **100 100** | **301 303** |
| 稚樹B | <u>187</u> <u>189</u> | <u>122</u> <u>178</u> | <u>152</u> <u>160</u> | <u>221</u> <u>227</u> | <u>279</u> <u>283</u> | <u>300</u> <u>301</u> | <u>104</u> <u>104</u> | <u>299</u> <u>299</u> |

ゴシックで示した対立遺伝子は稚樹Aと共通するもの。下線で示した対立遺伝子は稚樹Bと共通するもの。

樹木を排除できる。表1に示した8つの遺伝子座から得られる情報をすべて用いると，各稚樹に対して父親か母親かどちらかはわからないが，1番目の親に関しては99.9769％，2番目の親に関しては，99.9995％の確率で親子関係にない個体を排除できるのである。

　実際のデータは表2に示したようになっている。表2には10の親候補と2つの稚樹の遺伝子型を示している。稚樹Aが持つ対立遺伝子を太字で示したが，たとえば遺伝子座*M6D3*では，表2に示した親候補の中で122塩基と160塩基の対立遺伝子を持つのはIとJのみである。遺伝子座*M6D4*でも同様で，これだけで少なくとも候補A～Hに関しては稚樹Aの親でないことがわかる。さらに，残った6遺伝子座についても親候補IとJの組み合わせはすべての遺伝子座において稚樹Aの持つ対立遺伝子を供給しうる遺伝子型を示しており，親候補I, Jを稚樹Aの有力な両親候補として扱える。

　稚樹Bの持つ対立遺伝子は下線を引いて示したが，この表に示した親候補の中には稚樹Bと同じ対立遺伝子をすべての遺伝子座において共有する個体はなく，親候補A～Jの中に真の親はないことになる。

　このようなチェックは，1つ1つは簡単でも，親候補が多くなるとたいへ

んな作業になるので，表計算ソフトにデータを入れ，AND，OR等の論理式を用いて条件を満たさない親候補を排除してゆくとよい。また，排除とともに，その信頼性を親候補集団が持つ対立遺伝子頻度をもとに評価してくれるソフトウェアもあるので，利用するとよい（例えばCERVUS（Marshall *et al.*, 1998）など）。

## (5) 集水域外からの遺伝子流動と親子間距離

さて，以上のようにして集水域中心の林床に生育する91本の稚樹の親候補がわかったのだが，意外なことに91本の中で両親が集水域内にあったのはわずかに24本，片親があったのが31本にすぎず，残りの36本は親候補が集水域内には存在しなかった。分析対象の稚樹は若く，齢は10年未満であることや，集水内に枯死したホオノキの新しい倒木も見られなかったことから，親の見つからなかった稚樹は集水域の外部に親を持つものと考えられる。調査を行った集水域の面積は約70 haほどあるが，これだけ広いプロットでも花粉や種子は活発に運び込まれ，稚樹の半分以上の遺伝子（57%）は外部由来なのである。

親子関係にあった個体を結んでみると，両者が遠く離れていることが多いのに気づく（図4）。数百 m離れているのは当たり前といった感じである。さらに，ここで注意しなければならないのは，40%の稚樹については両親が，34%の稚樹については片親が調査プロット外にあるので，実際の親子間距離はもっと大きなものを含むに違いないということである。また，この図で示した親子間距離は，母親と子どもの距離ならば種子が移動した距離に相当するが，父親と子どもの関係であれば，父から母への花粉の動きと，母から子供への種子の動きをベクトルとして合成したものに相当し，2つの異質なものを含んでいることは注意しなければならない。

このように，少なくともホオノキに関しては，林床で見つけた稚樹の近くに大きな繁殖個体があったからといって，それが親だ，などということはまったくの当てずっぽう，と言えるほど乱暴な推定なのだ。

## (6) 花粉移動距離

91本の稚樹のうち24本に関してはプロット内で2本の木が両親として確

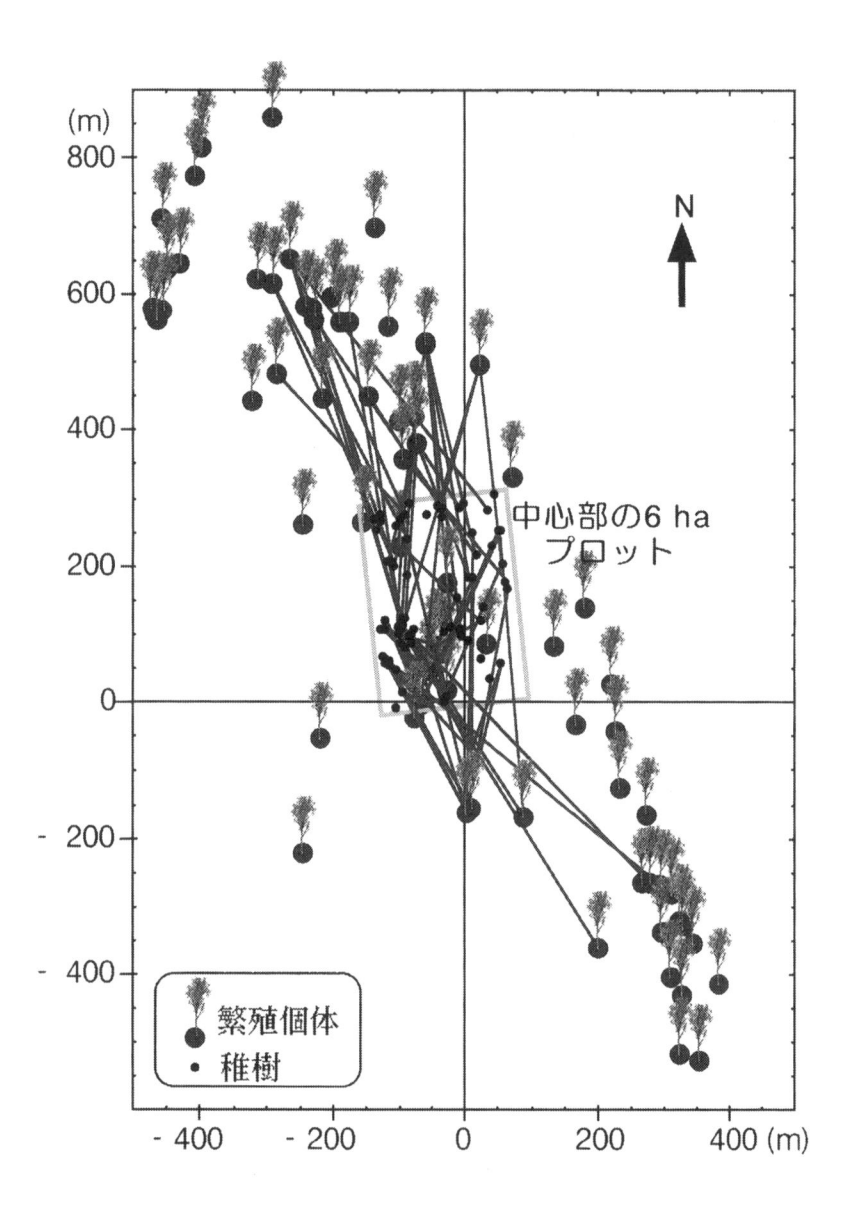

図4 集水域内のホオノキの繁殖個体と，中心部の稚樹の親子関係
　親子関係にある個体を線で結んだ。

定したが，2本の木で母親と父親を区別することはできない。しかしながら，2本の親個体の距離は花粉が動いた距離に相当する（どの方向に動いたかはわからないが）ので，両親間の距離から有効な花粉移動距離が推定できる。このようにして推定した花粉移動距離は最短で3m，最長で540mと大きな開きがあり，平均は約130m±121m（S.D.）であった。もちろん，これらの値はプロット内の個体のみを対象としたものであり，プロット内外の繁殖個体間で行われたであろう受粉の距離を考慮すると，最大や平均の花粉移動距離はもっと長くなるに違いない。調査プロット内の繁殖個体間の平均距離は562m±353m（S.D.），ある繁殖個体から見て最も近いところに位置する繁殖個体までの距離は平均44m±38m（S.D.）であった。これらの値を比較すると，ホオノキの受粉は平均よりは近い位置に生育している繁殖個体間で行われるが，必ずしも最も近い個体間で花粉が交換されているわけでないことが明らかである。

　Chase *et al*.（1996）は，低頻度で生育する熱帯の樹木 *Pithecellobium elegans* を対象に花粉移動距離をマイクロサテライトマーカーで調べ，実際に有効に受粉に関与した花粉の移動距離が最大350 m，平均142 mであり，これまではっきりとした形で測定された花粉移動距離としては最大のものであるとしているが，*P. elegans* と同様に低頻度で存在するホオノキでもほぼ同程度の花粉移動距離が観察された。数百 mという花粉移動距離が低頻度で生育する樹木に一般的なものであるのかどうかは，さらに生活史特性の異なった樹種で確認することが必要である。

### (7) オルガネラDNAのマイクロサテライト

　葉緑体ゲノムは一般には母性遺伝をする（卵細胞の細胞質を通じて，母親由来のものだけが遺伝する）ため，有効集団サイズや移動速度が小さく，核ゲノムとは異なった性質を持つ。葉緑体DNA中にも核ゲノムと同様にマイクロサテライトがあり，反復数に多型があることが報告されている（Powell *et al*., 1995）。さらに，植物のミトコンドリアDNA中にもマイクロサテライトがあり，反復部位が多型であることが最近明らかになった（Soranzo *et al*., 1999）。今回のホオノキの解析例では，芽生えの両親までは特定したが，種子親と花粉親は識別していない。しかしながら，片親遺伝をするオルガネラ

DNA内のマイクロサテライトを活用すれば，両親候補の2個体から母親と父親を識別することも可能になるだろう。

### (8) 集合果の受粉

ホオノキの果実は典型的な集合果であり，1つの花から多くの種子ができる。これらの種子の花粉親はどのような構成になっているのだろうか。マイクロサテライトマーカーはPCRによって増幅したDNAを分析するので，1つの集合果から集めた種子に由来する芽生えの一部分があれば十分分析が可能である。

さて，その分析結果であるが，まずはこれからと適当に取り上げた1番目の集合果に由来する種子を分析したところ，実に意外なことに，すべての種子が自殖由来のものであった。林床に生育している稚樹には自殖に由来すると思われるものはまったくなかったのだが，1つの花全体が自殖をしていたのだ。これはいったいどうしたことかと，同じ樹木から同じ時期に採集した別の集合果を次々と分析する度に驚くことになった。あるものはすべての種子が自殖によるものであったが，他のものはすべて他殖，あるいは自殖と他殖が同じ花に同居しているものもあった。他殖を行っていたケースの父親の構成は，ほとんどの父親が母親を取り囲んで生えている樹木である場合もあれば，70 haの調査地にはない未知の個体に由来する，遠くから運ばれた花粉ばかりを受け取っている花まであった。同じ樹木から同じ年の秋に採集してきた集合果なのに，1つ1つの集合果ごとに，受粉パターンがまるで異なっていたのである。

私たちは，花粉の動きや種子散布様式が各樹種の生活史特性と関連しているという前提で研究を進めてきたのだが，そしてそのような要因はもちろん効いているに違いないけれども，送粉者のちょっとした気まぐれな動きや，天気，開花フェノロジーの微妙なずれ，樹冠内における花の位置，森林内での樹木の配置等によって，花粉の交換距離やパターンは著しく異なってしまうようだ。

集合果中の種子には自殖由来のものが多くあったのにもかかわらず，林床に生育している稚樹には自殖由来の個体がほとんどないことも興味深い。自殖由来の個体は，近交弱勢によって稚樹のサイズに達するまでに死亡したと考えるのが自然であろう。PCRによる分析は，種子の段階よりも前，すな

わち雌しべに付着した花粉，胚等にも有効であるから，そういった段階における自家受粉の割合や遺伝的構成を知ることも可能である。最近，マイクロサテライトマーカーを用いて野外個体群で花粉の交換パターンを調査した結果，遠方からの花粉が有効に受粉にかかわっていることや（Streiff *et al.*, 1999），樹木があたかも物理的に飛散してくると考えられる花粉よりもより遠くからの花粉を選択しているかのような受粉が行われていることが報告されている（Dow & Ashley, 1996）。ある樹木において，花粉という形で運ばれてきた遺伝子がどのように選択されるのか，どの段階で自家受粉由来の個体は死亡するのかといったことも，マイクロサテライトマーカーを用いれば明確にできるだろう。

樹木ではないが，林床性植物のショウジョウバカマを対象に行った研究では，これまで送粉者として知られている昆虫がほとんど観察されない集団内において，活発な花粉の交換が行われていることが明らかになった（Miyazaki & Isagi, 2000）。マイクロサテライトマーカーを用いれば，さまざまな小動物の体表に付着した花粉の遺伝子型を決定することも可能であり，これまで知られていない意外な生物が送粉者として働いていることが明らかになるかもしれない。

## 5. マイクロサテライトマーカーの可能性

上に上げた例は，マイクロサテライトという極めて解像度の高い遺伝マーカーを用いて親子判定を行い，花粉散布距離や遺伝子交流のレベルを推定したものであるが，マイクロサテライトマーカーの応用範囲はこういった研究ばかりに限ったものではない。アロザイムマーカーを用いて集団間の遺伝子交流を推定するように，マイクロサテライトマーカーの対立遺伝子の空間分布や頻度から樹木集団の遺伝的構造を記載し，集団間の遺伝子交流を推定する報告もなされるようになった（BOX 4）。

こういった間接的なアプローチによる遺伝子交流の研究においてもマイクロサテライトマーカーの高度な多型は有用である。アロザイムマーカーやミトコンドリアDNA等の塩基配列では集団内あるいは集団間で変異が検出できず，集団間の交流や分布の変遷を推定できなかった生物でも，マイクロサ

テライトマーカーではこれらの分析が可能となるレベルの変異が見いだされている。特に遺伝的多様性が低い大型哺乳類では有益である。

　アザラシの個体レベルの遺伝的性質を対立遺伝子のサイズの違いから評価し，体重や生存率との関係を調べた報告もある。その結果によると，多様なサイズの対立遺伝子を持っている個体ほど出生時の体重が大きく，生存率も高かったという（Coltman et al., 1998）。これは，それぞれの対立遺伝子がモチーフの反復数という点で定量的な性質をあわせ持つマイクロサテライトマーカーの性質をうまく利用した，興味深い解析方法といえる。

　マイクロサテライトはゲノム内に数万のオーダーで存在し，それぞれが反復数の変化に富むので，ゲノムのマッピングに有効である。特定の形質との連鎖解析を行うことで，その形質を支配する遺伝子の位置を知ることや，育種における選抜に利用することができる。マイクロサテライトマーカーを利用したゲノムのマッピングはヒトや実験動物，家畜，栽培植物，用材生産樹木で精力的に行われている。

　マイクロサテライトマーカー自身の優れた性質に加えて，最近はマーカーから得られた情報を解析するソフトウェアの進歩も著しい。多くのソフトは作者のホームページ等で公開されている（Luikart & England,1999）。

　マイクロサテライトマーカーは生態屋には開発がちょっとね，といったことがよく言われるが，実際に行ってみると開発も結構楽しいものである。形質転換を行った大腸菌を，夕方プレートに蒔いて，翌朝コロニーがプレートに山ほどあらわれるのか。X線フィルムを暗室の中で現像して，プローブに対して陽性であったクローンの像は出てくるのか。陽性と判断されたクローンに，反復配列は本当に含まれているのか。合成したプライマーでPCRによるマイクロサテライトの増幅はできるのか。対立遺伝子はたくさんあり，ピークパターンはきれいで読みやすいのか。こういったプロセスはすべて実際にやってみなければ結果がわからないところがあり，生態学的な研究のための準備段階の作業であるにもかかわらず，いつもわくわくしながら結果を確認している。マーカーの開発が終わって，野生集団を対象とした解析に入ってもそういった思いは尽きない。シーケンサーのディスプレイにあらわれる美しいゲルイメージは見飽きることはないし，データ解析を行って親候補を絞り込むのも楽しい過程である。

もちろん実験自体の楽しさだけでなく，これまで見えなかった樹木の更新プロセスがマイクロサテライトというツールを使えるようになって手に取るようにわかるようになったことは，最大の感動をもたらしてくれる。まだまだ十分には使われていないマイクロサテライトマーカーは，これからも様々な森林の動態や維持機構について多くの驚きをもたらしてくれるだろう。

## BOX 4　マイクロサテライトの突然変異モデル

集団におけるマイクロサテライトマーカーの対立遺伝子頻度を説明したり，マイクロサテライトマーカーを用いて遺伝子交流を間接的に推定するときに用いられる代表的な突然変異モデルには次の3つがある。

(1) IAM (Infinite Allele Model)：突然変異が起こるごとに，それまで存在しなかった新しい対立遺伝子が生まれるというモデル。アロザイムはこのモデルで説明される。これは，平均300程度のアミノ酸からなる酵素タンパク質をコードするDNA 900塩基の配列は，$4^{900} = 10^{542}$あり，新しい突然変異は常に新しい塩基配列となると考えて事実上問題ない，という考えによるものである。

(2) SMM (Stepwise Mutation Model)：マイクロサテライトの反復単位が1つずつ増加あるいは減少して，1つの対立遺伝子が他の対立遺伝子へと推移するというモデル。

(3) TPM (Two Phase Model)：SMMのように1つの反復単位の増減による変異と，複数の単位が一度に大きく変異するという2つのメカニズムによって，異なった対立遺伝子へと推移していくというモデル。

アロザイムマーカーを用いて集団間の対立遺伝子頻度の差異から集団の遺伝的分化を求めるには$F_{ST}$や$G_{ST}$といった値が用いられるが，これらはIAMに基づくものである。マイクロサテライトの突然変異を表すと考えられるSMMでは，$F_{ST}$に代わって$R_{ST}$という値が提唱されている (Slatkin, 1995)。

マイクロサテライトに関しては，突然変異のモデルとしてSMMとTPMが想定されることが多いが，実際の野外集団で対立遺伝子頻度を各モデルに当てはめてみると，IAMにもよくフィットするという報告もある。これは，マイクロサテライトの変異をもたらすのはDNA複製におけるslippageだけ，という単純なものではなく，不等交叉によって一度の突然変異で反復数が大幅に変化したり，あるいは不規則な配列を含むマイクロサテライトではIAMに近い突然変異を起こすと考えられることなど，複数のメカニズムがはたらいているためと考えられている。

## 引用文献

Chase, M. R., C. Moller, R. Kesseli & S. Bawa. 1996. Distant gene flow in tropical trees. Nature **383**: 398-399.

Coltman, D. W., W. D. Bowen & J. M. Wright. 1998. Birth weight and neonatal survival of harbour seal pups are positively correlated with genetic variation measured by microsatellites. Proceedings of the Royal Society of London. Series B, Biological sciences **265**: 803-809.

Dib, C., S. Faure, C. Fizames, D. Samson, N. Drouot, A. Vignal, P. Millasseau, S. Marc, J. Hazan, E. Seboun, M. Lathrop, G. Gyapay, J. Morissette & J. Weissenbach. 1996. A comprehensive genetic map of the human genome based on 5,264 microsatellites. Nature **380**: 152-154.

Dow, B. D. & M. V. Ashley. 1996. Microsatellite analysis of seed dispersal and parentage of saplings in bur oak, *Quercus macrocarpa*. Molecular Ecology **5**: 615-627.

Isagi, Y., T. Kanazashi, W. Suzuki, H. Tanaka & T. Abe. 1999. Polymorphic DNA markers for *Magnolia obovata* Thumb. and their utility in the related species. Molecular Ecology **8**: 698-700.

Isagi, Y., T. Kanazashi, W. Suzuki, H. Tanaka & T. Abe. 2000. Microsatellite analysis of the regeneration process of *Magnolia obovata*. Heredity **84**: 143-151.

Jarne, P. & P. J. L. Lagoda. 1996. Microsatellites, from molecules to populations and back. Trends in Ecology and Evolution **11**: 424-429.

Luikart, G. & P. R. England. 1999. Statistical analysis of microsatellite DNA analysis. Trends in Ecology and Evolution **14**: 253-256.

Marshall, T. C., J. Slate, L. E. B. Kruuk & J. M. Pemberton. 1998. Statistical confidence for likelihood-based paternity inference in natural populations. Molecular Ecology **7**: 639-655.

Miyazaki, Y. & Y. Isagi. 2000. Pollen flow and the intrapopulation genetic structure of *Heloniopsis orientalis* on the forest floor as determined using microsatellite markers. Theoretical and Applied Genetics **101**: 718-723.

Pfeiffer, A., A. M. Olivieri & M. Morgante. 1997. Identification and characterization of microsatellites in Norway spruce (*Picea abies* K.). Genome **40**: 411-419.

Powell, W., M. Morgante, R. McDevitt, G. G. Vendramin & J. A. Rafalski. 1995. Polymorphic simple sequence repeat regions in chloroplast genomes: applications to the population genetics of pines. Proceedings of National Academy of Science, U. S. A. **92**: 7759-7763.

Slatkin, M. 1995. A measure of population subdivision based on microsatellite allele frequencies. Genetics **139**: 457-462.

Soranzo, N., J. Provan & W. Powell. 1999. An example of microsatellite length variation in the mitochondrial genome of conifers. Genome **42**: 158-161.

Streiff, R., A. Ducousso, C. Lexer, H. Steinkellner, J. Gloessl & A. Kremer. 1999. Pollen dispersal inferred from paternity analysis in a mixed oak stand of *Quercus robur* L. and *Q. petraea* (Matt.) Liebl. Molecular Ecology **8**: 831-841.

# 第4章 遺伝子の来た道：
# ブナ集団の歴史と遺伝的変異

戸丸信弘（名古屋大学大学院生命農学研究科）

## 1. はじめに

　私が大学院生のとき，5月に残雪の白神岳に登ったことがある。白神岳は世界遺産に登録された白神山地の青森側にあり，標高1,235mである。そこで私はブナ林の2つの表情に強く魅せられた。登り始めの標高の低いところではすでにブナの淡い緑色の葉が姿を見せていた。それは林床に残る雪の白さと相俟ってたとえようもなく美しかった。今から思えば，冬芽が開いて花が咲いていたため樹冠が黄色みを帯びて見えたのかもしれない。同行していたある人はこの新緑の色を「しあわせ色」と表現していた。実際，春の喜びを人に感じさせ，しあわせな気分にさせる美しさであった。一方，尾根にたどりつくと，そこは5月といえども冬の世界であった。眼下には，冬の装いをしたブナ林がどこまでも続いていた。その広がりはまったく圧倒的で雄大であった。

　このように人を魅了してやまないのは，ブナ林が四季折々の美しい豊かな表情を持つからだと言われている。真夏の青々としたブナ林もよいし，秋の黄葉もまたよい。

　ブナは北海道の黒松内低地から鹿児島県の高隈山にかけてほぼ全国的に分布する落葉広葉樹である。植生の水平分布で言うと冷温帯，垂直分布で言うと山地帯の優占種で，そのような森林は一般にブナ林と呼ばれる。特に，積雪の多い日本海側では純林をつくる。現在のブナ林における分布の中心は北海道南部から中部までの日本海側であり，ほとんどが標高200～1,400mに分布する。経済的価値の高いスギ等の人工造林やそれ以外の土地利用のため

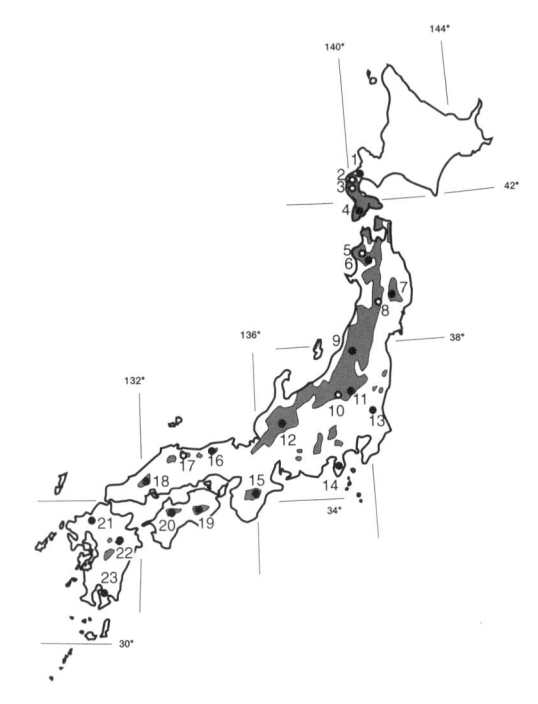

**図1 ブナ林の分布**
ブナ林の分布（灰色部分）はアジア航測（1988）に基づき作成した。図中の●はアロザイムとミトコンドリアDNAの両方の変異を解析した集団，○はアロザイム変異のみを解析した集団を示す。数字は表1の集団番号に対応する。現在の分布は北海道南部から中部までの日本海側に偏っている。

にその分布域が分断化されてきたが，現在においても比較的広い地域を覆っている。一方，関東・中部の太平洋側から，四国，九州にかけてのブナ林は，ほとんどが各山岳の標高1,000m以上に隔離分布しているにすぎない（図1：アジア航測，1988）。

さて，現在までに様々な植物を対象としてアロザイム（後述）による遺伝的変異の研究が行われ，多くのデータが蓄積されている。Hamrick & Godt (1989) は，種子植物のアロザイムデータをもとに，それぞれの種を分類群，分布範囲，分布帯，生活形，繁殖様式，交配様式，種子散布様式，遷移段階の8種類の特徴で分類して，種内や集団内，集団間の遺伝的変異との関連を調べている（集団の定義と遺伝的変異の数量化については「この本を読むための集団遺伝学ガイド」参照）。その結果，種子植物が保有する遺伝的変異はそれらの特徴と有意なかかわりがあり，特に関係があるのは分布範囲と交配様式であった。すなわち，広い分布域や他殖性，風媒花といった特徴を持つ種は，

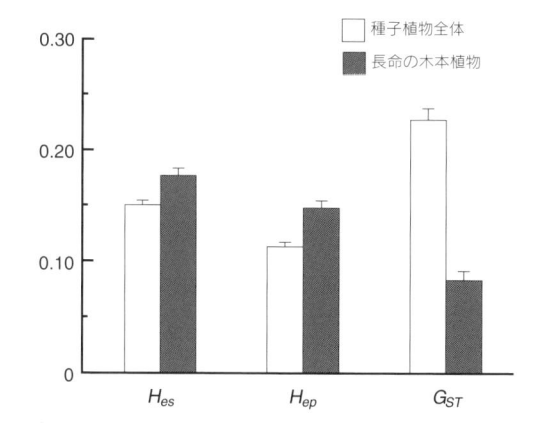

図2　種子植物全体と長命の木本植物とのアロザイム変異の比較

種子植物全体と長命の木本植物の値はHamrick et al. (1992)から引用した。$H_{es}$は種内のヘテロ接合度（期待値），$H_{ep}$は集団内のヘテロ接合度（期待値）である。$G_{ST}$は多型的遺伝子座だけで計算されている。平均値±標準誤差で示される。長命の木本植物は種子植物全体と比べ集団分化が低いことがわかる。

種内全体の変異が大きく，その変異を分割してみると，集団内変異は大きいが，集団間変異は小さいといった傾向があった。これは，広い分布域を持つ種では，一般に集団の有効な大きさが大きく，また他殖や風媒によって集団間の遺伝子流動（gene flow）を盛んにするために，集団内の変異は高く，集団分化が低く保たれるからと考えられる（Hamrick & Godt, 1989：集団遺伝学の理論については，「この本を読むための集団遺伝学ガイド」を参照）。それでは，種子植物のうち木本植物の遺伝的変異は一般にどのような特徴を持つのか。これについてもHamrick et al. (1992)が同様に調べている。彼らがまとめた種子植物全体（約600種）と長命の木本植物（約200種）の種内全体と集団内のヘテロ接合度（$H_{es}$と$H_{ep}$）および$G_{ST}$を図2に示した。$H_{es}$と$H_{ep}$はそれぞれ種内全体と集団内の遺伝的変異の大きさを意味し，値が大きいほど変異が大きいことをあらわす。また$G_{ST}$は集団間の遺伝的分化程度を示し，値が大きいほど分化が大きいことをあらわす。この図から明らかなように，長命の木本植物では種内と集団内の変異が大きく，集団分化は低い。これは多くの長命の木本植物が先ほど述べた特徴，比較的分布域が広い，他殖であるといった特徴を持つためであると考えられている。また，長命の木本植物だけで見ると，その遺伝的変異に最も関係があるのは分布範囲であり，その関係を示すと図3のようになる。$H_{es}$と$H_{ep}$の値から種内および集団内の変異は分布域の広い種ほど大きくなり，逆に$G_{ST}$の値から集団分化は分布域の広い種ほど小

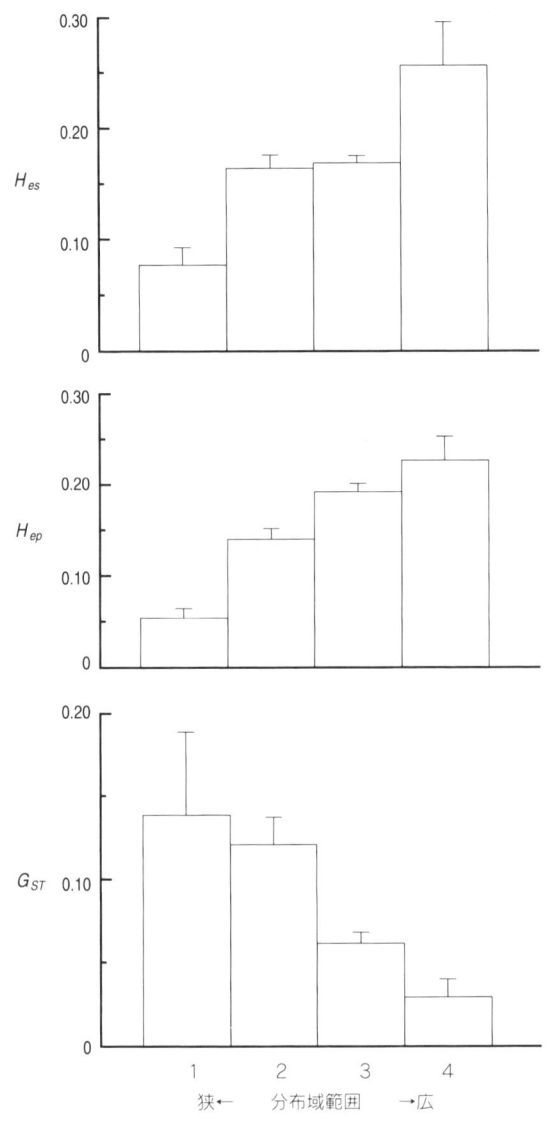

**図3　長命の木本植物のアロザイム変異と分布範囲との関係**

長命の木本植物の値はHamrick *et al.* (1992)から引用した。図中の1〜4は分布範囲により4種類（1：固有分布，2：狭分布，3：地域的分布，4：広範分布）に区分してそれぞれの平均値を求めている。$H_{es}$は種内のヘテロ接合度（期待値），$H_{ep}$は集団内のヘテロ接合度（期待値）である。$G_{ST}$は遺伝子分化係数であり，多型的遺伝子座だけで計算されている。平均値±標準誤差で示される。分布範囲が広くなるにつれ種内および集団内の変異は大きくなり，逆に集団分化は小さくなることがわかる。

さくなることがわかる。

　このように，種子植物あるいは木本植物について，それらが保有する遺伝

的変異と関連のある生態的特徴や生活史特性などが明らかとなったが，これらは異なる種間に見られる遺伝的変異の相違のせいぜい半分を説明するにすぎないこともわかってきた。種内の遺伝的変異の形成には，生態的特徴や生活史特性などと同様に，歴史的な要因も重要な役割を果たしていると考えられている（Hamrick *et al*., 1992）。

以上で述べたような種子植物の遺伝的変異の一般化がなされつつある頃，わが国の林木（森林を構成する樹木）を代表するブナについてはまだ遺伝的変異が調べられていなかった。日本列島の大部分の山地に広く分布しているブナの場合はどのような遺伝的変異を持っているのか。そして具体的には，他の長命の木本植物と同様に種内の遺伝的分化は低いのか。その遺伝的変異はブナ集団の歴史を多少なりとも反映しているのか。そのような疑問からブナの遺伝的変異の研究を進めた。

## 2. アロザイム変異

### (1) アロザイム

自然集団の遺伝的変異を明らかにするためには遺伝マーカーが必要になる。遺伝マーカーとは，個体間の遺伝的な違いを見分ける目印（形質）である。核ゲノムの遺伝マーカーの条件としては，まず単純なメンデル遺伝に従うことである。したがって遺伝マーカーの表現型の違いが1遺伝子座の対立遺伝子の違い，すなわち遺伝子型の違いによって決まる。また対立遺伝子間に優劣関係のない共優性であると，ヘテロ接合体が表現型から識別できるのでなおさら良い。また，環境の影響を受けにくいことも条件の1つである。表現型が，遺伝的要因だけでなく環境要因に強く影響を受けてしまうと，表現型から遺伝子型の決定が確実でなくなってしまう。もう1つの条件はたくさんのサンプルを扱うときに特に重要になるのだが，遺伝子型を判別するための実験が簡便なことである。

アイソザイムは以上の条件を満たした優秀な遺伝マーカーであるため，長い間自然集団の遺伝的変異を明らかにするために使われてきた。アイソザイムは酵素タンパク質で，酵素としてのはたらきは同じであるが，主に荷電量が異なるという変異を持つ。この変異は電気泳動という実験で移動度の差と

## 表1　ブナ23集団の位置とアイソザイム分析に供した個体数 (Tomaru et al.,1997)

| 集団番号 | 位置 | 標高 (m) | 経度 (N) | 経度 (E) | 分析個体数 |
|---|---|---|---|---|---|
| 1 | 黒松内低地, 北海道 | 40 〜 90 | 42°39' | 140°20' | 80 |
| 2 | 狩場山, 北海道 | 550 〜 790 | 42°35' | 139°59' | 91 |
| 3 | 遊楽部岳, 北海道 | 190 〜 350 | 42°16' | 140°01' | 62 |
| 4 | 大千軒岳, 北海道 | 50 〜 650 | 41°37' | 140°08' | 111 |
| 5 | 白神山地, 青森県 | 400 〜 750 | 40°31' | 140°07' | 143 |
| 6 | 白神山地, 秋田県 | 550 〜 860 | 40°25' | 140°17' | 119 |
| 7 | 早池峰山, 岩手県 | 660 〜 1,250 | 39°32' | 141°30' | 60 |
| 8 | 真昼岳, 岩手県 | 460 〜 910 | 39°27' | 140°43' | 105 |
| 9 | 飯豊山, 山形県 | 400 〜 640 | 37°55' | 139°41' | 63 |
| 10 | 苗場山, 新潟県 | 780 〜 1,140 | 36°54' | 138°45' | 70 |
| 11 | 鳩待峠・富士見峠, 群馬県 | 1,200 〜 1,730 | 36°53' | 139°13'/15' | 112 |
| 12 | 白山, 岐阜県 | 800 〜 1,100 | 36°02' | 136°51' | 51 |
| 13 | 筑波山, 茨城県 | 800 〜 876 | 36°14' | 140°07' | 48 |
| 14 | 天城山, 静岡県 | 1,000 〜 1,100 | 34°51' | 139°00' | 53 |
| 15 | 大台ヶ原, 奈良県 | 1,300 〜 1,600 | 34°11' | 136°06' | 57 |
| 16 | 扇ノ山, 鳥取県 | 1,100 〜 1,300 | 35°26' | 134°26' | 50 |
| 17 | 大山, 鳥取県 | 900 〜 1,300 | 35°22' | 133°32' | 59 |
| 18 | 寂地山, 山口県 | 1,100 〜 1,300 | 34°28' | 132°03' | 50 |
| 19 | 剣山, 徳島県 | 600 〜 700 | 33°51' | 134°04' | 50 |
| 20 | 石鎚山, 愛媛県 | 1,600 〜 1,900 | 33°46' | 133°08' | 52 |
| 21 | 背振山, 福岡・佐賀県 | 900 〜 1,055 | 33°26' | 130°22' | 49 |
| 22 | 祖母山, 宮崎県 | 1,500 〜 1,757 | 32°49' | 131°20' | 55 |
| 23 | 高隈山, 鹿児島県 | 1,000 〜 1,230 | 31°29' | 130°49' | 50 |
|  |  |  |  | 平均 | 71.3 |

## 表2　ブナのアロザイム変異 (Tomaru et al.,1997)

| 統計量 | 平均値±標準誤差 |
|---|---|
| **種内** | |
| ヘテロ接合度の期待値 ($H_{es}$) | 0.194 ± 0.049 |
| **集団内** | |
| 多型的遺伝子座の割合 | 0.589 |
| 1遺伝子座あたりの対立遺伝子数 | 2.66 ± 0.35 |
| 1遺伝子座あたりの対立遺伝子の有効数 | 1.29 ± 0.10 |
| ヘテロ接合度の観察値 ($H_{op}$) | 0.170 ± 0.053 |
| ヘテロ接合度の期待値 ($H_{ep}$) | 0.187 ± 0.052 |
| **集団間** | |
| $G_{ST}$ | 0.038 ± 0.006 |
| 遺伝距離 ($D$) | 0.009 ± 0.005 |

多型的遺伝子座は最も多く見られる対立遺伝子の頻度が0.95以下であるような遺伝子座とした。集団内の統計量と遺伝距離 ($D$) の標準誤差は各集団 (間) で求められた標準誤差の平均値。$G_{ST}$は多型的遺伝子座のみで求め, その値は0からの偏りが統計学的に有意となった ($P<0.001$)

して検出できる（第2部第1章参照）。アイソザイムのうち，ある1つの遺伝子座の対立遺伝子の違いが電気泳動の移動度の違いとしてあらわれるような酵素を，特にアロザイムと呼ぶ。

アイソザイムは淘汰に対して中立かほぼ中立であると言われているので，アイソザイムの電気泳動で明らかとなった遺伝的変異は進化の要因の1つである淘汰に関しては通常意味を持たない。しかし，他の進化の要因である突然変異，移住，遺伝的浮動のはたらきが見えてくる。

## (2) 一般的傾向

ブナの遺伝的変異を明らかにするこの研究においても，アロザイムを遺伝マーカーとして採用した。まず，現在のブナの分布を調べ，次に分布の北限から南限までにわたるように23集団を選定した（表1と図1）。それぞれの集団から，アイソザイム分析の試料として，冬芽を個体別に採取した。このとき，採取個体間の距離をおおよそ50mにすること以外は無作為に個体を選んで採取した。すなわち，樹齢やサイズは一切考慮しなかった。第2部第1章に示されるアロザイム分析法に従って，各個体について9酵素のアロザイムを検出し，合計11遺伝子座の遺伝子型を明らかにした。これをもとに遺伝的変異の大きさを表す統計量を通常の計算方法に従って求めた。

遺伝的変異をあらわす統計量の値を要約して示したのが表2である。集団間の遺伝的分化程度をあらわす$G_{ST}$の値が0.038であるというのは，ブナという種全体が保有する変異のうち集団間に見られる変異がわずか3.8%であるということを示す（ただし，統計学的にはその値の0からの偏りは有意であった。すなわち，その集団分化は有意である）。また，遺伝距離の平均値も0.009という非常に小さい値であった。したがって集団分化は非常に低く，ほとんどの変異は，集団内の個体間変異として持っていることがわかった。結局，ブナの遺伝的変異は長命の木本植物の一般的な傾向から外れることはなかった。ブナも寿命が長く（200～300年程度），分布域は比較的広く，さらに他殖性である。また，種子（堅果）は主に重力散布であるので分散能力は低いと考えられるが，それ以上に，花粉は風散布であるので集団分化を妨げるくらいの分散能力があるのだろう。ブナの分布範囲はHamrick *et al.*（1992）の区分では地域的分布程度と考えられるが，実際，$G_{ST}$の値がやや小さいもの

のおおよそ地域的分布をもつ種（図3）と同様であることがわかった。

## (3) 地理的傾向

このように，ブナの遺伝的変異には，長命の木本植物と同様な特徴があった。すなわち，一概に述べてしまうと，淘汰に対して中立なアロザイムの遺伝子では，金太郎飴を作るときにどこで切っても金太郎の顔があらわれるように，北海道のブナであろうとも，九州のブナであろうとも，どの集団でもほとんど同じ遺伝的組成を持つ。予想されていた結果であったので，最初はつまらなく思えた。

ところが，データをもう一度詳細に眺めてみると，その遺伝的変異に地理的な傾向が見えてきた。まず第一に，南西の集団の方が集団内変異が大きくなる傾向である（図4）。各集団の緯度・経度に対する$H_{ep}$の値の関係を回帰分析で解析すると，経度に対しては統計的有意な関係があった（$P < 0.005$）。また緯度に対しても最小値（大台ヶ原集団，0.140）を除くと有意な関係があった（$P < 0.05$）。さらに，一遺伝子座あたりの対立遺伝子数も緯度に対しては有意な関係が見られ（$P < 0.05$），南の集団でより多くの対立遺伝子が検出された。これらの回帰性の検定は通常の$t$検定で行ったが，ノンパラメトリックな検定でも有意であった。

第二の地理的傾向は，南西集団の方が集団分化が大きくなる傾向である（図4）。ある1つの集団の，他のすべての集団からの遺伝的分化程度は$D_j$で求めた。この値は，1に近いほど遺伝的分化が大きいことを意味する。各集団の緯度・経度に対する$D_j$の値の関係を通常の回帰分析で解析すると，緯度と経度両方に対して有意な関係があり（緯度：$P<0.005$，経度：$P<0.001$），ノンパラメトリックな検定でも有意であった。この傾向をさらに確認するために，中国・四国・九州の8集団と北海道・東北・北陸の12集団のそれぞれで$G_{ST}$を計算した。その結果，中国・四国・九州の集団（$G_{ST} = 0.031 \pm 0.013$）は，北海道・東北・北陸の集団（$G_{ST} = 0.007 \pm 0.002$）に比べ4倍以上の集団分化が生じていると推定された。

第三に，多くの対立遺伝子の頻度に統計学的有意な地理的勾配が見られることである（図5を参照のこと。11遺伝子座で合計44対立遺伝子が検出されたが，そのうち19対立遺伝子でそのような勾配が観察された）。この傾向は主成分分析によっても，第一主成分と第二主成分の平面上における集団の散布図として

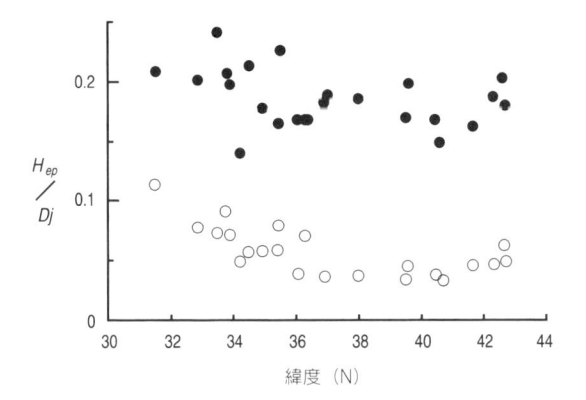

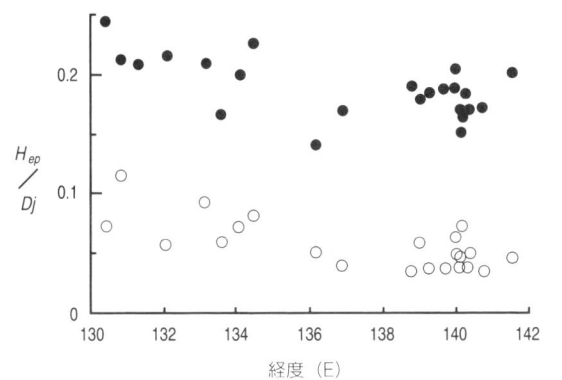

図4 ブナ23集団の地理的位置（緯度と経度）とヘテロ接合度（$H_{ep}$）および$Dj$との関係
(Tomaru et al., 1997)
ブナ23集団の各集団について，横軸に緯度あるいは経度を取り，縦軸に$H_{ep}$（●）と$Dj$（○）を取ってプロットした。南西集団の方が集団内変異が大きく，遺伝的分化も大きいことがわかる。

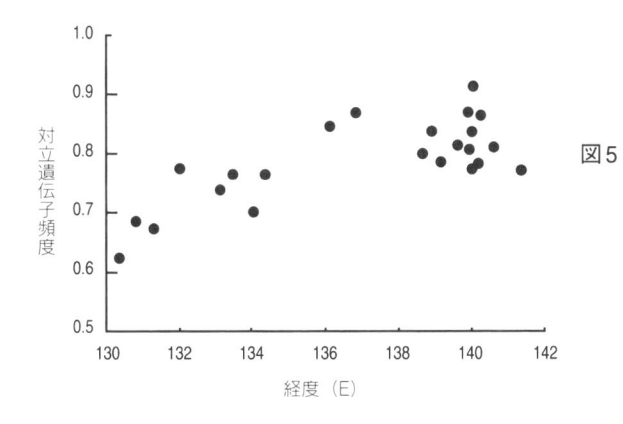

図5 対立遺伝子頻度の地理的勾配の一例
Tomaru et al. (1997)のデータをもとに，ブナ23集団の各集団について横軸に経度を取り，縦軸に$Mdh$-$3$遺伝子座の$b$対立遺伝子の頻度を取ってプロットした（$P < 0.01$）。

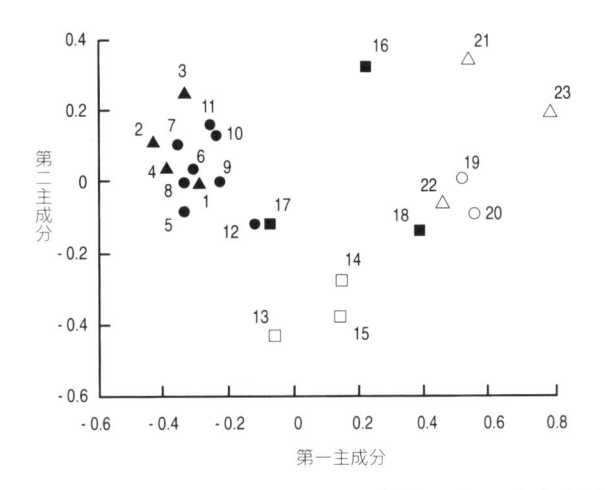

図6 ブナ23集団の対立遺伝子頻度(逆正弦変換値)を用いた主成分分析の散布図
(Tomaru et al., 1997)

各集団は地理的区域に従った記号で示される。すなわち，▲：北海道，●：東北・北陸，■：中国，□：関東・東海，○：四国，△：九州である。図中の数字は表1の集団番号に対応する。第一主成分と第二主成分の寄与率はそれぞれ37.7％と10.5％である。また，第一主成分のばらつきのうち88.2％は集団の緯度・経度により説明される。北海道・東北・北陸の集団は遺伝的組成が似ているため散布図上で集中分布している。

あらわされる(図6)。なぜならば，主成分という変数は集団間に違いがみられる対立遺伝子の頻度を累積した合成変数であり，そのような対立遺伝子のほとんどは地理的勾配を持つからである。したがって，図6では，地理的勾配が見られる対立遺伝子に重みをおいた集団間の関係が示される。北海道から東北・北陸にかけての集団は散布図上で集中分布していることから，遺伝的組成が似ていると考えられた。

ここで，第一と第二の地理的傾向について，集団遺伝学の理論に照らしてみる。南西集団が北東集団に比べ集団分化が大きいが，この原因として，北東集団に比べ南西集団は各山岳の狭い面積に隔離分布しているため，遺伝的浮動と集団間の限られた遺伝子流動により分化が生じていると考えられた。北東集団で集団分化がほとんど見られないのは，比較的連続的で広く分布しているため，十分に遺伝子流動が生じているためであろう。これは，第三の地理的傾向で述べたように，北海道から東北・北陸にかけての集団の対立遺

伝子頻度が似ていることにも対応している。一方，南西集団が北東集団に比べて集団内変異が大きい。見かけ上の分布域の広さやその連続性から考えると，南西集団に比べて北東集団の方が遺伝的変異が高そうであるが，実際はその逆であった。同種内では，集団の有効な大きさは実際の集団の個体数に比例するだろうから，この結果は集団の有効な大きさが大きな集団ほど大きな変異を保持するという集団遺伝学の期待値と合わない。

　前に述べたが，種が保有する変異は生態的特徴や生活史特性などと有意な関連性がある。しかしながら，種間における種内変異のばらつきはそれらによってすべてが説明できるわけではなく，せいぜいその半分を説明するにすぎない。種内変異の形成には，さらに，それぞれの種が負ってきた進化の歴史，特に集団の大きさの履歴が重要な役割を果たしていると考えられている (Hamrick & Godt, 1989; Hamrick, et al., 1992)。そこで，ブナの集団内変異の矛盾を解決するために，最終氷期以降の分布変遷を考えてみる。

## (4) ブナの最終氷期以降の歴史と遺伝的変異

　植物の花粉の外膜は化学的に非常に安定なため，湖底や海底，または湿原に堆積したものは，花粉化石として地層中に長く保存される。この地層中の化石花粉の種類や量を調べることによってその当時の植生やその環境を推定することを，「花粉分析」という。花粉分析は，植物の伝播経路を追跡して明らかにするために必要なデータを提供する。

　このような花粉分析のデータから，最終氷期最寒冷期（2万5,000～1万5,000年前）以降のブナの分布変遷（イヌブナを含む）が推定されている (Tsukada, 1982a; 1982b)。最寒冷期は寒冷で乾燥した気候が支配的であったため，ブナは北緯38度以南の海岸地域の冷温帯落葉広葉樹林の中に避難していた。またこのときには，いわゆるブナ林を形成していなかったと考えられている。その後，気候が温暖化し，日本海側などで湿潤化し始めた。その結果，約1万2,000年前から東北日本を急速に北進し，約9,000年前には本州最北端の津軽・下北両半島に達した。そして約5,300年前までには北海道に渡って，現在の北限には約700年前に達した (Sakaguchi, 1989)。一方西南日本では，約1万2,000年前から高海抜地に移動し，低地から実質上消滅した。このようにしてブナは分布域の中心を北東へ移動し，現在のような分布域を

確立したと推定されている。

　以上の花粉分析から推定された最終氷期以降のブナの分布変遷を考慮して，ブナ集団の遺伝的変異，特に集団内変異を中心に考察してみる。まず，北緯38度以北の現在の集団は，最終氷期に分布の北限周辺に存在したレフュージア（避難地）から起源したと考えるのが地理的位置からしてもっともらしい。そして，北進はホシガラスやカケス類の種子散布によって北方系樹種の後退したあとに生じたニッチの空白を埋める形でなしとげられたと考えられている（渡邊，1994; Vander Wall, 1990）。こうして新たにできた集団は，初期にはパッチ状で小規模であったが，個体が成長し成熟すると，次に形成される北方の後代集団の種子供給源になったに違いない。ここでもう一度図4を見ると，南西集団間では遺伝的変異の地理的勾配が明瞭で，北緯38度以北（あるいは東経138度以東）の集団間ではばらつきはあるものの，明瞭な勾配は見られない。この北緯38度以北の集団は，花粉分析の推定が正しければ，北進によって形成された集団である。もし現在の南西集団間の遺伝的変異の地理的勾配が最終氷期（あるいはそれ以前）からのものであれば，北進で形成された北東集団の祖先集団は，最終氷期に分布の北限周辺に存在した，集団内変異のより低い集団であった可能性がある。そのために，現在の北東集団でも変異が小さいのかもしれない。

　集団が個体数の著しい減少（ビン首）を経験すると，遺伝的浮動がはたらいて集団内変異が失われ，その後集団が大きくなっても長い間元に戻らない。新しい集団が形成されるときに移住個体数が限られると同様の現象が生じる。これを「創始者効果」という。ブナの北進の際にも創始者効果がはたらいたかもしれないが，現在のヘテロ接合度にその影響ははっきりしない。低頻度の対立遺伝子ほど遺伝的浮動により集団中から失われる確率が高い。北海道の集団と東北地方の集団でまれな対立遺伝子を比べると，19個の対立遺伝子は両者で観察されたが，5個は東北地方のみで観察され，北海道でのみ観察されたものはなかった。これは津軽海峡を渡った移住個体数に限りがあったことによる創始者効果の結果であろう（Takahashi et al., 1994）。

　現在比較的連続的で広く分布している北東集団が，各山岳の狭い面積に隔離分布している南西集団に比べ集団内変異が低い原因の1つとして，祖先集団の変異が小さかったことが考えられる。しかし分布域が連続的になって集

団が大きくなり，遺伝子流動や突然変異によって変異の蓄積が生じているかもしれないが，南西集団の変異に達していない。反対に，南西集団は最終氷期以降に低地から山丘を登り，その結果，遺伝的浮動と限られた遺伝子流動により変異の減少が起こっているかもしれないが，その現在の集団内変異は北東集団のものほど小さくない。

## 3. ミトコンドリアDNA変異

さて，ここからはブナ集団のミトコンドリアDNAの変異について話をしたい（以下ではミトコンドリアDNAをmtDNAという）。なぜ，アロザイム変異の次にmtDNA変異について解析を行ったのか。それは，ブナのmtDNA変異には，アロザイム変異に比べてずっと大きな集団分化や強い遺伝的構造が存在し，その構造は最終氷期のレフュージアの分布やその後の移住ルートを反映していると期待したからだ。まずこの理由をもう少し説明したい。

### (1) 核ゲノムとオルガネラゲノムの集団間の遺伝的分化

植物には3つのゲノム，すなわち核，葉緑体およびミトコンドリアゲノムが存在する。葉緑体とミトコンドリアのゲノムは，オルガネラゲノムとも総称される。2倍体の生物では，核ゲノムが2倍に重複したゲノムで（2倍性），メンデル遺伝により相同なひと組の遺伝子（対立遺伝子）の片方を母親，もう片方を父親から受け継ぐ。一方，オルガネラゲノムは半数性で，その遺伝様式は細胞質遺伝である。多くの種子植物の遺伝様式は母性遺伝（母親のオルガネラゲノムの遺伝子が子へ伝達される）である（表3）。

集団遺伝学の理論（Birky *et al*, 1983; 1989）から核ゲノムとオルガネラゲノムの集団分化を比べるとオルガネラゲノムの方が大きくなると期待される。それはなぜか。遺伝的浮動には集団分化を進めるはたらきがあり，移住には妨げるはたらきがあるので，集団分化の程度は両者のバランスで決まる。集団分化を進めるという遺伝的浮動のはたらきは，集団の有効な大きさが小さいほど大きい。これを個体数ではなく遺伝子数に置き換えて考えれば，遺伝的浮動の効果は集団の有効な遺伝子数によって決まることになる。ブナのような雌雄同株の植物では，理想的には，すべての個体が雌親にも雄親にもな

表3. 雌雄同株の二倍体種子植物における核ゲノムとオルガネラゲノムの比較

| ゲノム | 遺伝様式 | 遺伝子流動の方法 | 倍数性 | 集団の有効な遺伝子数 |
|---|---|---|---|---|
| 核 | メンデル遺伝 | 種子と花粉の散布 | 二倍性 | $2N_e$ |
| オルガネラ | 細胞質遺伝<br>一般に母性遺伝 | 種子散布のみ | 半数性 | $N_e$ |

$N_e$は集団の有効な大きさ。雌雄同株の植物では，一般に核ゲノムとオルガネラゲノムの集団の有効な大きさは等しくなるので，2倍体では集団の有効な遺伝子数が核ゲノムで$2N_e$，オルガネラゲノムで$N_e$となる。

れるので，オルガネラゲノムの集団の有効な大きさは核ゲノムのものと等しくなるが，集団の有効な遺伝子数は核ゲノムの半分になる。なぜならば，2倍体の生物では核ゲノムは2倍性でオルガネラゲノムは半数性であるからである（表3）。以上の理由から，オルガネラゲノムの集団分化は核ゲノムより大きくなるはずである。また，移住のはたらきから見ても，オルガネラゲノムの方が集団分化が大きいと期待される。これは，遺伝様式の違いから，核ゲノムでは種子散布と花粉散布の両方で遺伝子流動が生じるのに対し，オルガネラゲノムは種子散布のみでそれが生じるからだ。すなわち核ゲノムの方が移住率が大きくなる。さらに，種子よりも花粉による遺伝子流動が盛んであれば，この差はさらに顕著になるだろう。このような集団遺伝学の期待通り，オルガネラゲノムの方がより大きな集団分化を持つことがいくつかの樹種について確認されている（Ennos, 1994; Newton et al., 1999）。

アロザイム変異によって，ブナの核ゲノムの集団分化は非常に低いことが明らかとなった。この理由として，集団の有効な大きさと移住率が大きいことが考えられる。ブナについては集団の有効な大きさは推定されてはいないが，おそらく集団内のヘテロ接合度（期待値）の平均値（0.187）から考えると，決して小さくはないだろう。ブナの種子（堅果）は主に重力で散布され，現在のブナ林においても二次散布として齧歯類や鳥類によって運ばれることがあるようだが，それは微々たるものと考えられている。また，重力散布による分散距離もせいぜい40 m程度である（前田，1991）。したがって，少なくとも現在のブナ集団においては，遺伝子流動の種子散布の貢献度は低いと考えられる。そうすると，盛んな遺伝子流動には花粉散布が貢献していると考えられる。すなわち，核ゲノムの遺伝子流動は主に花粉散布によっている

と考えられる。

ブナと同じブナ科に属するナラの一種で,そのオルガネラが母性遺伝することが確認されている (Dumolin et al., 1995)。したがってブナのオルガネラゲノムは母性遺伝するのであろう。私は,ブナにおいてもオルガネラゲノムのDNA変異にはより大きな集団分化が観察されるに違いないと考えた。

さて,さらに話を進めよう。種内に集団分化が見られるということは,たいていの場合,その種の分布域内に地理的な遺伝的構造が存在することを意味する。遺伝的構造とは集団の分布する地域によって遺伝的組成が異なることである。淘汰に対して中立な遺伝子では遺伝的構造の成因には2つある。その1つは,集団間の遺伝子流動が限られることにより集団の遺伝的組成が異なってゆき,やがて遺伝的構造ができるというものである。もう1つは,分布の移動の過程で新しい集団をつくった個体グループ(創始者)の遺伝的組成が他の集団と異なる場合である。後者の場合,集団が成立した後も遺伝子流動が限られれば,たとえ世代を重ねたとしても最初の遺伝的構造がそのまま保存されるであろう。さて,植物が分布を移動させる手段には,種子散布などがある。有性生殖により形成される種子散布によってのみ遺伝子流動が生じるオルガネラゲノムの遺伝的構造は,その後の集団間の遺伝子流動が限られれば,その歴史的な分布の移動を反映したものとなるであろう。すでにいくつかの樹種についてはオルガネラDNA変異を用いて最終氷期以降の移住ルートが推定されている (Newton et al., 1999)。そこで私は,ブナ集団のオルガネラDNAには強い遺伝的構造が存在し,それは最終氷期のレフュージアの分布やその後の移住ルートを反映したものであろうと考えた。

## (2) ミトコンドリアDNA

DNAの突然変異には塩基置換(点突然変異),挿入,欠失,重複,逆位などがある。「塩基置換」は1つの塩基が別の塩基に置き換わる変異である。挿入,欠失,重複,逆位ではもっと長い塩基配列を単位に起こることがあり,そのような変異を「ゲノムの再編成」と呼ぶ。なお,「逆位」とは塩基配列が逆転する変異である。種子植物のミトコンドリアゲノムでは主に逆位によるゲノムの再編成が頻繁に生じているので,種,集団および個体が保有する特異的なゲノムを容易に識別できると言われている (Palmer, 1992)。また,

このような変異はサザンハイブリダイゼーション法によるRFLP分析（第2部第2章参照）で容易に検出できる。なお，RFLPとはrestriction fragment length polymorphismの略で日本語では「制限酵素断片長多型」と訳される。すなわち，制限酵素で切断したとき得られるDNA断片の長さの変異のことである。以上に述べた理由からオルガネラゲノムの変異をmtDNAで調べてみることにした。

### (3) 著しい集団間の遺伝的分化

ブナのmtDNA変異を明らかにするために，分布の北限と南限までにわたるよう17集団を選定した（図1）。筑波山集団以南の集団ではアロザイム変異の解析で用いた個体の冬芽をそのまま実験材料とした。それ以外の集団では展開葉を個体別に採取し直した。この際，アロザイム変異の研究のときと同様に，採取個体間の距離をおおよそ50 mにして無作為に個体を選んだ。冬芽と葉から全DNA（3つのゲノムのDNA）を抽出し，サザンハイブリダイゼーション法によるRFLP分析を行った。RFLP分析の詳細は第2章第2部に譲り，ここでは大まかな分析の流れを述べる。制限酵素でDNAを切断し，

表4. ブナ17集団において検出された

| プローブ | DNA断片（×$10^3$塩基対） | | 1 (25) | 4 (22) | 6 (13) | 7 (25) | 9 (25) | 11 (25) |
|---|---|---|---|---|---|---|---|---|
| | $Bgl$II | $Eco$RV | | | | | | |
| $cox$I | 9.6 | 11.1 | 1.00 | 1.00 | 1.00 | | 1.00 | 0.16 |
| | 9.6 | 4.9 | | | | 1.00 | | |
| | 4.3 | 11.1 | | | | | | 0.84 |
| | 3.9 | 10.3 | | | | | | |
| | 3.9 | 23.5 | | | | | | |
| | 5.3 | 7.7 | | | | | | |
| | 6.5 | 13.2 | | | | | | |
| $cox$III | 8.3 | 6.9 | 1.00 | 1.00 | 1.00 | 1.00 | 1.00 | 1.00 |
| | 12.0 | 11.1 | | | | | | |
| $atp$A | 3.8 | 4.5 | 1.00 | 1.00 | 1.00 | 1.00 | 1.00 | |
| | 3.7 | 3.5 | | | | | | 0.16 |
| | 2.0/1.7 | 7.0/6.6 | | | | | | 0.84 |
| | 1.7 | 3.5 | | | | | | |
| | 2.0 | 4.0 | | | | | | |

$Bgl$ⅡおよびEcoRVはRFLP分析に用いた制限酵素である。集団の番号は図

アガロース電気泳動によって断片の長さに応じて分画し，それをナイロンメンブレンに転写して固定化した（ブロッティング）。3種類のプローブ（*cox*I, *cox*III, *atp*A）は，ブナの全DNAを鋳型として特異的なプライマーを用いPCRにより増幅するとともに，ジゴキシゲニン（DIG）で標識して作成した。このように作成したプローブをハイブリダイゼーションに用い，プローブと相補的な配列をもつDNA断片を蛍光色素によって検出した。なお，*cox*I, *cox*III, *atp*Aはミトコンドリアゲノムの遺伝子である。プローブがこれらの遺伝子領域を含むので，その遺伝子を含めた周辺領域のDNA断片が検出されることになる。

まず予備実験として，別々の集団から選んだ12個体を対象に18種類の制限酵素と3種類のプローブを用いてRFLP分析を行った。RFLP分析は1種類の制限酵素と1種類のプローブを組み合わせて行ったので，合計54組み合わせについてRFLPの検出を試みたことになる。予備実験の結果，*Bgl*IIと*Eco*RVという制限酵素を用いると，どのプローブでも鮮明なRFLPが観察された。そこで，すべての個体についてはこの6組み合わせで実験した。

検出されたDNA断片は，表4に示される。たとえば，*Bgl*IIと*cox*Iの組み

**DNA断片の頻度** (Tomaru et al., 1998)

| | 集団 | | | | | | | | | | |
|---|---|---|---|---|---|---|---|---|---|---|---|
| | 12 (25) | 13 (25) | 14 (25) | 15 (24) | 16 (25) | 18 (25) | 19 (25) | 20 (25) | 21 (25) | 22 (25) | 23 (25) |
| | 0.04 | | | | 1.00 | | | | | | |
| | | 1.00 | 1.00 | | | | 0.04 | | | | |
| | | | 1.00 | | | | | | | | |
| | 0.96 | | | | | | | | | | |
| | | | | | 1.00 | | | | 1.00 | 0.04 | |
| | | | | | | | 0.96 | 1.00 | | 0.96 | 1.00 |
| | 1.00 | 1.00 | 1.00 | 1.00 | 1.00 | 1.00 | 0.04 | | 1.00 | 0.04 | |
| | | | | | | | 0.96 | 1.00 | | 0.96 | 1.00 |
| | 0.04 | | | 1.00 | | | | | | | |
| | | 1.00 | 1.00 | | | 0.04 | | | | | |
| | | | | 1.00 | | | | | 1.00 | 0.04 | |
| | 0.96 | 1.00 | | | | 0.96 | 1.00 | | | 0.96 | 1.00 |

1および表1の集団番号に対応する。括弧内数字は分析個体数である。

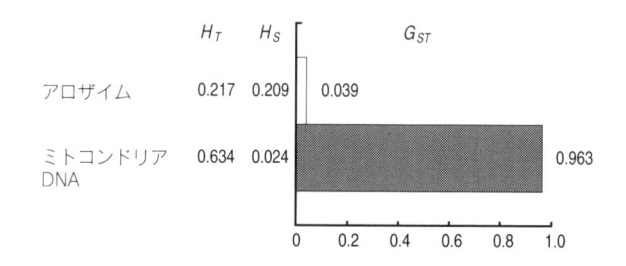

|            | $H_T$ | $H_S$ | $G_{ST}$ |
|---|---|---|---|
| アロザイム | 0.217 | 0.209 | 0.039 |
| ミトコンドリアDNA | 0.634 | 0.024 | 0.963 |

**図7　ブナ17集団におけるアロザイムとミトコンドリアDNAの遺伝子多様度の比較**
ミトコンドリアDNAの値は表4の頻度から遺伝子多様度を計算した。一方アロザイムの値はミトコンドリアDNAの解析と同一の17集団における多型的遺伝子座の対立遺伝子頻度（Tomaru et al., 1997）を用いて遺伝子多様度を計算した（Tomaru et al., 1998）。$G_{ST}$の値は両方とも0からの偏りが有意（$P < 0.001$）。アロザイムと比べてミトコンドリアDNAでは圧倒的に集団分化が大きいことがわかる。

合わせのRFLP分析では，9.6，4.3，3.9，5.3，$6.5 \times 10^3$塩基対（kbp）の断片が検出されたことがわかる。前に述べたように，mtDNAには逆位などによる再編成が起こっていると考えられているので，2つの制限酵素で観察されたRFLPは同じ再編成に影響を受けている可能性がある。そこで，2つの制限酵素の断片をひとまとめに考えることにした。各集団において，プローブごとに2種類のDNA断片を組み合わせて，それぞれについて相対頻度を計算した（表4）。coxIをプローブに用いた場合，1番目の集団（黒松内低地集団）においては，9.6kbpの*Bgl*IIの断片と11.1kbpの*Eco*RVの断片を持つ個体の頻度は1.00，すなわちすべての個体（25個体）がこの組み合わせの断片を持つという具合である。表4の頻度は，アロザイムの電気泳動で調べられた遺伝子座における対立遺伝子頻度のように扱うことができる。すなわち，プローブの周辺領域が遺伝子座で，DNA断片の組み合わせが対立遺伝子である。

　前置きが長くなったが，表4から驚くべき傾向がわかる。それは，多くの集団がただ1つのDNA断片の組み合わせを保有すること，そしてそのDNA断片の組み合わせは集団によって異なる場合が多いことである。ブナにおいてもオルガネラゲノムのDNA変異にはより大きな集団分化が観察されるに違いないという期待は正しかったようだ。これをさらに確認するため，表4の頻度データをたがいに独立関係にある3遺伝子座における対立遺伝子頻度

と考えて，遺伝子多様度を計算した（図7）。その結果，$H_T$は0.634，$H_S$は0.024，そして$G_{ST}$は0.963という値になった。アロザイムの$G_{ST}$の値はわずか0.039なので，約25倍もの集団分化が存在することがわかった。それとは反対に，集団内変異はmtDNAでは非常に小さく，アロザイムの約1/9であることがわかった。

このmtDNAとアロザイムとの集団分化の著しい差は何を意味するだろうか。前に述べたので以下はくり返しになるが，1つは集団の有効な遺伝子数が核ゲノムよりミトコンドリアゲノムで小さく，遺伝的浮動がより強くはたらいていることであろう。実際，遺伝的浮動に影響を受ける集団内変異も非常に小さい。それ以上に重要なのは，遺伝子流動が核ゲノムで大きく，ミトコンドリアゲノムでは非常に小さいと考えられることである。遺伝的浮動と移住の平衡状態，突然変異が無視できるほど小さい，全体の集団が大きい，と仮定すると，集団の有効な大きさにおける1世代あたりの移住個体数（$N_e m$）が計算できる。核ゲノムの$N_e m$はアロザイム変異で求められた$G_{ST}$の値（0.039）を15ページの（3）式に代入して求めると6.2となる。一方，オルガネラゲノムの$G_{ST}$はBirky（1989）によって以下の式で与えられる。

$$G_{ST} = \frac{1}{1 + 2N_e (n/(n-1))(m-\mu)}$$

先ほどの仮定から，$n/(n-1)$は1となり，$\mu$は無視する。これにmtDNA変異で求められた$G_{ST}$の値（0.963）を代入すると$N_e m$はわずか0.019となる。雌雄同株では$N_e$の値は核ゲノムとオルガネラゲノムで等しいと考えられるので，移住率（$m$）はミトコンドリアゲノムの方が圧倒的に低い。この移住率の差は母性遺伝するミトコンドリアゲノムの遺伝子流動が種子散布だけに制限されるのに，核ゲノムは種子散布と花粉散布の両方で遺伝子流動が生じること，そして種子散布による遺伝子流動は花粉散布のものに比べずっと限られていることで説明できる。

### （4） ブナの系統地理

制限酵素とプローブのすべての組み合わせで検出されたDNA断片に基づき，ハプロタイプを分類した（表5）。ここではハプロタイプとは，ミトコン

表5. 検出されたDNA断片の長さ（×10³塩基対）に基づいたハプロタイプの分類
(Tomaru et al.,1998)

| ハプロタイプ | 制限酵素とプローブの組み合わせ | | | | | |
|---|---|---|---|---|---|---|
| | BglII/coxI | EcoRV/coxI | BglII/coxIII | EcoRV/coxIII | BglII/atpA | EcoRV/atpA |
| I | 9.6 | 11.1 | 8.3 | 6.9 | 3.8 | 4.5 |
| II | 9.6 | 11.1 | 8.3 | 6.9 | 3.7 | 3.5 |
| III | 9.6 | 4.9 | 8.3 | 6.9 | 3.8 | 4.5 |
| IV | 4.3 | 11.1 | 8.3 | 6.9 | 2.0/1.7 | 7.0/6.6 |
| V | 3.9 | 10.3 | 8.3 | 6.9 | 2.0 | 4.0 |
| VI | 3.9 | 23.5 | 8.3 | 6.9 | 2.0 | 4.0 |
| VII | 5.3 | 7.7 | 8.3 | 6.9 | 1.7 | 3.5 |
| VIII | 6.5 | 13.2 | 12.0 | 11.1 | 2.0 | 4.0 |

ドリアDNAのRFLPによるDNA型のことである。ミトコンドリアゲノムを1つの遺伝子座，ハプロタイプを対立遺伝子と見なすと，各集団ごとにハプロタイプ頻度が計算できる。このようにハプロタイプを定めた理由は以下の通りである。同じDNA断片を保有する集団や個体は祖先集団が同じである可能性が高いという根拠に基づいてブナの歴史に迫りたい。しかし，ゲノムの再編成が盛んなミトコンドリアゲノムにおいては，共通祖先に由来しない同じ長さのDNA断片が系統的に無関係な集団や個体で観察されてしまうようなこと（「ホモプラシー」と言う）があるかもしれない。プローブと制限酵素の組み合わせで検出された複数のDNA断片に基づいてハプロタイプを決めることにより，できるだけホモプラシーの影響を避けて，できるだけ確からしい祖先集団の推定を行おうと考えた。

　mtDNAのハプロタイプは8種類に区分された（表5）。そして，各集団におけるハプロタイプ頻度から，mtDNAのハプロタイプは地理的な分布を明瞭に示すことがわかった（図8）。期待通り，ブナのmtDNAの著しい集団分化は，このような地理的な遺伝的構造を伴っていたのだ。

　さらに，集団間の遺伝的関係を明らかにするため，表4のデータから集団間の遺伝的同一度を算出し，その値をもとに近隣接合法（Saitou & Nei, 1978）による類似度関係図を作成した（図9）。得られた遺伝的同一度は1〜0の値を取り，平均0.336±0.026（標準誤差）であった。図9から，例外があるものの，ほとんどの集団間の遺伝的関係はその地理的位置関係に対応していることが示された。

3. ミトコンドリアDNA変異　　105

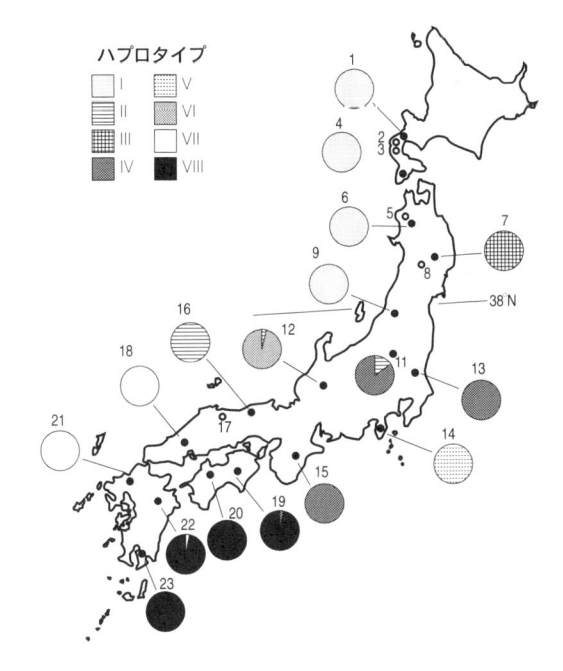

**図8　ブナ17集団のミトコンドリアDNAハプロタイプの地理的分布**
(Tomaru *et al.*, 1998)

円グラフはハプロタイプの頻度を表す。円グラフの上の数字は図1と表1の集団番号に対応する。ミトコンドリアDNA変異には明瞭な地理的構造化が生じていることがわかる。

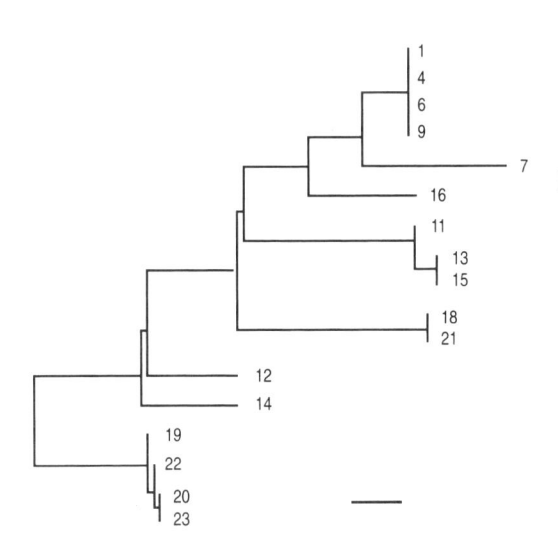

**図9　ブナ集団間の遺伝的同一度をもとに近隣接合法によって作成した類似度関係図**
(Tomaru *et al.*, 1998)

数字は図1と表1の集団番号に対応する。この類似度関係図は本来は根のない樹状図であるが，最も長い枝を折り曲げて描いている。右下の枝は，1－遺伝的同一度（0.9）によって求められる距離（0.1）の長さを表す。

さて，以上の結果を最終氷期以降のブナの分布変遷から考察してみたい。ここでは，ブナの分布変遷として前述のTsukada（1982a; 1982b）の説を取り上げる。

　Tsukada（1982a; 1982b）の説が正しければ，現在の北海道から東北の日本海側に広がるブナ集団は，最終氷期に北緯38度以南の北限のレフュージアから北進してできたと考えられる。実際，黒松内低地（1），大千軒岳（4），白神山地（6）および飯豊山の集団（9）は同一のハプロタイプⅠを保有していた（以後，集団番号をカッコ内に示す）。これは北限に位置していたレフュージアの単一集団あるは近縁な複数集団から由来したものであろう。また，ユニークなハプロタイプⅢを保有する早池峰山集団（7）はハプロタイプⅠの4集団に最も近縁であった。このことから，早池峰山集団はその4集団と同様に日本海側のレフュージアから由来したものであって，太平洋側のレフュージアから由来したものではなさそうである。この結果は，北海道から東北・北陸にかけての集団が，アロザイムの対立遺伝子頻度から見ても非常に近縁であることと対応しており，Tsukada（1982a; 1982b）の説を支持している。

　四国と九州の集団である剣山（19），石鎚山（20），祖母山（22）および高隈山（23）の集団は，ほとんどの個体がハプロタイプⅧであった。また，寂地山（18）と背振山（21）の集団は別のハプロタイプⅦであった。これらもそれぞれ単一集団あるは近縁な複数集団から由来したものであろう。最終氷期以降，西日本のブナはほとんどが高海抜地へ移動するだけで，分布を北東方向には広げることはできなかったことが示される。これもTsukada（1982a; 1982b）の説を支持している。

　問題は，本州中部の集団である。これらは，上述のような推定が難しい。ここで特に議論したいのは，鳩待峠（11）と白山（12）の集団である。この2集団は，地理的位置が日本海側に近いことに加え，植物社会学的には日本海側のブナ林に含まれ（福嶋ら，1995），地理的勾配がみとめられている葉面積からも大きな葉を持つ日本海側のブナ集団である（萩原，1977）。特に重要なことは，アロザイムの対立遺伝子頻度から見ると，相対的に北海道や東北，北陸の遺伝的に近縁な集団グループの中に含まれることである（図6）。白山より西に位置し，ユニークなハプロタイプⅡを保有している扇ノ山集団

(16) は早池峰山集団と同様にハプロタイプⅠの4集団に最も近縁であった。したがって，その4集団と同じ祖先から派生した可能性があるだろう。ところが，地理的にそれらの間に位置する白山集団はほとんどの個体がユニークなハプロタイプⅥであり，わずか1個体が扇ノ山集団と同じハプロタイプⅡであった。そして，白山集団は太平洋側の天城集団 (14) に最も近縁であるという意外な結果となった。なお，白山集団ではmtDNA変異の解析にアロザイム変異を解析した同一個体を用いた。一方，鳩待峠集団のハプロタイプは21個体が太平洋側のハプロタイプⅣであり，残りの4個体が扇ノ山集団と同じハプロタイプⅡであった。この鳩待峠集団は筑波山 (13) と大台ヶ原 (15) の太平洋側の集団に最も近縁であった。このようなmtDNA変異とアロザイム変異の間にある不一致はどのような原因で生じたのかは，今のところはっきりしない。本州中部のブナの祖先集団を推定するためには別の集団についても解析する必要があるだろう。

以上で議論してきたように，ブナのミトコンドリアゲノムの遺伝的構造は最終氷期のレフュージアの分布とその後の分布拡大によって形作られてきたと考えられる。このような歴史的な要因によって生じた遺伝的構造は，系統地理学的構造と呼ばれている (Avise *et al.*, 1987)。

## 4. おわりに

最終氷期以降のブナ林の分布変遷として主にTsukada (1982a; 1982b) の説を取り上げて，アロザイム変異とmtDNA変異はその説に矛盾しない，あるいはその説を支持していることを述べた。この内容はすでにTomaru *et al.* (1997; 1998) に論文としてまとめられている。ところが，Tomaru *et al.* (1998) の論文が受理された頃に，滝谷・萩原 (1997) は花粉分析で，函館市付近の横津岳周辺に最終氷期のレフュージアが推定されることを報告した。さて，これをどのように解釈するか。検討不足は否めないが，残念ながらこれまでのアロザイムとmtDNAのデータの中にはそのレフュージアの存在を積極的に示すようなデータがないようである。

今回，ブナの集団間の遺伝的関係，あるいは祖先集団の推定をmtDNA変異から明らかにしようしたが，より正確な系統推定を行うためには葉緑体

DNA (cpDNA) の塩基置換などの変異を使う必要があるだろう。なぜなら，mtDNAのRFLPはその進化的変化の規則がわからないからである。一方，塩基置換の進化的変化ははるかに規則的であるため，より正確な系統推定が可能となる。現在，cpDNA変異を用いたブナ集団の解析も行っているが，mtDNA変異で見られた系統地理学的構造とほぼ同じような構造が得られつつある。

いくつかの問題がまだまだ残されるが，ブナ集団のアロザイム変異とオルガネラDNA変異には集団の歴史が反映されているのは間違いないだろう。日本列島は南北に細長く，それに沿うように数多くの山脈が伸びている。このような日本列島に分布する植物は，氷期と間氷期のような気候変動に対して太平洋側や日本海側を北上しまたは南下し，あるいは山腹を上昇しまたは下降して生育適地を求めてきた。私は，そのような分布の移動の証がそれぞれの植物の遺伝子の中に秘められていると信じている。

## 引用文献

アジア航測　1988. 植生調査報告書（全国版）（第3回自然環境保全基礎調査）．アジア航測

Avice, J. C., J. Arnold, R. M. Ball, E. Bermingham, T. Lamb, J. E. Neigel, C. A. Reeb & N. C. Saunders. 1987. Intraspecific phylogeography: the mitochondrial DNA bridge between population genetics and systematics. Annual Review of Ecology and Systematics **18**: 489-522.

Birky, C. W., P. Fuerst & T. Maruyama. 1989. Organelle gene diversity under migration, mutation, and drift: equilibrium expectations, approach to equilibrium, effects of heteroplasmic cells, and comparison to nuclear genes. Genetics **121**: 613-627.

Birky, C. W., T. Maruyama & P. Fuerst. 1983. An approach to population and evolutionary genetic theory for genes in mitochondria and chloroplasts, and some results. Genetics **103**: 513-527.

Dumolin, S., B. Demesure & R. J. Petit. 1995. Inheritance of chloroplast and mitochondrial genomes in pedunculate oak investigated with an efficient PCR method. Theoretical and Applied Genetics **91**: 1253-1256.

Ennos, R. A. 1994. Estimating the relative rates of pollen and seed migration among plant populations. Heredity **72**: 250-259.

福嶋司・高砂裕之・松井哲哉・西尾孝佳・喜屋武豊・常冨豊　1995. 日本のブナ林群落の植物社会学的新体系　日本生態学会誌 **45**: 79-98.

萩原信介　1977. ブナにみられる葉面積のクラインについて　種生物学研究 **1**: 39-51.
Hamrick, J. L. & M. J. W. Godt. 1989. Allozyme diversity in plant species. *In*: Brown, A. H. D., Clegg, M. T., Kahler, A. L. & Weir, B. S. (eds.), Plant Population Genetics, Breeding, and Genetic Resources, p. 43-63. Sinauer Associates, Sunderland.
Hamrick, J. L., M. J. W. Godt & S. L. Sherman-Broyles. 1992. Factors influencing levels of genetic diversity in woody plant species. New Forests **6**: 95-124.
前田禎三　1991. 日本のブナ　村井宏・山谷孝一・片岡寛純・由井正敏（編）　ブナ林の自然環境と保全　p.12-34. ソフトサイエンス社
Newton, A. C., T. R. Allnutt, A. C. M. Gillies, A. J. Lowe & R. A. Ennos. 1999. Molecular phylogeography, intraspecific variation and the conservation of tree species. Trends in Ecology & Evolution **14**: 140-145.
Palmer, J. D. 1992. Mitochondrial DNA in plant systematics: applications and limitations. *In*: P. S. Soltis, D. E. Soltis & J. J. Doyle (eds.), Molecular Systematics of Plants, p.36-49. Chapman and Hall, New York.
Saitou, N. & M. Nei. 1987. The neighbor-joining method: a new method for reconstructing phylogenetic trees. Molecular Biology and Evolution **4**: 406-425.
Sakaguchi, Y. 1989. Some pollen records from Hokkaido and Sakhalin. Bulletin of the Department of Geography University of Tokyo **21**: 1-17.
滝谷美香・萩原法子　1997. 西南北海道横津岳における最終氷期以降の植生変遷　第四紀研究 **36**: 217-234.
Takahashi, M., Y. Tsumura, T. Nakamura, K. Uchida & K. Ohba. 1994. Allozyme variation of *Fagus crenata* in northeastern Japan. Canadian Journal of Forest Research **24**: 1071-1074.
Tomaru, N., T. Mitsutsuji, M. Takahashi, Y. Tsumura, K. Uchida & K. Ohba. 1997. Genetic diversity in *Fagus crenata* (Japanese beech): influence of the distributional shift during the late-Quaternary. Heredity **78**: 241-251.
Tomaru, N., M. Takahashi, Y. Tsumura, M. Takahashi & K. Ohba. 1998. Intraspecific variation and phylogeographic patterns of *Fagus crenata* (Fagaceae) mitochondrial DNA. American Journal of Botany **85**: 629-636.
Tsukada, M. 1982a. Late-Quaternary development of the *Fagus* forest in the Japanese archipelago. Japanese Journal of Ecology **32**: 113-118.
Tsukada, M. 1982b. Late-Quaternary shift of *Fagus* distribution. The Botanical Magazine, Tokyo **95**: 203-217.
渡邊定元　1994. 樹木社会学　東京大学出版会
Vander Wall, S. B. 1990. Food Hoarding in Animals. The University of Chicago Press, Chicago.

ID# 5章　種を越えた遺伝子の流れ：
ハイマツ－キタゴヨウ間における
オルガネラDNAの遺伝子浸透

綿野泰行（金沢大学大学院自然科学研究科）

## 1. はじめに

　種間交雑という言葉は矛盾に満ちている。なぜなら生物学的種概念によれば，「種とは完全に生殖的に隔離されているもの」だからである。つまり，種の定義が前面に出てくると，「種間交雑は存在しない」ことになってしまう。生物学的種概念にかかわらず，他の種概念とも交雑現象とは相性が悪い (Arnold, 1997)。この状況は，分類学者が，形態的にも明確で他種と交雑もしない分類群を Good Species と呼ぶことからも察することができる。では種間交雑は "Bad" なのだろうか。しかしよく考えてみてほしい。長い期間，異なった進化的道筋を歩んできて遺伝的に分化した2つの分類群が，二次的に接触して再び交配を始める。そこでいったい何が起きているか，わくわくしないだろうか。アーノルド (Arnold, 1997) は，交雑現象の進化的重要性を自由に研究するためには，種概念の呪縛から離れることが必要だと主張している。種の境界を探るといった分類学的観点から離れて，交雑現象自体を中心課題に置く立場を取ろうというのである。

　この章で紹介するのは，ハイマツ *Pinus pumila* (Pallas) Regel とキタゴヨウ *P. parviflora* Sieb. et Zucc. var. *pentaphylla* (Mayr) Henry という，はっきりとした別の種の間の交雑のお話である。単に雑種ができるだけではなく，この雑種が稔性を持っており，雑種どうしや両親種と交雑をくり返して，一方の種の遺伝子が他方の種の中に入り込んでゆく。このような交雑を「浸透性交雑 introgressive hybridization」と言う。また，両者の分布が重なり，交雑起源の個体が生産されている場所を「交雑帯 hybrid zone」と言う。

交雑帯は、この本の主題である分子マーカーを使った研究対象として、とても面白い状況を備えている (Avise, 1994)。第一に、遺伝的に分化した分類群間で起こる現象なので、混じり合う遺伝子を"マーク"することが簡単である。また、組換えや選択といった一般的な進化的な力のはたらき方を、遺伝的に分化した分類群間であるがゆえに、誇張した形で観察できる可能性がある。さらに、交雑帯では、非対称的な遺伝子の流れが起きていることが多い。いろいろな非対称性があって、AからBへは遺伝子浸透がよく起こるが、逆方向ではあまり起こらないケースや、核の遺伝子間、核と細胞質の遺伝子間で浸透の程度が異なるケースなどがある。細胞質の母性遺伝のマーカーや、複数の核のマーカーを適切に駆使して解析を行えば、これら非対称的な遺伝子の流れもみごとに描き出すことができるのだ。

## 2. 浸透性交雑現象の研究の歴史的背景

植物学における浸透性交雑現象の研究の歴史自体は、20世紀の前半にまでさかのぼる。最初にその進化的意義を唱えたのは、アンダーソン (Anderson, 1949) である。浸透性交雑では、別の進化的歴史を歩んできた異なった分類群が二次的に出会い、交雑を通じて遺伝子の交換を始める。その結果、1つの群内で生じるよりもずっと大きな変異が流入してくることになる。このような変異は、進化につながる自然淘汰の要因となるだろう。そして一方の分類群の適応的形質が他方に取り込まれたり、遺伝的組換えの結果として新しい適応的形質が生まれてくるかもしれない。このようにアンダーソンは、交雑によってもたらされる変異を進化的に積極的なものとして評価し、浸透性交雑現象を"進化のジャンピングボード"として認識したのである。40年代後半から60年代中頃にかけては、そのような積極的な観点から植物集団における形態学的・細胞学的変異の研究が進められ、浸透性交雑と関連づけて議論されるようになった。

70年代から80年代になると、しかし、その流行は下火になっていった。なぜなら、従来から浸透性交雑現象の証拠とされてきた形態的中間性は、交雑以外の原因によっても生じうるので、状況証拠にしかすぎないということが広く認識されるようになってきたからだ。たとえば、2つの分化した種が

あるとして，その祖先種は両種間の雑種のような中間的形質を示す可能性がある。また，環境勾配に応じた一次的な分化によっても，中間的な状態を含む形態的なクラインは生じうるであろう。さらに，実際に雑種群落が生じていても，もはや両親種の集団とは接触しておらず，実質的に種間での遺伝子流動（gene flow）は起こっていないかもしれない。

　80年代後半に入ると，このような状況が打破され，植物学の分野で興味が再発してきた。この本のテーマである分子マーカーが容易に利用できるようになったことが大きな原因である。分子遺伝マーカーを使えば，形態形質のように間接的にではなく，DNAレベルで直接的に種間での遺伝子流動の実態を記述することが可能になるからだ。ただ面白いことに，分子マーカーの普及だけが浸透性交雑現象研究の再評価に直接結びついたわけではなかった。実際には，葉緑体DNAを用いた分子系統学的研究の副産物として，浸透性交雑現象が注目を集めるようになったのだ（Rieseberg, 1995）。

## 3. 浸透性交雑における細胞質捕獲

　分子系統学的研究の副産物とはどういうことか説明しよう。葉緑体DNAを使って遺伝子系統樹を作ってみると，形態から予想される結果と異なることがある（図1）。困ってしまってアロザイムやrDNAのITS領域といった核ゲノムの分子マーカーを使うと，これは形態から予想される結果と一致する。どう考えても間違っているのは葉緑体DNAの遺伝子系統樹の方である。この原因が浸透性交雑に求められたわけである。つまり，系統的に異なった種の葉緑体DNAが浸透性交雑によって入り込み，結果として種の系統関係を歪めてしまっていたのだ。このような，別の分類群の細胞質ゲノムを取り込んでしまう現象は「細胞質捕獲cytoplasmic capture」と呼ばれている。リーゼバーグらは文献調査を行い，37もの細胞質捕獲の事例をリストアップしている（Rieseberg & Soltis, 1991）。この91年の時点では，まだ葉緑体DNAを分子マーカーとして使い初めてあまり時間がたっておらず，また多くの研究が系統の再構築を目的としたもので，分類群あたりの解析個体数が少ないことを考慮すると，この37という数字は非常に大きい数である。この細胞質捕獲の発見は，属内の種間の系統といった浅い系統を葉緑体DNAで解析す

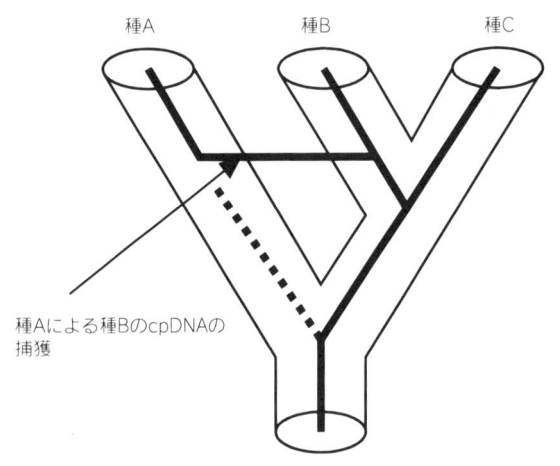

**図1 浸透性交雑による種系統樹と遺伝子系統樹の不一致**

円筒の樹形が実際の種の分岐パターン。線の樹形がcpDNAの分岐パターン。細胞質捕獲が起こった場合、cpDNAの系統樹では種Aと種Bが単系統という間違った結論を導いてしまう。

る際には浸透性交雑に十分に注意する必要があることを喚起した。また，浸透性交雑現象が決してまれなものではなく，多くの分類群に広範に見られる現象であることを多くの研究者に示唆することになった。

さらに細胞質捕獲は，分子マーカーを使う以前には予想していなかった興味深い問題を提起することになる。それは遺伝子浸透の程度が，核遺伝子と細胞質（葉緑体やミトコンドリア）遺伝子との間で異なるのではではないか，という疑問である。先の37の細胞質捕獲の事例のうち，アイソザイムや形態やrDNAを用いた詳細な研究がなされている18のケースでは，核ゲノム遺伝子の浸透の証拠は得られていない（Rieseberg & Soltis, 1991）。つまり，細胞質遺伝子の方が，核遺伝子よりも浸透しやすいようなのだ。この原因については，多くの仮説が考えられているが（Rieseberg & Wendel, 1993），一般的な説明を導くことのできる段階には至っていない。この問題は，ハイマツとキタゴヨウの浸透性交雑現象の解析においても中心的テーマの1つとなっているので，心にとめておいていただきたい。

## 4. ハイマツとキタゴヨウ

次に，この研究の登場人物の紹介をしておこう。ハイマツは日本の高山帯

に優占する匍匐性の低木で，登山の好きな人なら目にしたことがあるだろう。ハイマツの分布は意外に広く，ロシアの極東部から千島列島を経て，本州の中部にまで達している。日本は分布の南限にあたり，もともと寒地性のハイマツにとっては温暖すぎるため，高山の山頂域にのみ生育している。そのため，日本列島内では島状の分布を示す。一方キタゴヨウは，ゴヨウマツとして庭木や盆栽に用いられることは多いが，自生のものを意識して見た人は少ないかもしれない。山地帯から亜高山帯に生育する立派な高木で，樹高は30mほどにもなる。ブナやオオシラビソのように優占することは少なく，渓流沿いの崖や急峻な尾根筋など，土壌の発達の悪い立地に生育することが多い。キタゴヨウは日本固有で，北海道南部から本州中部に分布する。お気づきの通り，この両種は北海道の南部から本州中部にかけて大きく分布域が重なっている。ハイマツは高山帯，キタゴヨウは山地帯から亜高山帯というふうに垂直分布による隔離が存在するが，この生態的生殖隔離は完全ではない。この両種は山系によってはたがいに交雑し，高山帯から亜高山帯にかけて形態的中間型が優占する交雑帯を形成する。このハイマツとキタゴヨウの形態的中間型は，牧野博士によって，八甲田山毛無岱において昭和6年に初めて発見され，ハッコウダゴヨウ *Pinus hakkodensis* Makino として記載された（牧野・根本, 1931）。その後，北海道のアポイ岳，東北一帯，中部の立山などに分布が知られるようになった（石井, 1941; 林, 1960）。形態的にはハイマツに近いものからキタゴヨウに近いものまで様々な変異が存在する（Sato, 1995）。

このように，自然雑種を頻繁に形成するハイマツとキタゴヨウであるが，系統的にはどのような関係にあるのだろうか？マツ属は，短枝上に束生する針葉が2～3本で，針葉中に2本の維管束が通っているマツ亜属と，針葉が5本で，維管束が1本のみのストローブス亜属に分けられている。日本に自生するマツでは，アカマツやクロマツはマツ亜属で，ハイマツとキタゴヨウはいわゆる「五葉松」であってストローブス亜属に入る。さらに細かい分類では，ハイマツもキタゴヨウもストローブス亜属のストローブス節（subgenus *Strobus*, section *Strobus*）に属する（Price *et al.*, 1998）。ストローブス節はさらにセンブラエ亜節（subsection *Cembrae*）とストロビ亜節（subsection *Strobi*）に分けられ，ハイマツは前者に，キタゴヨウは後者に分類されている。セン

ブラエ亜節は，種子に翼がなく，球果は成熟しても開かないという形質でまとめられている。ただ，この形質は明らかにホシガラスなどの動物による種子散布への適応だと考えられており，平行進化の可能性が指摘されている(Critchfield, 1986)。最近の核ゲノムのrDNAのITS領域を用いた分子系統学的解析によれば，センブラエ亜節のうち，ヨーロッパのシモフリマツ *P. cembra* と北アメリカのシロハダゴヨウ *P. albicaulis* は姉妹群となったが，ハイマツは離れてしまい，この亜節が多系統であることを示唆する結果になっている (Liston *et al.*, 1999)。このrDNAの結果では，キタゴヨウは中国南部の *P. kwangtungensis* と単系統となっており，ハイマツとの近縁性は示されていない。ただ，いまだストローブス節内の分解能が低くブートストラップ確率も低いことから，この節内におけるハイマツとキタゴヨウの系統的関係については今後の研究を待つ必要がある。

## 5. この研究系の特色

　最近よくモデル生物という言葉を耳にすることが多くなってきた。ショウジョウバエやシロイヌナズナ，線虫（*C. elegance*）などである。これらの生物が好んで使われる理由としては，タギングなど遺伝学的解析の道具がそろっていることや遺伝子組換えによる形質転換が容易なことなど，研究目的に適した様々な利点を持っていることがあげられる。目的に適合したモデル生物を集中的に解析するという戦略は，従来は生化学や分子遺伝学で好んで採る手段であった。しかし，これだけ生物学が成熟して解析手法が充実してきている現在では，フィールド系の研究者にとっても考慮すべき戦略である。

　このような観点から，私はこのハイマツとキタゴヨウの系を，樹木の浸透性交雑現象研究のためのモデル系に育てあげることができないかと考えている。モデルにふさわしいいくつかの研究上の利点を述べてみよう。まず，マツは林業上の有用樹種である。各国の林業試験場などが研究に投資しており，基礎生物学にとっても重要な情報が集まりやすい。たとえば，アメリカ農務省の研究機関のIFGでは大規模にテーダマツのゲノム解析のプロジェクトを進めており，その成果はインターネット上で公開されている (http://dendrome.ucdavis.edu/)。このような情報は，マツ属の他の種にお

ける分子マーカーの開発において非常に役立つ。

　そしてマツ科植物には，浸透性交雑現象の研究において，非常にユニークな利点がある。それは，マツ科におけるオルガネラDNA（葉緑体DNAとミトコンドリアDNA）の遺伝様式の特異性に基づいている。一般に多くの被子植物は，葉緑体もミトコンドリアも母性遺伝である（Mogensen, 1996）。この場合両者は，たとえ細胞質中で独立に存在していたとしても，遺伝的には連鎖していることと同じである。したがって，交雑を通じた遺伝子浸透のパターンは，葉緑体とミトコンドリアで一致している。ところが，裸子植物に属するマツ科の植物では，ミトコンドリアは母性遺伝であるが，葉緑体は父性遺伝を行うのだ（Neale & Sederoff, 1989; Sutton et al., 1991）！　つまり，マツの子どものミトコンドリアは母樹の胚珠由来であり，葉緑体は父樹の花粉由来なのである。一般的な被子植物とは大きく異なり，マツ科植物では遺伝様式が異なるため，ミトコンドリアと葉緑体ゲノムで独立した遺伝子の流れがあることになる。

　次に，被子植物の研究で発見された細胞質捕獲という現象のことを思い出してほしい。被子植物では，核の遺伝子より葉緑体DNAの遺伝子浸透の程度の方が激しいという傾向が存在した。このような浸透の程度の違いをもたらした原因は何なのだろうか？　その原因を探る場合，核遺伝子と葉緑体DNAを用いたのではいろいろな条件が異なっていて，要因を解きほぐすことが難しい。第一に，核が両親遺伝なのに対し，葉緑体は片親遺伝である。第二に，核では葉緑体と違って自然淘汰の問題を考慮する必要がある。核ゲノムには適応に関与している多くの遺伝子があって，しかもそれらはエピスタシス（遺伝子間相互作用）を示すかもしれないからだ。一方，マツ科植物でのミトコンドリアと葉緑体の比較の場合はどうだろうか？　いずれも片親遺伝である。また，乗っている遺伝子の数も少ない。したがって淘汰のかかり方についても，核の場合ほど神経質になる必要がない。割と単純に，"母性遺伝と父性遺伝の違いが遺伝子浸透の際の挙動にどのような違いをもたらすか"という問題設定を置くことが可能なのである。

　このような整理された形での研究系の特色というものは，実は研究を始める前から認識していたわけではない。予期せぬ研究の展開，論文のための文献収集，またときには投稿論文の審査員のコメントなども理論武装に役立っ

てきた。理屈通りに研究が進展することは多くない。しかし，その時々のデータをフィードバックしながら，研究分野全体の中で自分が主張できることは何なのかを考えていくことは，その後の研究の舵取りに大きく役立つことだと私は考えている。

## 6. 研究の発端

今でもつらかったのを覚えている。最初のハッコウダゴヨウの採集旅行(1992年夏，谷川山系)は，台風の影響を受けてひどい風だった。同行したのは今津道夫さんと藤井紀行君。先頭を行く今津さんの背中を眺めながら，"今津さんは体重があるからよろけないんだよなあ"とぼやきながら，尾根道を風に飛ばされながら歩いた。

そのころ，金沢大学にはなぜかハッコウダゴヨウに興味を持った人達が集まっていた。今津さんは植物病理学者で，ハイマツのさび病菌の分類で博士号を取得していた。各地のハイマツ集団でさび病菌が異なっていることを発見したことから，これは宿主のハイマツの研究をしないといけない思い立ち，金沢大に身をよせていた。もう1人，佐藤卓さんは立山でのハッコウダゴヨウの形態変異に興味を持ち，これをテーマに博士を取ることを志してゼミに参加していた。またそのころ，教授の清水建美先生が山田科学振興財団から"PCR法を用いた植物分子系統学樹立の試み"という題目で助成金を得ていて，そのせいで私も何か仕事をする必要があった。そこで，ゼミでよく耳にするハッコウダゴヨウを材料にする気になったのである。雑種の葉緑体DNAがハイマツとキタゴヨウどちらから来ているか調べれば，とりあえず仕事になるだろうと思っていた。

谷川岳から持ち帰ってからの解析もまたつらいものだった。PCRで増幅する領域としてはTaberletら(1991)がプライマーを設計した*trn*T～L～Fという遺伝子間領域を用いた。毎日のようにPCRをかけては制限酵素で切って多型を調べてみる。しかしどの酵素で切ってみてもハイマツとキタゴヨウの区別がつかない。おそらく，そのころのオーソドックスな方法であった，葉緑体ゲノム全体を制限酵素で処理してサザンハイブリダイゼーションで検出する方法(RFLP法)を採れば区別はついたであろう。しかし，"PCR法を

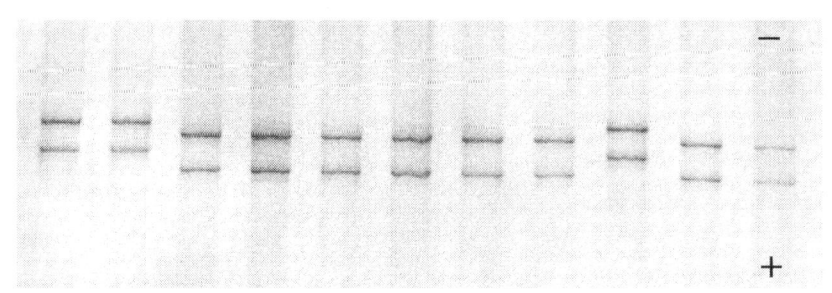

図2 ハイマツとキタゴヨウの葉緑体DNAのtrnL-F領域のPCR産物のSSCPバンドパターン（Watano et al., 1995より）
1, 2, 9番目のレーンはハイマツ型の, そして残りの8つのレーンはキタゴヨウ型のDNAのバンドパターンである。

用いた……"という題目がある以上, PCR産物で変異を調べる方法を続けるしかない。結局, 何の多型も見つからず, DNAサンプルは冷凍庫で眠ってもらうことになってしまった。

この問題の解決は1年後のことになる。ちょうどその年（1993年）, "PCR-SSCP法による同形胞子シダ植物の交配様式の推定"というテーマで私の科研費が通っていた。秋口になってやっとやる気を出して, SSCP用の泳動装置と試薬を買いそろえた（第2部第5章参照）。最初に泳動したサンプルがハイマツとキタゴヨウの$trnL \sim F$のPCR産物である。すると, どうだろう！ 昨年あれだけ試行錯誤してだめだったものが, 1回の実験で明確に区別できてしまった（図2）。あとはもう, "同型胞子シダ植物の交配様式"は横に置いといて, 谷川山系での交雑帯の解析に専念することになった。

## 7. 谷川山系の交雑帯の遺伝的構造

谷川山系での葉緑体DNAのハプロタイプの分布の解析結果は, 私にとって相当にエキサイティングであった。解析を始めた理由が, "PCR法を用いて何かすること"で, オルガネラDNAの遺伝子浸透についての知識がほとんどない状態だったからよけいにである。当初のもくろみでは, 形態的に中間的な個体の生育する標高領域で, 両種の葉緑体DNAがちょっと入り交じっているだろうくらいだったのである。調べてみると, 中間標高の形態的中

間型個体はすべてキタゴヨウの葉緑体DNAを持っていた。さらに，高標高に生育する，形態からはハイマツと分類していいような個体もまたキタゴヨウの葉緑体を持っており，本来の葉緑体DNAを持ったハイマツは山頂部に数個体見つかっただけだった。この結果を整理すると，①この交雑帯での葉緑体DNAの遺伝子浸透には方向性があり，キタゴヨウからハイマツへと流れており，②しかもその遺伝子浸透の程度は相当なもので，形態からハイマツと分類される個体のほとんどがキタゴヨウの葉緑体DNAで置換されている，というものだった（Watano et al., 1995）。

　研究の次の一手として考えたのは，ミトコンドリアDNAの遺伝子流動のパターンを解析することであった。1994年の秋から95年の夏にかけては，文部省在外研究員としてカンサス大学のハウフラー教授のところに滞在しナヨシダの研究を行っていた。そのため，論文書きをする以外はマツの研究は棚上げとなっていたのだが，ミトコンドリアを使えないかというアイデアは常に頭の中にあった。ただ植物のミトコンドリアDNAは，構造変異の割合が高いくせに塩基置換レベルでの突然変異率が低いという，葉緑体DNAでよく使われるRFLPによる系統解析を行いにくいという性質がある。そのせいで分子マーカーとしての利用も遅れていた（Palmer, 1992）。葉緑体と同じようにPCR法を利用して種ごとの特異的変異がつかまえられれば便利だがと思い悩んでいたある日，カンサス大学の図書館で「Molecular Ecology」という創刊まもない雑誌を初めて目にした。パラパラと眺めていると，何と植物のミトコンドリアDNAの非コード領域を増幅するユニバーサルプライマーが載っていた（Demesure et al., 1995）。日本に帰国後，さっそく試してみたところ，一発で決着がついてしまった。*nad1*という遺伝子のエクソンBとCの間のイントロンを増幅したところ，ハイマツは約2,200bpで，キタゴヨウは約2,600bpの長さであった。400bpも長さが違うので，PCR産物を単にアガロースゲルで泳動するだけで区別ができる。制限酵素で切る必要もなかった。

　谷川山系で採集したサンプルを，父性マーカーである葉緑体DNAと母性マーカーであるミトコンドリアDNAの両方で解析した結果を説明してみよう（Watano et al., 1996）。図3は，谷川山系の尾根の登山道沿いに，ほぼ等間隔，で低標高（1,200m）から山頂（朝日岳1,945m，谷川岳1,963m）まで採集

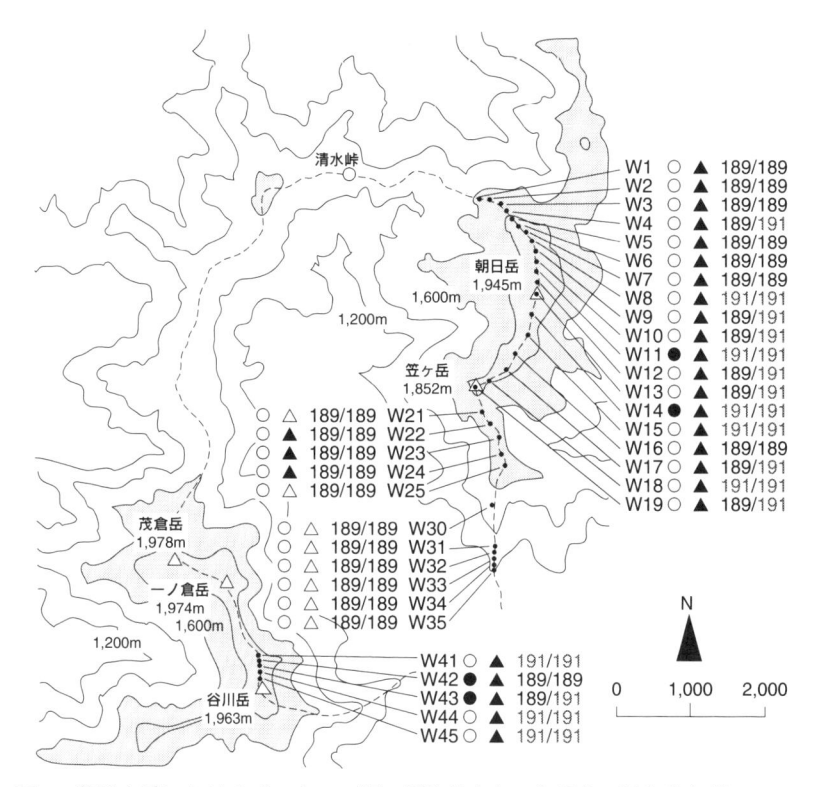

図3 谷川山系におけるゴヨウマツ類の採集地点と，各個体の遺伝的組織
(Watano et al., 1996 より)

W1からW45という記号は個体番号。●○は葉緑体DNAのハプロタイプを示し，○はキタゴヨウ型で●はハイマツ型。▲△はミトコンドリアDNAのハプロタイプを示し，△はキタゴヨウ型で▲はハイマツ型。189/191といった記号は，核ゲノムのrps1遺伝子座の遺伝子型を示している。

を行い，その各個体（W1～W45）について葉緑体DNA（○）とミトコンドリアDNA（△）のハプロタイプを示したものである。○と△がキタゴヨウ由来のもので，●と▲がハイマツ由来である。参考のために，rps1という核のマイクロサテライト遺伝子座（Echt, 1996）の遺伝子型も各個体について示してみた。189と191はそれぞれ，キタゴヨウとハイマツのマーカー対立遺伝子である（綿野，未発表）。低標高の領域では，葉緑体もミトコンドリアもともにキタゴヨウ型の個体が生育する。約1,600m以上の標高になると，葉

## 表1 谷川山系で採集した個体の形態形質および葉緑体DNAとミトコンドリアDNAのハプロタイプ（Watano et al., 1996より）

| 個体番号 | 標高(m) | 樹形 | 針葉形態 | 葉緑体DNAハプロタイプ | ミトコンドリアDNAハプロタイプ |
|---|---|---|---|---|---|
| W30 | 1,500 | 直立 | キタゴヨウ型 | キタゴヨウ型 | キタゴヨウ型 |
| W1 | 1,610 | 匍匐 | キタゴヨウ型 | キタゴヨウ型 | ハイマツ型 |
| W2 | 1,665 | 匍匐 | 中間型 | キタゴヨウ型 | ハイマツ型 |
| W22 | 1,675 | 匍匐 | キタゴヨウ型 | キタゴヨウ型 | ハイマツ型 |
| W21 | 1,700 | 匍匐 | キタゴヨウ型 | キタゴヨウ型 | キタゴヨウ型 |
| W3 | 1,730 | 匍匐 | ハイマツ型 | キタゴヨウ型 | ハイマツ型 |
| W4 | 1,790 | 匍匐 | 中間型 | キタゴヨウ型 | ハイマツ型 |
| W5 | 1,850 | 匍匐 | ハイマツ型 | キタゴヨウ型 | ハイマツ型 |
| W19 | 1,850 | 匍匐 | ハイマツ型 | キタゴヨウ型 | ハイマツ型 |
| W6 | 1,890 | 匍匐 | ハイマツ型 | キタゴヨウ型 | ハイマツ型 |
| W15 | 1,900 | 匍匐 | 中間型 | キタゴヨウ型 | ハイマツ型 |
| W7 | 1,920 | 匍匐 | 中間型 | キタゴヨウ型 | ハイマツ型 |
| W16 | 1,935 | 匍匐 | 中間型 | キタゴヨウ型 | ハイマツ型 |
| W10 | 1,935 | 匍匐 | ハイマツ型 | キタゴヨウ型 | ハイマツ型 |
| W11 | 1,940 | 匍匐 | ハイマツ型 | ハイマツ型 | ハイマツ型 |
| W14 | 1,945 | 匍匐 | ハイマツ型 | ハイマツ型 | ハイマツ型 |
| W43 | 1,960 | 匍匐 | ハイマツ型 | ハイマツ型 | ハイマツ型 |
| W45 | 1,960 | 匍匐 | ハイマツ型 | キタゴヨウ型 | ハイマツ型 |

図2に示した個体のうち，乾燥標本を作ったサンプルのみについて針葉形態の観察を行った。サンプルは，採集された標高の順（低い方から高い方）に並べてある。

緑体はキタゴヨウ型だがミトコンドリアはハイマツ型という細胞質ゲノムのキメラ個体が出現し，このキメラが山頂域までほぼ優占する。異種の細胞質ゲノムを合わせ持つのは，葉緑体はキタゴヨウ型・ミトコンドリアはハイマツ型という組み合わせの場合のみで，逆の組み合わせの個体は存在しなかった。両方ともハイマツ型という個体は，山頂近くに数個体存在するだけである。核の方では，細胞質のキメラの個体の中にも，W1のようにキタゴヨウの遺伝子をホモに持つもの（189/189）から，W4のようにキタゴヨウとハイマツの対立遺伝子をヘテロに持つもの（189/191），さらにW8のようにハイマツの対立遺伝子をホモに持つもの（191/191）まである。このことは，細胞質のキメラ個体が単なる$F_1$雑種（雑種第1代）ではなく，その後の世代の複雑な遺伝的組換えから生じていることを示している。

図3の遺伝子型のデータとサンプルの形態学的形質を照らし合わせたのが

7. 谷川山系の交雑帯の遺伝的構造　*123*

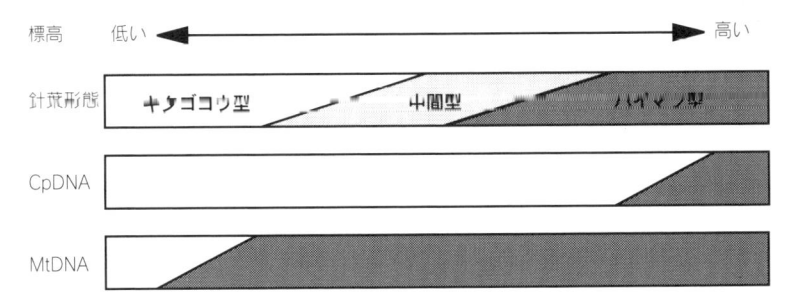

**図4　谷川山系におけるハイマツとキタゴヨウ間のオルガネラDNAの遺伝子浸透のパターンの概念図**（Watano et al., 1996より）
葉緑体DNAはキタゴヨウからハイマツの方向へ，一方ミトコンドリアDNAはハイマツからキタゴヨウへと，逆の一方向性の遺伝子浸透が起こっている。

表1である。ハイマツとキタゴヨウの識別には，球果，種子，針葉の解剖学的形質などが用いられているが（石井, 1941），球果をつけていない個体が多いため，針葉の解剖学的形質のみを使ってタイプ分けを行った。表1のサンプルは，標高の低い方から高い方へ並べてある。針葉形態の標高による変化を見てみると，山の下から上へ，キタゴヨウ型，中間型（キタゴヨウにもハイマツにも分類できないもの），そしてハイマツ型というふうに，たがいにオーバーラップしながら順次移行している。葉緑体DNAは，針葉形態からキタゴヨウとされたものはキタゴヨウ型の葉緑体DNA，中間型もキタゴヨウ型の葉緑体DNA，そしてハイマツ型と分類された個体の半分以上（6/9）もキタゴヨウ由来の葉緑体DNAを持っていた。一方，ミトコンドリアDNAの分布は葉緑体DNAの分布パターンとは大きく異なり，ハイマツ型のハプロタイプが優占している。針葉形態からハイマツとされた個体はハイマツ型ミトコンドリアDNA，中間型もハイマツ型のミトコンドリアDNA，そしてキタゴヨウと分類された個体のなかにもハイマツ由来のミトコンドリアDNAが入り込んでいる。つまり，葉緑体DNAとミトコンドリアDNAでは逆方向の一方向性の遺伝子浸透を起こしており，葉緑体DNAはキタゴヨウからハイマツへ（山の下から上へ），そしてミトコンドリアDNAではハイマツからキタゴヨウへ（山の上から下へ）と種間での遺伝子の流れが起こっていたのだ（図4）。

## 8. 他の山系での解析

　なぜ2種類のオルガネラDNAの浸透パターンが，このような対照的なものになってしまったのだろう？　いくつか考えられる可能性の中から最も蓋然性の高いものを選び出すためには，さらにやっておくべきことがあった。それは，一般性と個別性の区別である。たとえば，花粉分散のフェノロジーや，交雑不稔性の性質（一方向性の交雑不稔性など）といった，両種に固有な性質が関与するものは，浸透パターンについて一般的な影響をもたらすであろうと推定される。いっぽう，ハイマツとキタゴヨウが二次的に接触し交雑を始めるに至った経緯や状況，細かく言えばどのような個体数の比で交雑を始めたかといった環境の歴史的要因は，一般的なパターンに変更を与える個別的要因である。

　幸いなことに，ハイマツというものは高山の山頂部にしか生育しないため，日本列島では島状の分布をしている。したがって，キタゴヨウとの交雑帯も各山系で独立に形成されたと考えられる。この状況は，先程の一般性と個別性の区別にとって非常に役に立つ。複数の交雑帯の浸透パターンを比較することによって，この両者が出会った場合の必然的な結果というものを導くことができるのだ。また，浸透パターンの地理的な変化というものがあるならば，それも今後の研究課題として発展させることができる。

　この仕事に取り組んでくれたのは，1996年に卒業研究で配属された木村克利君だった。彼は福島県の安達良山と山形・宮城県境の蔵王において，谷川山系と同様の解析を行ってくれた。この結果も驚くべきものだった。2つの山とも，全山上から下まで，葉緑体はキタゴヨウ型だがミトコンドリアはハイマツ型という細胞質ゲノムのキメラ個体が優占していたのだ (Senjo *et al*., 1999)。このときのサンプリングは，キタゴヨウの分布下限まで行っており，これより下ではキタゴヨウはアカマツと置き換わってしまう。結果として，これらの地域ではどこにもまともなキタゴヨウ集団は存在していないようなのだ。谷川山系では，標高1,500m以下になると，まともな細胞質のキタゴヨウのみになっていたことを思い出してほしい（図3）。安達良山と蔵王では，谷川山系よりもずっとハイマツ型ミトコンドリアDNAのキタゴヨウ

## 8. 他の山系での解析

集団への浸透の程度が大きいと言える。

安達良山と蔵王は，直線距離にして60km程度しか離れていない。また，たまたま送ってもらった東北大学植物園に植栽されているキタゴヨウ個体（山形市産）を調べたところ，この個体もハイマツ型ミトコンドリアDNAを持っていた。地図で見ると採集地は蔵王の近くである。これらのことから私と木村君は，蔵王周辺の相当な範囲にかけてのキタゴヨウ集団では，ほぼ完全に近いミトコンドリアDNAの細胞質捕獲が起こっているのではないかと考えるようになった。これをはっきりさせてくれたのは，1997年に卒業研究で入ってきた先生真弓さんである。彼女は，東吾妻山では山の上から下まで，さらにキタゴヨウによるハイマツ型ミトコンドリアDNAの捕獲の地理的パターンを調べるために，交雑帯とは関係なしに各地からキタゴヨウの集団サンプリングを行った。

木村君と先生さんの調べた結果をまとめたのが図5と図6である。蔵王（図5-A）では，針葉形態から判断して，だいたい1,400m以下ではキタゴヨウが，そしてそれ以上の標高では形態的中間型が優占する。ハイマツ型と判断される個体はほとんどない。オルガネラDNAの遺伝子型については，先程述べたように，山の上から下までキメラがほとんどである。東吾妻山（図5-B）では，最低標高から1800mまでキタゴヨウから中間型への形態のきれいな推移がみられる。1,800〜1,900mの領域はオオシラビソとコメツガの立派な林になっていて，登山道沿いからはゴヨウマツ類は姿を消すが，樹林帯を抜けた頂上域ではハイマツ型の個体が出現する。オルガネラDNAでは，1,200m近辺の最も低い標高域では両方ともキタゴヨウ型の個体が多いが，キメラ個体も存在する。1,300〜1,800mまでは，ほとんどキメラ個体ばかりである。一方，頂上域の形態がハイマツ型の個体の細胞質はほとんどまともで，葉緑体もミトコンドリアもハイマツ型のものが多い。安達良山（図5-C）は変わっていて，他の山のように標高による形態の推移が見えず，ほとんどキタゴヨウばかりである。おそらく，元々この山にはハイマツが存在しなかったに違いない。細胞質ゲノムは蔵王に似て上から下までキメラが優占する。

東北南部のこの3山では，ゴヨウマツ類の分布下限までハイマツ型ミトコンドリアDNAの浸透が起こっている（図5）。この激しい遺伝子浸透が地理

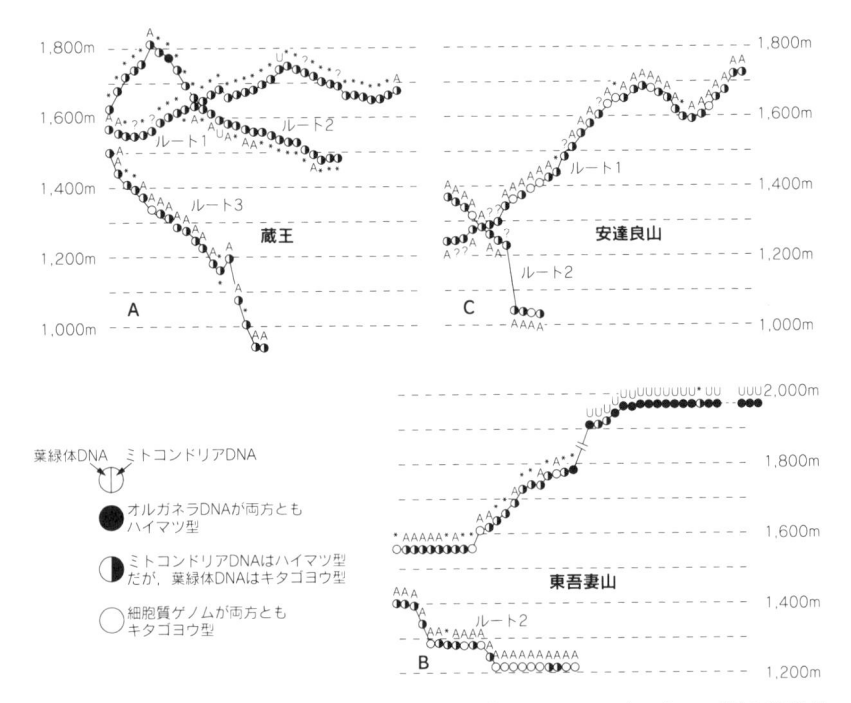

**図5** 蔵王，東吾妻山，安達太良山の3つの山岳における，ゴヨウマツ類の葉緑体DNAとミトコンドリアDNAのハプロタイプの空間的分布パターン

(Senjo *et al.*, 1999 より)

おのおのの丸印は各個体の細胞質ゲノムの組成を示している。丸印の上（または下）の記号は，針葉形態の結果であり，Aはキタゴヨウ，Uはハイマツ，＊は中間型を意味している。サンプルの採集は登山道沿いにほぼ等間隔で行っている。山岳ごとに複数のルートでの結果が示されているが，これは異なった登山ルートで採集を行った結果である。ルートの詳細については元論文を参照してほしい。

的にどの範囲にまで起こっているかを調べたのが図6である。この図では，各地のキタゴヨウ集団のミトコンドリアDNAのハプロタイプの頻度をパイグラフで示してある。調べた全個体がキタゴヨウ型葉緑体DNAを持っていたので，白抜きは両オルガネラDNAともにまともなキタゴヨウを，そして黒は細胞質キメラ個体の頻度を示している。一見してわかる通り，ミトコンドリアの細胞質捕獲の起こっている集団は，東北の脊稜である奥羽山脈の南部から中部にかけての山系（安達良，東吾妻，蔵王を含む）に集中している。特に激しいのが蔵王から栗駒山の麓の鬼首にかけてで，完全にハイマツ型ミ

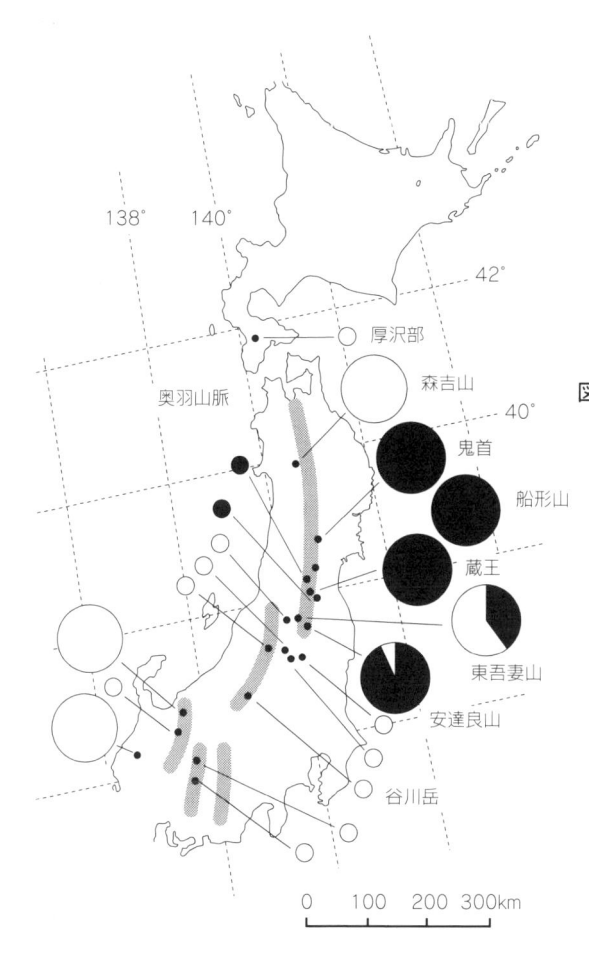

図6 キタゴヨウ集団におけるミトコンドリアDNAのハプロタイプ頻度の地理的分布
（Senjo *et al.*, 1999 より）

パイグラフの白抜きはキタゴヨウ型，黒はハイマツ型のハプロタイプの頻度を示す。グラフの大きさはサンプル数に対応しており，大きい方は10個体以上，小さい方は4個体以上である。谷川岳や蔵王のように，山の上から下まで連続的に採集した場所では，便宜的に標高1,300m以下の個体を示してある。詳しくは元論文を参照のこと。

トコンドリアDNAによる置換が起きていた。一方，福島の安達良山より南および，秋田の森吉山や北海道の厚沢部では，浸透は見られなかった（Senjo *et al.*, 1999）。

## 9. 一方向性のオルガネラDNAの遺伝子浸透

形態の標高による推移の見られた蔵王と東吾妻山について，針葉形態から区別された3つのタイプ（ハイマツ，中間型，キタゴヨウ）が，それぞれど

表2 針葉形態により固定された各形態型（ハイマツ，キタゴヨウ，中間型）ごとの，細胞質ゲノムの遺伝子型の頻度

| 針葉形態のタイプ | オルガネラDNAの遺伝子型（葉緑体／ミトコンドリア） | | | |
|---|---|---|---|---|
|  | サンプル数 | キタ／キタ | キタ／ハイ | ハイ／ハイ |
| 東吾妻山 |  |  |  |  |
| ハイマツ型 | 20 | 0.00 | 0.10 | 0.90 |
| 中間型 | 17 | 0.12 | 0.89 | 0.29 |
| キタゴヨウ型 | 32 | 0.41 | 0.59 | 0.00 |
| 蔵王 |  |  |  |  |
| ハイマツ型 | 2 | 0.00 | 1.00 | 0.00 |
| 中間型 | 51 | 0.00 | 0.98 | 0.02 |
| キタゴヨウ型 | 25 | 0.04 | 0.96 | 0.00 |
| 不明 | 4 | 0.00 | 1.00 | 0.00 |

細胞質の遺伝子型で，キタはキタゴヨウ型，ハイはハイマツ型のハプロタイプを意味する。針葉形態の不明は，押葉標本を作らなかったため，形態型を調べられなかった個体。

のようなオルガネラDNAの型を持っていたかを表2に整理してみた。両山とも，形態からハイマツとされたものにはキタゴヨウ型葉緑体DNAが，そして形態からキタゴヨウとされたものにはハイマツ型ミトコンドリアDNAが移入している。つまり，谷川岳で発見された葉緑体とミトコンドリアの逆の一方向性の浸透のパターン（図4）は，他の山系でも再現されていることがわかった。おそらくこの現象は，ハイマツとキタゴヨウが出会って交雑を始めた場合の必然的な結果であろう。このことと表裏一体の関係にあるのは，異種のオルガネラDNAの組み合わせの個体がある場合には，葉緑体はキタゴヨウ型，ミトコンドリアはハイマツ型という組み合わせのみで，逆の組み合わせは存在しないという現象である。図6に示した地点だけでなく，未発表だが栗駒山やハッコウダゴヨウのタイプ産地である八甲田山での調査でも，逆の組み合わせのキメラ個体は見つかっていない。この厳密さというものは際立っており，原因を考察するうえで重要である。

　状況を整理して，どのような交配が起きればこのような浸透パターンになるかを図7に示してみた。まず，ハイマツを母親（種子親），キタゴヨウを父親（花粉親）として$F_1$雑種ができる。この$F_1$では，父性遺伝する葉緑体DNAはキタゴヨウから，そして母性遺伝するミトコンドリアDNAはハイマツ由来のものとなる。そして，このような細胞質キメラの雑種が常に母親と

## 9. 一方向性のオルガネラDNAの遺伝子浸透

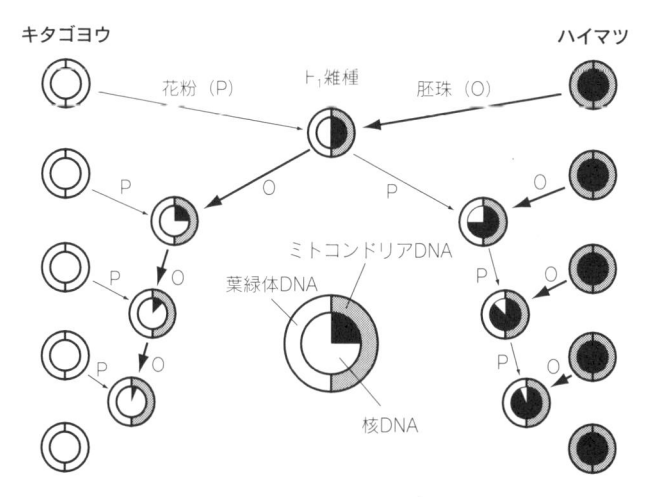

**図7 ハイマツとキタゴヨウ間でのオルガネラDNAの遺伝子浸透のプロセスの概念図**
円の外側は細胞質を表しており，右側がミトコンドリアで，左側が葉緑体である．円の内側は核ゲノムの組成を表しており，ハイマツとキタゴヨウの遺伝子の混ざり具合をパイグラフの形で示している．

してキタゴヨウと戻し交雑を続けると，ハイマツのミトコンドリアDNAがキタゴヨウ集団に入りこむことになる．一方，この細胞質キメラの雑種が常に父親としてハイマツと戻し交雑を続けると，キタゴヨウの葉緑体がハイマツ集団に浸透する．

　図7でわかる通り，$F_1$雑種はキタゴヨウとハイマツ間の遺伝子流動の橋渡しの役割を果たしている．したがって，どのような$F_1$ができるかによって，オルガネラDNAの浸透の方向性は大きく影響を受けるだろう．ハイマツとキタゴヨウの間のオルガネラDNAの浸透パターンは一見すると複雑である．しかしその原因は，ハイマツが母でキタゴヨウが父という組み合わせでしか$F_1$雑種ができないからという実は単純な理由なのではないだろうか？　このことを説明するために，雑種が関与する交雑の全組み合わせと，その子孫のオルガネラDNAの遺伝子型を表3にまとめてみた．雑種が実際に野外で見つかるタイプのキメラ個体であった場合，その子孫は同じタイプのキメラになるか，それともハイマツ/ハイマツまたはキタゴヨウ/キタゴヨウという組成になる．逆のタイプのキメラは出てこない．雑種ではあるが細胞質が両方ともにハイマツまたは両方ともにキタゴヨウという個体は，実際に蔵王

表3 雑種が関与する交雑の全組合わせと,雑種の葉緑体DNAがキタゴヨウでミトコンドリアDNAがハイマツ型であった場合の,子孫の細胞質ゲノムの遺伝子型

| ♀×♂ | 子孫のオルガネラDNAの組成<br>(葉緑体／ミトコンドリア) |
| --- | --- |
| 雑種×ハイマツ | ハイマツ／ハイマツ |
| 雑種×キタゴヨウ | キタゴヨウ／ハイマツ |
| ハイマツ×雑種 | キタゴヨウ／ハイマツ |
| キタゴヨウ×雑種 | キタゴヨウ／キタゴヨウ |
| 雑種×雑種 | キタゴヨウ／ハイマツ |

や東吾妻山で見つかっている(図5と表2を参照)。両オルガネラDNAともハイマツ型という中間型個体は標高の高いところに,そして両オルガネラDNAともキタゴヨウ型という中間型個体は標高の低いところに生育している(図5)。これは,前者が雑種(母)×ハイマツ(父),そして後者がキタゴヨウ(母)×雑種(父)という交雑に由来することを考えると理解しやすい(表3)。それでは,逆のタイプのキメラはどのような交配組み合わせにおいて出現するだろうか? これは,両オルガネラDNAともハイマツ型という雑種がキタゴヨウを授粉させた場合や,両オルガネラDNAともキタゴヨウ型という雑種がハイマツの花粉を受けた場合に生じうる。しかし,これらの組み合わせは,生育する標高域の離れた個体に由来するため,実際には起こりにくいのだろう。複雑な話になってしまったが,$F_1$雑種のでき方にさえ制限を与えれば,それ以降の世代で自由に交配が起こっても,細胞質ゲノムの組み合せのパターンはなかなか崩れないということを理解していただきたい。

ここで仮定した一方向性の「交雑不和合性(unilateral cross incompatibility)」は,被子植物では比較的よくしられた現象である(Yamaguchi & Yahara, 1989)。しかし,マツ属では,林業上の育種の必要性から交配実験がさかんに行われているにもかかわらず,この現象の記載があまりない。知る限りでは,地中海沿岸の*Pinus halepensis*と*P. brutia*の間で一方向性の交雑不和合性があることが報告されたのが唯一の例である。交雑実験の結果,*P. halepensis*を母親にした場合のみ雑種ができ,逆の組み合わせでは種子はできない。一方,$F_1$雑種は両方の種との間で交雑が可能であるそうだ(Panetsos, 1975)。Bucciらは最近,葉緑体DNAを遺伝マーカーとし

| 緯度 | 面積の相対比 | | ハイマツの分布下限の標高 |

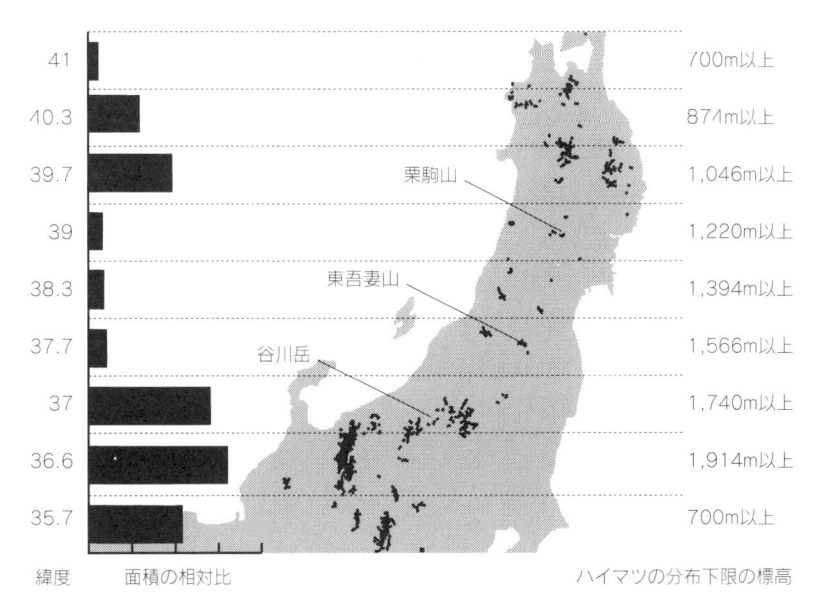

| 緯度 | 標高 |
|---|---|
| 41 | 700m以上 |
| 40.3 | 874m以上 |
| 39.7 | 1,046m以上 |
| 39 | 1,220m以上 |
| 38.3 | 1,394m以上 |
| 37.7 | 1,566m以上 |
| 37 | 1,740m以上 |
| 36.6 | 1,914m以上 |
| 35.7 | 700m以上 |

地図上の注記: 栗駒山、東吾妻山、谷川岳

**図8 本州中部以北における，ハイマツ分布下限線よりも標高の高い場所と，その相対的面積**

緯度ごとのハイマツ分布下限線は，梶（1986）の図7-dより読み取った値を使用した。

て両種が同所的に生育している集団を調査し，実際に交雑実験で示唆された通りの方向性で自然雑種ができていることを確かめている（Bucci et al., 1998）。ハイマツとキタゴヨウの間についても，現在，交雑実験が進行中である。結果がどうなるか，期待していていただきたい。

## 10. 遺伝子浸透のレベルの地理的変異の要因

方向性のある遺伝子浸透は，この2種のマツの間での一般的な事象であった。一方，図6で一目瞭然であるように，ミトコンドリアDNAの浸透のレベルには大きな山系間での大きな違いが存在する。"なぜ，東北南部で激しいのか？"という問題には，正確に答えるのが難しい。ただ，もっともらしいシナリオを紹介することはできる。日本地図をじっと眺めていて気づいたのだが，この地域は，明らかに山岳の規模が小さい。図8は，本州の中部以

北を緯度で9等分して，各緯度でハイマツの分布下限点以上の標高の場所と面積の相対的な大きさを示したものである．北緯37度の後半から39度の前半にかけての地域は，明らかに面積が小さいことがわかるだろう．この地域は図6の細胞質捕獲が起こっているキタゴヨウ集団の場所とほぼ一致する．

　どの時期にハイマツとキタゴヨウの交雑が開始されたのかは，各山系によって異なるかもしれないが，最も可能性の高い時期として，私は縄文海進の頃（8,500 – 7,000 ～ 4,000年前）を考えている（Watano et al., 1995）．この時期は現在よりも温暖で，植生の垂直分布帯も現在より200 ～ 400 m ほど高かったと推定されている（塚田, 1967）．小さな山岳では，オオシラビソやコメツガといった亜高山帯針葉樹林帯は追い出し効果によって縮小するかなくなってしまい（梶, 1986），結果として山頂部に小さく遺存したハイマツと，上に登ってきたキタゴヨウとが接触するという事態が起こりやすかったのではないだろうか？　小さなハイマツ集団が大きなキタゴヨウ集団に取り囲まれた場合，花粉プールではキタゴヨウの花粉が圧倒的に多くなる．したがって，ハイマツ（母）×キタゴヨウ（父）という交配が起こりやすかったという状況も推測できる．種間での遺伝子流動のレベルというものは，おそらく分布の連続性と，両遺伝子プールの橋渡しである雑種の量によって規定されるだろう．小さな山系が気候変動を受けた場合にこのような条件が揃った，というのが私のシナリオである．

## 11. 葉緑体とミトコンドリアの浸透のレベル

　最後に，父性遺伝である葉緑体DNAと母性遺伝のミトコンドリアで，どちらの方が遺伝子浸透を起こしやすいかという問題を議論してみたい．谷川山系では，針葉形態からハイマツとされた9個体のうち，キタゴヨウ型葉緑体DNAを持っていた個体は6個体で，67％の比率となる．一方，キタゴヨウは図3に示した採集地点よりも下方，ほぼ標高850 m近辺まで生育している．ハイマツ型ミトコンドリアDNAの浸透は1,600 mくらいまでなので，キタゴヨウの標高分布のごくわずかにしかすぎない．両種の生育範囲や個体数に違いが大きいのでどう比較すればいいのか迷ってしまうが，谷川山系では全体として葉緑体DNAの浸透の方が激しい．次に，東吾妻山ではハイマツ

と同定されたもののうち、わずか10％の個体しかキタゴヨウ型葉緑体DNAの浸透が起こっていない。一方，キタゴヨウのうち，半分を超える個体がハイマツ型ミトコンドリアDNAを持っており（表2），しかも浸透は最低標高点にまで達している（図5-B）。したがって，東吾妻山では，ミトコンドリアの方が葉緑体よりも浸透の程度が大きいと言えるかもしれない。このように，山系によってそれぞれの細胞質ゲノムの浸透のレベルに違いがあり，結果として葉緑体DNAの方が浸透のレベルが大きかったり，逆にミトコンドリアDNAの方が大きかったりすることがわかる。

興味深いのは，東吾妻山のようにミトコンドリアの方が浸透の程度が激しい交雑帯が存在するという事実である。ここで，葉緑体DNAとミトコンドリアDNAの空間的移動媒体の違いについて考えてみてほしい。種子植物の遺伝子の分散の媒体には2種類ある。1つは花粉であり，もう1つは種子である。父性遺伝である葉緑体DNAは花粉と種子の両方の媒体で移動する。いっぽう，母性遺伝であるミトコンドリアDNAは種子でしか移動しない。東吾妻山の例は，種子でしか移動できないミトコンドリアDNAの方が，花粉でも種子でも移動できる葉緑体DNAより浸透のレベルが激しいということを意味しているのだ。一般的に，マツのような風媒の樹木の場合，種内での遺伝子流動においては，種子よりも花粉の方が圧倒的に貢献度が大きいと推定されている。たとえば，この本の戸丸さんのブナの集団の遺伝的構造（第1部第4章）を見ていただきたい。核マーカーであるアロザイムでは，非常に集団間分化が小さい（$G_{ST}$ = 0.038）のに，母性遺伝のミトコンドリアDNAをマーカーにした場合には大きな集団間分化（$G_{ST}$ = 0.963）が検出されている。これはブナの遺伝子流動において，種子よりも花粉の貢献度が大きいことを反映した現象である。われわれの東吾妻山の交雑帯の例は，種間での遺伝子流動においては，花粉よりも種子の貢献が大きい場合があるということを意味しているのだ。これは明らかに，種内での通常の遺伝子流動のパターンとは矛盾している。

この問題を考えるためには，ハイマツとキタゴヨウの間での生殖的な隔離の性質についての理解が必要である。たとえば，両種の間でたがいの花粉を認識して，選択的に同種での受粉のみを促進するような機構が発達していれば，それが種間での花粉による遺伝子流動のフィルターの役割を果たすので

はないかと考えられる。これは「花粉競争 (pollen competition)」と呼ばれていて，現象的にはたとえば，同種と異種の花粉を50:50で混ぜて受粉させても，雑種種子は50％よりずっと少なくなるといった形であらわれる (Rieseberg et al., 1995)。この機構は被子植物では古くから知られていて，ダーウィンがすでに『種の起源』(1859) で指摘している。裸子植物でも，珠孔を通って花粉室に入った複数の花粉の間で，受精に関する競争が起こっていても不思議ではない。実際，トウヒやマツの種間交雑では，同種の花粉を受粉させた場合より，珠心への花粉管の伸長が抑制される傾向があることが報告されている (Mikkola, 1969)。しかし，残念なことに，私の知る限りでは，裸子植物で花粉競争の有無を調べた仕事はなく，今後の課題である。

## 12. マツ科の他の植物の交雑帯の研究例

同じマツ科の，他の植物の交雑帯の研究例も紹介してみたい。*Pinus banksiana* と *P. contorta* は，ともにアメリカ合衆国からカナダにかけて広範囲に分布している。*P. banksiana* の方は東部に，そして *P. contorta* は西部にとほぼ異所的に分布しているが，カナダのアルバータ州の西部あたりで一部同所的に生育している。この両種の浸透性交雑は盛んで，形態的形質やアロザイムの解析では，遺伝子浸透が異所的な集団にまで広がっていることが示唆されている。ワグナーは，葉緑体DNAのRFLPをマーカーにして浸透パターンを解析したが，葉緑体DNAは異所的な集団には浸透していないことが判明した (Wagner, 1987)。この2種間の交雑では，核遺伝子よりも葉緑体DNAの方が浸透のレベルが低かったのである。これは被子植物での細胞質捕獲のパターンとは反対であり，おそらく葉緑体DNAが，マツでは父性だが被子植物では母性だということを反映しているのだろう。

もう1つは，トウヒ属の3種混合の交雑の例である。場所はカナダのブリティッシュコロンビア州である。南北に走る海岸山脈を境に，太平洋側には *Picea sitchensis* が，そして内陸部には内陸トウヒ (*P. glauca* と *P. engelmanni* とその雑種の複合体) が生育し，さらにこの両者が海岸山脈の分水嶺あたりで交雑を行っている (Sutton et al., 1991)。スットンらは (Sutton et al., 1994)，この交雑帯を，葉緑体DNAとミトコンドリアDNAと核のrDNAの3種類の

ゲノムのマーカーを用いて解析している。交雑帯の各集団について遺伝的組成を調べてみると，rDNAから推測される核遺伝子の浸透の程度と，葉緑体DNAの浸透の程度はほぼ同じ程度であった。一方，ミトコンドリアDNAの浸透には方向性があり，*Picea sitchensis*のミトコンドリアDNAが分水嶺を越えて内陸トウヒの集団へと流入していた。したがって交雑帯では，葉緑体DNAが内陸トウヒ型でミトコンドリアは*sitchensis*型という細胞質のキメラが優占する。また，ミトコンドリアDNAの浸透の程度はとても大きく，rDNAから見た場合にはほぼ純粋な内陸トウヒの集団も，*Picea sitchensis*のミトコンドリアDNAによって置換されていた。このカナダのトウヒの遺伝子浸透のパターンは，われわれのハイマツとキタゴヨウの例と多くの共通点を持っている。前者が，大陸レベルの水平分布の接触で，後者は孤立した山岳レベルの垂直分布での接触という状況の大きな違いを考えると，この共通点の多さは非常に興味深い。

## 13. 最後に

歴史的背景のところで述べたが，植物の交雑現象の研究は1970～1980年代にかけて不遇の時を過ごしてきた。これにはいろいろな理由がある (Arnold, 1997) にしても，"分岐進化が正義であり，網状進化が悪である"という理屈については，まっとうな理由などどこにもない。細胞質捕獲の発見が示したように，これは一般的な現象であり，自然下での普通の小進化のプロセスなのだ。何のバイアスも持たずに，この興味深い現象を眺めてみれば，きっと楽しい知的興奮が待っているに違いない。

この章に出てきた研究では，細胞質ゲノムの遺伝子浸透のパターンと，その形成メカニズムに焦点を絞っている。しかし，面白そうな解析の視点は他にもいっぱいあるだろう。たとえば，機能がわかっていて自然淘汰が明らかにかかりそうな遺伝子について，その遺伝子浸透のパターンを追うというのはどうだろう？ この仕事の共同研究者である今津さんは，ゴヨウマツ類のさび病の専門家で，ハイマツにおけるさび病菌の地理的分布を詳細に調べている (今津, 1995)。その結果によると，北アルプス以南では*Cronartium ribicola*が，そして栗駒山以北の本州には*Endocronartium sahoanum* var.

*sahoanum* が分布しており，その中間の谷川岳から蔵王にかけての地域ではさび病菌の寄生が見つかっていない。今津さんの見解によれば (Imazu & Kakishima, 1995)，この分布の空白は，キタゴヨウとの交雑によるものらしい。キタゴヨウはさび病菌に耐性が強いので，その雑種も耐性を獲得している可能性がある。この地域では交雑が激しく，従来ハイマツ集団とされていたものも雑種に大部分置き換わってしまっている可能性があり，その結果としてさび病の分布の空白が生じたのではないかというのである。ゴヨウマツ類のさび病耐性にかかわる遺伝子はまだ特定されていない。しかし，アメリカ農務省の研究機関などでストローブマツのさび病耐性遺伝子について現在盛んに研究されているので，近い将来に明らかになるだろう。いろいろな生物でゲノム解析プロジェクトが進行している今日では，病気の耐性にかかわらず，様々な発生的および生理的機能が遺伝子レベルで明らかになりつつある。このような時代にこそ，アンダーソン (Anderson, 1949) が主張した"進化のジャンピングボード"としての浸透性交雑という仮説を確かめていくことができるだろう。

## 引用文献

Anderson, E. 1949. Introgressive Hybridization. Wiley, New York.
Arnold, M. L. 1997. Natural Hybridization and Evolution. Oxford University Press, Oxford.
Avice, J. C. 1994. Molecular Markers, Natural History and Evolution. Chapman & Hall, New York.
Bucci, G., M. Anzidei, A. Madaghiele, & G. G.Vendramin. 1998. Detection of haplotype variation and natural hybridization in *halepensis*-complex pine species using chloroplast simple sequence (SSR) markers. Molecular Ecology **7**: 1633-1643.
Critchfield, W. B. 1986. Hybridization and classification of the white pines (*Pinus* section Strobus). Taxon **35**: 647-656.
Demesure, B., N. Sodzi & R. J.Petit. 1995. A set of universal primers for amplification of polymorphic non-coding regions of mitochondrial and chloroplast DNA in plants. Molecular Ecology **4**: 129-131.
Echt, C. E., May-Marquardt, P., Hseih, M. & Zahorchak, R. 1996. Characterization of microsatellite markers in eastern white pine. Genome **39**: 1102-1108.
林　弥栄　1960. 日本産針葉樹の分類と分布．p152-159．農林出版，東京．
今津道夫　1995. 日本における五葉松類の発疹さび病とその病原菌に関する研究．筑波農

林学研 **7**: 1-65.
Imazu, M. & M.Kakishima. 1995. The blister rust on *Pinus pumila* in Japan. Proc. 4th IUFRO Rusts of Pines Working Party Conf., Tsukuba, p.27-36. Tsukuba.
石井盛次　1941．ハヒマツ並びに北日本産五葉松類の諸型と其の分布（IV）．日林誌 **23**：47-55.
梶　幹男　1986．オオシラビソの分布パターンと後氷期とヒプシサーマルの影響．種生物研究 **10**: 28-45.
Liston, A., W. A. Robinson, D. Piñero & E. R. Alvarez-Buylla. 1999. Phylogenetics of *Pinus* (Pinaceae) based on nuclear ribosomal DNA internal transcribed spacer region sequences. Molecular Phylogenetics and Evolution **11**: 95-109.
牧野富太郎・根本莞爾　1931．日本植物総覧，訂正増補，p149.
Mikkola, L. 1969. Observations on interspecific sterility in *Picea*. Annales Botanici Fennici **6**: 285-339.
Mogensen, H. L. 1996. The hows and whys of cytoplasmic inheritance in seed plants. American Journal of Botany **83**: 383-404.
Neale, D. B. & R. R. Sederoff. 1989. Paternal inheritance of chroloplast DNA and maternal inheritance of mitochondrial DNA in loblolly pine. Theoretical and Applied Genetics **77**: 212-216.
Palmer, J. D. 1992. Mitochondrial DNA in plant systematics: applications and limitations. *In*: P. S. Soltis, D. E. Soltis & J. J. Doyle (eds.) Molecular Systematics of Plants, p.36-49. Chapman and Hall, New York.
Panetsos, C. P. 1975. Natural hybridization between *Pinus halepensis* and *Pinus brutia* in Greece. Silvae Genetica **24**: 163-168.
Price, R. A., A. Liston & S. H. Strauss. 1998. Phylogeny and systematics of *Pinus*. *In*: D. M. Richardson (ed.) Ecology and Biogeography of *Pinus*, p. 49-68. Cambridge University Press, Cambridge.
Rieseberg, L. H. 1995. The role of hybridization in evolution: old wine in new skins. American Journal of Botany **82**: 944-953.
Rieseberg, L. H. & D. E. Soltis. 1991. Phylogenetic consequences of cytoplasmic gene flow in plants. Evolutionary Trends in Plants **5**: 65-84.
Rieseberg, L. H. & J. F. Wendel. 1993. Introgression and its consequences of cytoplasmic gene flow in plants. *In*: R. Harrison (ed.) Hybrid Zones and the Evolutionary Process. Oxford University Press, Oxford.
Rieseberg, L. H., A. M. Desrochers & S. J. Youn 1995. Interspecific pollen competition as a reproductive barrier between sympatric species of *Helianthus* (Asteraceae). American Journal of Botany **82**: 515-519.
Sato, T. 1995. Multivariate analysis of needle size and its anatomical traits of *Pinus* subgenus Haploxylon (soft pines) on Mt. Tateyama, Toyama Prefecture, Japan. Journal of Japanese Botany **70**: 253-259.
Senjo, M., K. Kimura, Y. Watano, K. Ueda & T. Shimizu. 1999. Extensive mitochondrial introgression from *Pinus pumila* to *P. parviflora* var. *pentaphylla* (Pinaceae). Journal of Plant Research **112**: 97-105.

Sutton, B. C. S., D. J. Flanagan, J. R. Gawley, C. H. Newton, D. T. Lester & Y. A. El-Kassaby. 1991. Inheritance of chloroplast and mitochondrial DNA in *Picea* and composition of hybrids from introgression zones. Theoretical and Applied Genetics **82**: 242-248.

Sutton, B. C. S., S. C. Pritchard, J. R. Gawley & C. H. Newton. 1994. Analysis of Sitka spruce - interior spruce introgression in British Columbia using cytoplasmic and nuclear DNA probes. Canadian Journal of Forest Research **24**: 278-285.

Taberlet, P., L. Gielly, G. Pautou & J. Bouvet. 1991. Universal primers for amplification of three non-coding reions of chroloplast DNA. Plant Molecular Biology **17**: 1105-1109.

塚田松雄　1967．過去一万二千年間：日本の植生変遷史Ⅰ．植物学雑誌 **80**: 323-336.

Watano, Y., M. Imazu & T. Shimizu. 1995. Chloroplast DNA typing by PCR-SSCP in the *Pinus pumila* - *P. parviflora* var. *pentaphylla* complex (Pinaceae). Journal of Plant Research **108**: 493-499.

Watano, Y., M. Imazu & T. Shimizu. 1996. Spatial distribution of cpDNA and mtDNA haplotypes in a hybrid zone between *Pinus pumila* and *P. parviflora* var. *pentaphylla* (Pinaceae). Journal of Plant Research **109**: 403-408.

Yamaguchi, Y. & T. Yahara. 1989. Analysis on pollen flow in a hybridization between *Farfugium hiberniflorum* and *F. japonicum* (Asteraceae: Senecioneae): Derivation of an empirical formula describing frequency of hybridization as a function of interspecific plant distance. Plant Species Biology **4**: 101-106.

Wagner, D. B., G. R. Furnier, M. A. Saghai-Maroof, S. M. Williams, B. P. Dancik & R. W. Allard. 1987. Chloroplast DNA polymorphisms in lodgepole and jack pines and their hybrids. Proceedings of the National Academy of Sciences, USA **84**: 2097-2100.

# 第6章　遺伝子の地図

### 津村義彦（森林総合研究所）

## 1. はじめに

　かつて，「大航海時代・探検の世紀」と言われた時代があった。しかし今は「遺伝子研究の大航海時代」である。遺伝子研究の前途には広大なフロンティアが広がっているのである。

　当時，ヨーロッパ諸国の探検家達は先を争って未知の世界に乗り出し，地図上の空白地帯を埋めていった。現代における「遺伝子の地図」も，主要な生物について先を争うように作られつつあり，空白域は一歩一歩埋められ始めている。膨大な資金と労力をつぎ込んで進められている「ヒトゲノム計画」はその代表格である。そのほかにも，多くの生物についてDNA塩基配列の決定や遺伝子地図作りが進められており，様々な生物の遺伝子情報が次々と利用可能になりつつある。植物ではシロイヌナズナおよびイネについて全塩基配列の解読が進められており，シロイヌナズナに関しては2000年にそのすべてが公表された。イネについては数年の後に公表されるであろう。樹木についても各国の実状に応じてゲノム研究が進められており，いくつかの樹種について遺伝子の地図が作られている。日本の有用林業樹種であるスギについては，私たちが地図作りを進めている。

　遺伝子の地図は遺伝学的な研究に用いられるだけではなく，生態学的研究の強力なよりどころとして機能しうることが明らかになっている。たとえば，種分化の過程を示す情報源として利用可能なほか（図1），分布変遷の推定や適応性の進化など，いくつかの研究分野について有用な情報が得られると考えられる。そこで本章では，まず遺伝子の地図の種類とその作り方を概説した後，生態学的研究への応用例を紹介する。

*140* 第6章 遺伝子の地図

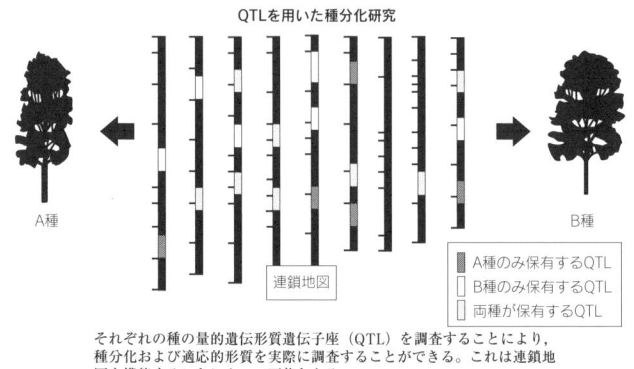

**QTLを用いた種分化研究**

A種 ← [連鎖地図]

A種のみ保有するQTL
B種のみ保有するQTL
両種が保有するQTL

→ B種

それぞれの種の量的遺伝形質遺伝子座（QTL）を調査することにより，種分化および適応的形質を実際に調査することができる。これは連鎖地図を構築することによって可能となる。

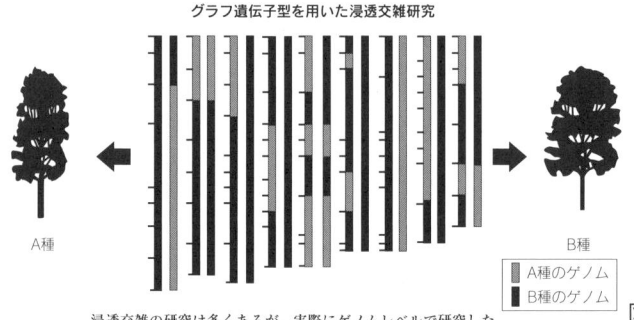

**グラフ遺伝子型を用いた浸透交雑研究**

A種 ←

A種のゲノム
B種のゲノム

→ B種

浸透交雑の研究は多くあるが，実際にゲノムレベルで研究した例はほとんどない。浸透交雑がゲノムのどの部分でよく起こっているかを理解できる。

図1　遺伝子地図ベースの種分化研究

## 2. 遺伝子地図の種類

「生命の設計図」と言われる遺伝子の地図の本体（ゲノム）は，DNAの4つの塩基（A：アデニン，C：シトシン，G：グアニン，T：チミン）が単純に並んでいるだけのものである。この塩基の並びには意味のある領域（遺伝子）があり，特定の形質を発現する遺伝子としてはたらくように情報が書き込まれている。たとえば，ヒトのゲノムは約30億の塩基対によって構成されているが，その中に数万〜十万程度の遺伝子が存在していると考えられている。一方で，残りの95〜98％もの領域が遺伝子としてはたらいていない部分（遺伝子間領域）と考えられている。

ヒトゲノム計画は，ヒトのゲノム中の塩基配列をすべて決定する「究極」

の地図（塩基配列地図）作りである。しかし，すべての塩基配列を1つ1つ決定していくのには膨大な資金と労力を必要とするため，多くの生物については簡易的な遺伝子の地図が作られている。つまり，何らかの遺伝マーカー（標識）を目印として，それらのゲノム中の配置を調べていく方法が採られているのである。このように目印とした遺伝マーカーについて連鎖解析を行い，その並び方を示した地図のことを連鎖地図（遺伝学的地図，遺伝地図）と呼ぶ。遺伝マーカーには，遺伝子そのものが用いられる（遺伝子地図）他，RFLP, RAPD, AFLP, SSRなどのDNAマーカーがよく用いられ，最近では量的形質を支配する遺伝子座（QTL；Quantitative Trait Loci）の並び方を示した図（QTL地図）も作られている。一方，連鎖解析を用いず，DNA断片の実際の並び方を示したもの（たとえば整列クローンライブラリー）は「物理地図」と呼ばれる。

多くの植物において最も一般的に作成され，応用されている遺伝子の地図は連鎖地図である。そこで，以下に植物における連鎖地図の作り方とその応用例を紹介する。

## 3. 連鎖地図を作る

連鎖地図を作るためには，対象植物の交配家系を利用するのが一般的である。まず，遺伝的に異なった個体間で交配を行って雑種第1代（$F_1$）を作る。次にこれを自殖して雑種第2代（$F_2$）集団を作るか，片方の親と再び交配して戻し交雑（Backcross, BC）集団を作る。このような交配集団の各個体について遺伝マーカーの遺伝子型を調べ，連鎖解析（遺伝子座間の独立性の検定および組換え価の推定）を行うことによってマーカー間の連鎖関係を明らかにするのである。連鎖関係がみとめられたマーカー間を次々とつなげていくことにより，同一染色体上に座乗するマーカーが1つの連鎖群として構築され，最終的には染色体に対応した数の連鎖群ができあがり，連鎖地図が完成するのである。

遺伝子の地図を作るためには，第2部で解説してあるマーカーが使用できる。その際，できれば共優性遺伝するマーカー（例えばRFLPやSSR）を用いる方が望ましいが，既知の遺伝的情報がないためにそれらの特異的マーカ

ーを用いることができない種であれば，RAPD, ISSR, AFLPなどのランダムマーカーを用いると手早く地図ができる。自殖が可能な種について共優性マーカーを用いる場合は$F_2$または$F_3$以降の集団を解析するとよい。特にQTLマッピングにおいては，BC集団よりも$F_2$または$F_3$以降の集団の方が，相加効果もわかり情報量が多い。他殖を好む種で自殖が難しい場合については，$F_1$集団または四元交雑集団[*1]などでQTL解析を行うことになる。この場合，事前に複数の交配組み合わせを準備し，それらの中で目的の量的形質に十分な変異の見られた集団を用いて解析を行うとよい。自殖は可能であっても優性マーカーあるいは形質マーカーしか利用できない場合には，BC集団を用いれば遺伝子型の推定が可能で，効率的に地図の作成を行うことができる。一方，人工交配が難しい種であれば，個体別の自然交配種子を利用することになる。この場合，戻し交配を想定したシュードテストクロス（Pseudo-testcross; Grattapaglia & Sederoff, 1994）の考え方を用いる（図2）。

交配の組み合わせを選ぶ際，なるべく遺伝マーカーの分離にゆがみが生じないよう留意すべきである。なぜならば，特に他殖性の種を対象とする場合，自殖を行うことにより致死因子などの要因によって後代における遺伝子型の分離比が期待値から大きくずれることがあり，連鎖解析に支障を来すからである。たとえばスギの$F_2$家系の連鎖解析では，164遺伝子座のうち2割強（39遺伝子座）で分離比にゆがみが観察された（Mukai *et al.*, 1995）。また，種間交雑で得られた材料においても，不等乗換[*2]または減数分裂時のゆがみ[*3]により多くの遺伝子座で分離比が期待値からずれる傾向にある（Paterson *et al.*, 1991, Quillet *et al.*, 1995, Grandillo & Tanksley, 1996）。

地図を作成する集団の個体数は多い方がよいが，60個体以上あれば地図の構築は可能である。精密な地図（多くの遺伝子座の並びを正確にマップしたもの）の場合は200近い個体数を用いた方がよい。QTLマッピングではさら

---

*1：四元交雑集団とは，4つの異なる親（A，B，C，D）から，A×B，C×Dの交雑でそれぞれ$F_1$をつくり，それら$F_1$どうしの交雑で得られる集団のこと，(A×B)×(C×D)。

*2：対合した相同染色体間での乗換えは，通常はそれぞれの染色体の相同な部分で起こる。しかし，ときに2本の染色体の相同でない部分で乗換えが起こることがある。これを不等乗換という。

*3：減数分裂の過程で，ある特定の配偶子が優勢を占めるために生じる。

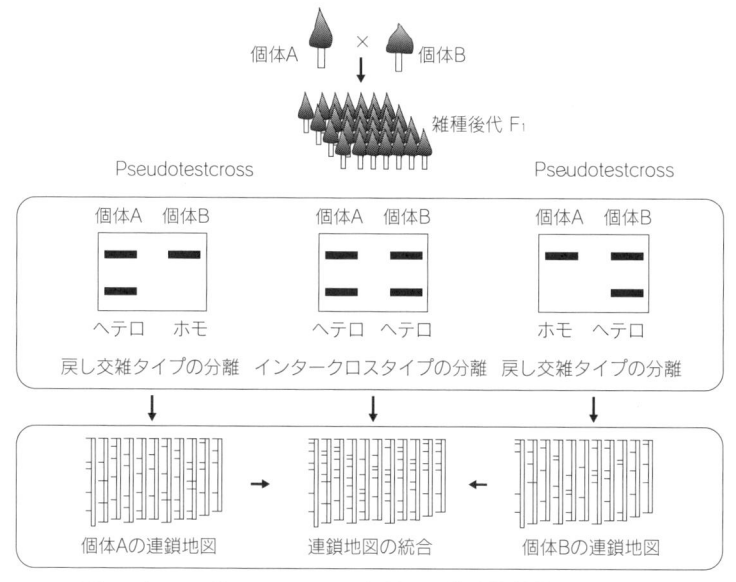

図2 シュードテストクロスを用いた他殖性植物のマッピング

に多くの個体を用いるべきで，500個体ほどを用いると小さな効果のQTLでも検出が可能になる (Bradshaw et al., 1998, Rieseberg, 1998)。

　種分化の研究を連鎖地図の比較によって行う場合には，各連鎖群について少なくとも10遺伝子座ほどあれば可能である．たとえば基本染色体数が11であれば，マーカーが均等にマップされたと仮定して，110遺伝子座程度が必要になる．別の言い方をすれば，各遺伝子座間の距離が10～20cM（センチモルガン：100回に1回の割合で組換えが起こる距離）ほどあれば，地図の比較やQTLマッピングが可能である（詳しくは鵜飼，1999; 2000参照）．

　連鎖地図を構築するためのプログラムは，すでに数多く公開されている．最も使われているのがMAPMAKER (Lander et al., 1987) で，他にもG-MENDEL (Liu & Knapp 1990)，MAPL (Ukai et al., 1995) などがある．いずれもインターネットを通してダウンロードできる (http://linkage.rockefeller.edu/soft/list.html参照)．しかし，どのソフトも主に自殖家系または純系が存在する生物をイメージして作られているため，他殖性の植物に使う場合にはシュードテストクロスを通常の戻し交配に読み替えて使用することになる．

またQTLの解析にもソフトが公開されており，MAPMAKER-QTL（Lander & Botstein, 1989），MAPL（Ukai et al., 1995），QTL Cartographer（Basten et al., 1996）などが使われている。

連鎖地図を作るというのは，最近まで簡単なことではなかった。材料の準備から始まり，適切な遺伝マーカーを選び，全個体を対象にデータを取ってからようやく地図を構築するという長い手順が必要になる。従来一般的であったRFLP法では，DNAマーカー作りから始めると，年単位の時間が必要である。これを簡便にしたのがPCR法を利用したDNAマーカーによる地図作りである。RAPD，ISSR，AFLP等のランダムマーカーであれば数か月単位で地図の構築が可能である。連鎖地図を手っ取り早く作りたければ，これらのマーカーを使うことを薦める。共優性マーカーで作りたければ，DNAライブラリーの構築，多型のスクリーニングなどの作業が余計に必要であることを認識する必要がある。さらにSSR及びCAPSについては，まず対象とする領域の塩基配列データを調べる必要があり，次にその部分を特異的に増幅するPCRプライマーのデザインを行い，さらにそれらを使って実際に増幅が可能なのかを確認した後，多型のスクリーニングを行い，ようやく連鎖解析に取りかかるという長い道のりが必要となる。しかし，このようにして作り上げた共優性マーカーは一般に再現性が高く情報量も多いため，将来にわたって幅広い研究に使い続けることができる。

## 4. 遺伝子の地図の応用研究

遺伝子の地図は，DNAに精密に書き込まれたその個体（種）の進化の足跡でもある。植物の花の色，葉の形など様々な情報が遺伝子として書き込まれており，それらは過去から未来へと進化をしながら受け継がれているのである。現在ではこういったDNAの「足跡」情報を取り出して種の系統関係を推定する研究が数多く行われている。これは分子系統学とも言われ，多くの新知見が得られている。この研究に最も多く用いられているのが葉緑体DNAにコードされている *rbcL*（large subunit of ribulose 1,5-bisphosphate carboxylase/oxygenase）の遺伝子であり，すでに2,500を超える種で遺伝子の塩基配列が明らかになっている（Nyffeler, 1999）。また，このほかに *atpB*（β subunit of ATP synthase), *matK* (maturase) などの遺伝子も利用されている (詳しくはSoltis & Soltis, 1998参照)。これらの情報を利用すれば,遺伝子を通して科・属レベルの系統関係を効率よく見ることができるが,近縁な種間の種分化または雑種研究には十分な情報を与えない。それは,単性遺伝 (uniparental inheritance) するゲノム (葉緑体DNA) 上の遺伝子であるため片親からの情報しか得ることができないことと,これら一部の遺伝子の情報だけではその種の持つ遺伝的情報を十分に反映できず,特に近縁な種間では保存性の高い遺伝子には違いがない場合が多いことなどによる。そこで考えられたのが核DNAの連鎖地図を利用した種間比較である。

植物において,DNAをマーカーとした連鎖地図の構築は1980年代後半に始まり,それにともない連鎖地図に基づいたゲノム構成の比較からも進化が論じられるようになってきた。つまり,近縁種間でゲノムの比較を行い,どの程度のシンテニー (異種間で複数の遺伝子が同じ順序で連鎖した染色体構造) が存在するかを調べる研究手法であり,主に有用作物を対象として研究が行われてきた。現在では連鎖地図の作成はかなり簡便に行えるようになってきており,地図の作成に用いるDNAマーカーの種類も多くなってきている (第2部参照)。そのため,今後は有用作物に限らず様々な植物において連鎖地図が作成されることが期待され,その情報を用いた種分化の研究が進展すると考えられる。さらに,連鎖地図の応用は種分化研究だけにとどまらず,遺伝的多様性や適応的な形質の進化研究にも応用されることが期待されている。そこで次に,連鎖地図を利用した種分化および適応性研究の具体例をいくつか紹介する。

## 5. 連鎖地図を用いた種分化および適応性の研究

植物では,これまでにトマト,イネ,トウモロコシ,オオムギ,コムギなどの主要な有用作物について連鎖地図が構築されてきた。これによって得られた知見は主に育種目的に用いられてきたが,それらの地図情報はゲノムレベルでの種の進化を研究するためにも利用されている。

近縁種間で連鎖地図の比較を行えば,種間で遺伝子の構成がどの程度保存されているか (シンテニー),それらの種がどのように進化してきたかを推定

することができる。最初にDNAマーカーを使ってシンテニーの研究を行ったのはTanksley et al. (1988) で，ナス科のトマトとトウガラシにおいて遺伝子の並びに共通性が高いことを明らかにした。その後多くの有用作物で同様の研究がなされている (Tanksley et al., 1992, Gebhardt et al., 1991, Weeden et al., 1992, Menancio-Hautea et al., 1993, Kowalski et al., 1994, Bennetzen & Freeling 1997, Chen et al., 1997, Bennetzen et al., 1998, Gale & Devos 1998a; 1998b, Lagercrantz 1998, Livingstone et al., 1999)。QTLに関しても，主要な穀物であるソルガム，イネ，トウモロコシについて研究が行われている。すなわち，栽培化にともなって選抜されてきた，穀物生産上重要な種子の大きさ，成熟種子の非脱粒性，日長不反応性は少数のQTLでたがいに対応した染色体領域に存在することが明らかにされている (Paterson et al., 1995)。このように有用なQTLに関しては，近縁種でゲノム研究が進んでいる種があれば，それらの情報を活用できる可能性がある。すなわち，遺伝率がある程度高い形質であれば，近縁種のマーカーで比較的簡単に検出できる可能性があるということである。

　生態学的に興味深い現象にも，連鎖地図の情報が使われ始めている。Rieseberg et al. (1995) は，RAPD法を用いて，野生種の*Helianthus annuus*と*H. petiolaris*の2種について連鎖地図を構築し，ゲノムレベルでの種分化の研究を行った。これら2種は自家不和合性の植物で，同じ染色体数 ($n = 17$) を持つが，外部形態及び染色体構造に違いがあり，生態的にも異なった性質を持っている。そこで両種の雑種家系の3交配集団を用いて連鎖地図の作成を行い，2種およびそれらの雑種であると考えられている*H. anomalus*と連鎖地図を比較することによって，ゲノムレベルでこれらの種分化を説明した。2種間の連鎖地図の比較では，7連鎖群は対応していたが，残りの10連鎖群では7つの染色体間の転座および3つの逆位のため構造変異が見られている。雑種と考えられている*H. anomalus*は6連鎖群は両親と対応していたが，11連鎖群では遺伝子の並びが両親とは異なっていた。11の構造変異のうち4つは親と考えられている2種のどちらかと同じであったが，両親と比べると相対的に多くの構造変異を起こしていた。これらは，両親のゲノムと比較すると，3か所の染色体切断及び3か所の染色体の融合と1か所の重複で説明できる。このような染色体の構造変異が生殖隔離を促進したと考え

られている。またRieseberg *et al.* (1999) は，地理的に異なる3か所の雑種地帯で，どの程度の浸透交雑が起こっているかをゲノムレベルで調査した。その結果，調査した3か所の結果は一致し，自然雑種集団における浸透交雑は26の染色体領域で期待値よりも有意に少なく，そのうち16領域が花粉稔性と関連していることを明らかにしている。このことは，26の染色体領域が雑種集団では不利にはたらき，また何らかの隔離に関する遺伝子を含んでいる可能性を示唆している。また，そのうち16領域が花粉稔性と関係していたことは，これらが雑種にとって不利であることを示すだけでなく，将来の自然集団でのQTL解析の可能性を示唆している。さらに，Kim & Rieseberg (1999) は，AFLP法を用いて両種間の戻し交雑家系の連鎖地図を作成し，*H. annuus*と*H. debilis* ssp. *cucumerifolius*の2種間を区別する花粉稔性と形態に関連するQTLの調査を行った。その結果，15の形質を支配する56のQTLと花粉稔性に関する2つのQTLが検出された。このうち45のQTLは浸透交雑され，両種の自然雑種である*H. annuus* ssp. *texanus*の中間的な形態を説明することができるとしている。残りの11のQTLは稔性因子と連鎖しているかなどのために浸透交雑していないような結果であった。

またBradshaw *et al.* (1995; 1998) は，花の形態形質が異なることによって花粉媒介者が違う2種の*Mimulus*について，生殖的なバリアーが遺伝的であることをQTLマッピングを行い証明している。それは，ハナバチ媒である*Mimulus lewisii*は黄色い蜜腺を持つパールピンクの花弁で，花冠が広く蜜の量が少なく，柱頭と葯が引っ込んでいる。これとは対照的に，ハチドリ媒である*M. cardinalis*は蜜腺がない赤い花弁で，狭い花冠で薄い蜜が大量にあり，柱頭と葯が突き出ている形態をしている。彼らはこれら2種間で種間交雑を行い，雑種である$F_1$をさらに自殖させて作った$F_2$家系を用いてRAPD法でマッピングを行っている。異種間交雑の$F_1$では多くの遺伝子座についてヘテロ接合型になっていると考えられるため，$F_2$家系ではほとんどの遺伝子座で分離が見られることが期待される。実際に生殖にかかわる形質のQTL（花弁の色素，花冠の大きさ，花弁の大きさ，密の量及び濃度，雄しべの長さ，雌しべの長さ）がこの$F_2$家系で大きな変異を示したため，遺伝マーカーとの関係を見ることにより効率的なQTLマッピングを行うことができた。そのQTLマップを用いて，花粉媒介者が異なるような種分化を起こした原

因を説明した。すべての8つの花の形態は，形質の変異の少なくとも25％以上を説明する主なQTLを持っており，そのうち3つは変異の半分以上を説明する単一の遺伝子を持っていた。花の形質の進化において大きな効果を持つ遺伝子が重要なはたらきをしていることが示され，またMimulusの種分化が急速に起こったことを示している。

このように，マップベースでの研究は，それぞれの種の分化およびどのように適応しているかについて，ゲノムレベルでの証拠を提示することができる。連鎖地図構築には時間と労力がかかると考えられているが，多様なDNAマーカーから適切なものを選び，便利な分析機器を用いれば効率的なマッピングも可能である。今までのように生態的なデータだけでなく，これらの例のようにマップベースで種分化及び適応的形質の進化などの研究へアプローチすることも，選択肢の1つとして考えるべきであろう。

## 6. 遺伝子地図ベースのCAPSを用いた遺伝的多様性研究

最後に，スギのゲノム情報を利用した遺伝的多様性研究事例を2つほど紹介する。最初の事例はスギの連鎖地図構築後に簡便なマーカーを開発し，スギ天然林の遺伝的多様性を調べた研究である。2つめは，それらのマーカーを近縁種であるヌマスギ（*Taxodium*）に応用した例である。

### (1) スギの遺伝的多様性及び地理的な分化

スギ（*Cryptomeria japonica*）はスギ科スギ属に属し，わが国に固有な樹種である。中国に近縁種の*Cryptomeria fourtunei*という別種があるとされるが，定かではない。スギの天然分布は北は青森県から南は屋久島まで続いている（図3）。形態的な特徴から，日本海側に分布するスギをウラスギ，太平洋側に分布するスギをオモテスギと呼ぶ。ジテルペン炭化水素の分析結果から，これらの2系統はおおよそ分かれるという結果も報告されている（Yasue *et al.*, 1987）。世界的にはマツ科の針葉樹が主な林業樹種として扱われているため，スギ科の樹種はどちらかというとマイナーな存在であるといえる。しかし，ゲノム研究において重要な要素であるゲノムサイズがマツ科樹種に比べて1桁小さいことや，ジベレリン処理によって着花促進が可能なた

図3 スギの天然分布と調査集団

スギにはウラスギとオモテスギがあると言われ分類上は変種扱いにする事もある。形態的にも異なるところはあるが明確ではない。現在の天然分布はこの地図以上に小さくなっており，山奥に局在している。日本海側の方が比較的良い状態の天然林が残っている。

め世代促進が容易であることなどから，針葉樹ゲノム研究のモデル植物としては適しているといえる。

われわれは，スギの育種の効率化および遺伝資源の精密な管理のために，スギで高密度な連鎖地図の構築を行っている。地図上にマップしたマーカーは，PCRを利用して解析することができる共優性マーカーに変換するか，EST (Expressed Sequence Tag) 解析から共優性マーカーを作出してマップする戦略を採っている (Ujino-Ihara et al., 2000)。なぜならば，PCRベースの共優性マーカーは，様々な家系の連鎖地図構築から多様性研究に至るまで，今後の応用性が非常に高いと考えられるからである。その応用研究の手始めとして，マップされたcDNAクローンをCAPS (第2部第3章) に変換し (Tsumura et al., 1997)，それらを使ってスギ天然林の遺伝的多様性を調査した。

調査対象とした集団はスギの天然分布全域を広くカバーするように選んだ11集団で，13CAPS遺伝子座を用いて解析を行った (Tsumura & Tomaru, 1999)。

表1 アロザイム及びCAPSマーカーでのスギの遺伝的多様性の比較 (Tsumura & Tomaru, 1999)

| | 集団数 | 分析遺伝子座数 | 分析個体数 | 多型遺伝子座の割合 | 1遺伝子座あたりの対立遺伝子数 | 平均ヘテロ接合度 | $F_{IS}$ | $G_{ST}$ |
|---|---|---|---|---|---|---|---|---|
| アロザイム | 17 | 12 | 859 | 48.5 | 2.31 | 0.189 | 0.028 | 0.034 |
| CAPS | 11 | 13 | 246 | 79.9 | 1.93 | 0.277 | 0.020 | 0.047 |

また,以前に得られているアイソザイムデータ (Tomaru et al., 1994) との比較も行った(表1)。アイソザイムは12遺伝子座を用いて調査したが,これらの遺伝子座間の連鎖関係はわかっていない。一方,CAPSについては,8遺伝子座について連鎖地図上の位置がわかっている。アイソザイム分析の結果では,地理的な傾向はほとんどなく,集団間分化の程度は低いことを示していた。CAPSマーカーでの調査でも同様に,集団間分化の程度は低く,全遺伝的変異のうち96％が集団内に存在し,わずかに4％が集団間にあるという結果であった。これらの結果は他の針葉樹種での結果とよく似たものであった。

針葉樹は風媒花であり,花粉の飛散が極めて広範囲に及ぶため,集団間分化は一般に低い傾向にある (Hamrick & Godt, 1989)。花粉症で有名なスギも例外ではなく,スギのほとんどない東京都内においても,花粉のシーズンのピークには数百粒/$cm^2$ もの花粉が観測される。このようにスギ花粉の飛散距離は極めて大きく,集団間分化が起きにくい種であることが推察される。また,大規模な人工造林も天然林の遺伝的均一化に影響を与えているのは間違いないであろう。

CAPSを用いた調査では,アイソザイム分析での知見を越えるデータは得られていない。それは,用いた遺伝子座数が13座と少なかったことが1つの理由かも知れない。しかし,連鎖地図上(染色体上)で位置の明らかな多くの遺伝子座を用いて調査を行うことにより,より正確な遺伝情報を得ることができる。連鎖不平衡はアイソザイムデータからでも計算できるが,実際に正確に連鎖しているなどのマップデータがあれば詳細な遺伝的多様性の研究が可能になる。現在では,スギゲノム研究の進展で,約300遺伝子座のCAPSマーカーの作出ができている。そのため,マップされたこれらの遺伝子座を遺伝的多様性研究に用いれば,連鎖群レベルでの比較が可能になる。また,ある染色体の領域がブロックで動いているかどうかも,連鎖地図ベー

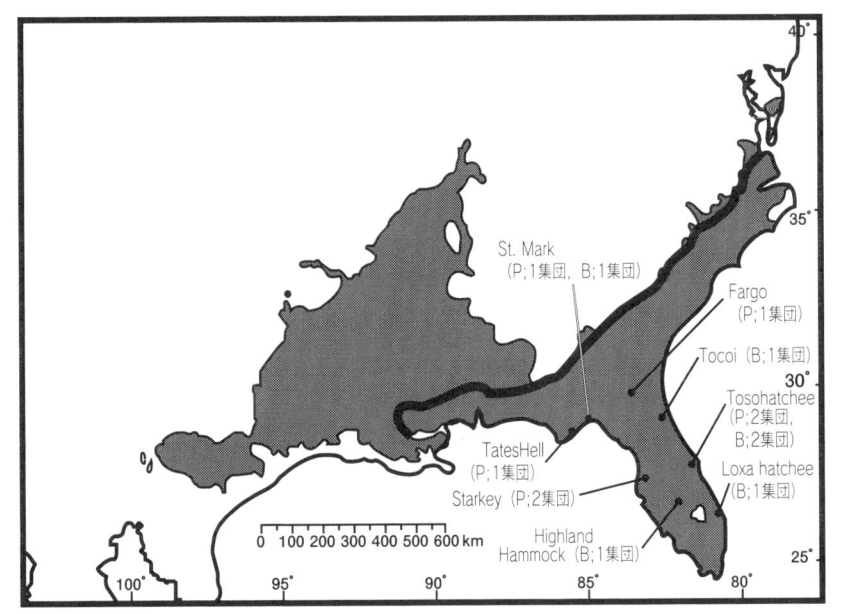

**図4 ヌマスギ2変種の分布と分析集団**
ボルドサイプレスは網掛けの地域全体に分布している。一方，ポンドサイプレスはフロリダ半島に主に分布し太線で分布範囲を示してある。また，分析集団のPはポンドサイプレス，Bはボルドサイプレスを示す。(Tsumura et al.,1999)

スでの比較を行うことにより明らかにできる。すなわち，それぞれの遺伝子座レベルでの多様性でだけではなく，連鎖群レベルでの比較が可能であるためである。

## (2) ヌマスギ (*Taxodium*) の2変種の遺伝的多様性と分化

ヌマスギは，白亜紀から洪積世にかけて，北米，ヨーロッパ，アジアに広く分布していた種である (Small, 1931, Florin, 1963)。しかし現在はアメリカ東南部及びメキシコの一部にだけ分布しており (図4, Watson, 1985)，湿地にドーム状の林分を構成するポンドサイプレスと，川沿いに生育するボルドサイプレスという2変種が存在している。変種間の遺伝的関係については，すでにアイソザイムを用いた調査が行われている (Lickey, 1996)。しかしながら，変種間の明確な違いは見出されておらず，分類学的にもそれらの区別は曖昧な状態である。

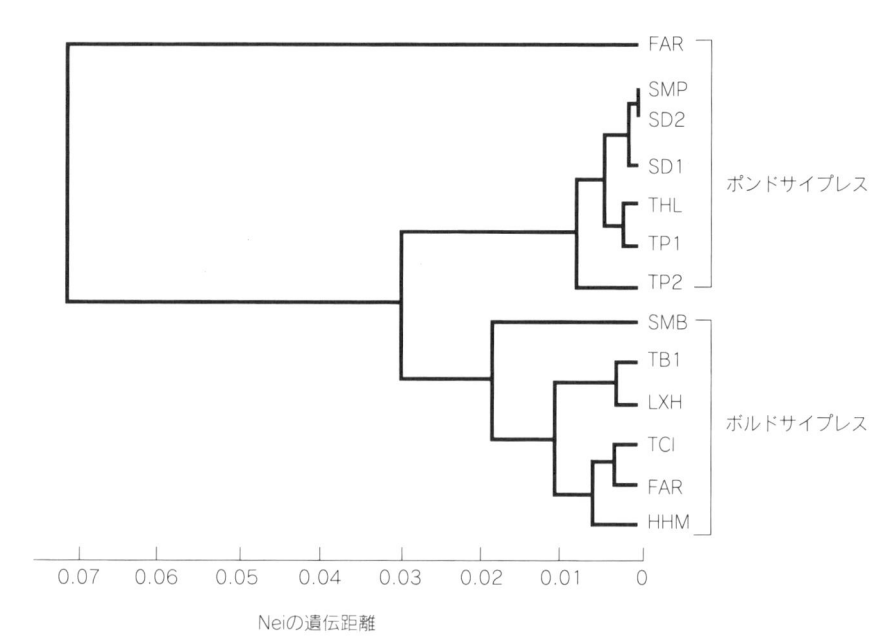

図5　CAPSマーカーを用いたポンド及びボルドサイプレスの遺伝的関係

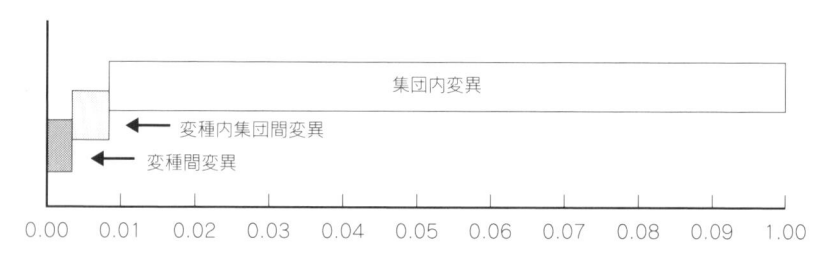

図6　ヌマスギ2変種における遺伝変異の所在

　スギで開発されているCAPSマーカーはPCRベースの簡便な共優性マーカーで，そのうえcDNAをもとに作成されているため，近縁種への応用が期待されるマーカーである。そしてヌマスギは葉緑体DNAを用いた分子系統樹上でスギと近縁な属とされている（Tsumura et al., 1994, Kusumi et al., 2000）。そこで，スギのCAPSマーカー40個についてヌマスギに利用可能かどうかをスクリーニングしたところ，約半数がPCR増幅可能であることがわかった。そのうち10種の多型遺伝子座を用いてボルドサイプレス6集団及びポンドサ

イプレス7集団の集団遺伝学的解析を行った (Tsumura et al., 1999)。その結果, 用いた10遺伝子座のうち9遺伝子座までは変種間で差がなかったが, 残りの1遺伝子座で明瞭な差が見られた。集団間の遺伝的距離をもとにしたクラスター分析では, 2変種が明瞭に分かれたが, その遺伝的分化の程度はかなり小さなものであった (図5)。またほとんどの遺伝的変異は各集団内に存在し, 変種内の集団間及び変種間の違いはわずかに4.9%と3.2%であった (図6)。さらに, 分析対象とした遺伝子の塩基配列データを用いてDNAデータベースとのホモロジー検索を行ったが, 残念ながら相同のものは現在のところ存在しなかった。

このように, アイソザイムでは明瞭な違いが見出せなかった変種間についても, その他の遺伝マーカーを用いれば何らかの違いが見出せることがある。2変種間で明らかな違いが見られた遺伝子が変種間の特徴を分けている遺伝子そのものであるとは考えにくいが, 多くの遺伝子を調べることにより, このような種特異的な特徴を示す遺伝子が必ず見つかるはずである。

## 7. おわりに

ヌマスギの例のように, cDNAに基づくマーカーであれば, 近縁種への応用が可能である場合が多いと考えられる。また, 使用できる遺伝子座数も実際的には限界がない。それに, 遺伝子地図が構築されていれば, 地図をもとにしたゲノムの比較も可能となる。ゲノム研究の進展にともない, このような応用例は増えるであろう。そのため, 近縁種でゲノム研究が行われていれば, 積極的に活用することにより信頼のできる新知見が見出せる可能性は高い。主要なQTLに関しても, 前述のように近縁種間では保存性が高いことが多いため, 近縁種での解析の進んだ種があれば参考にすべきである。

現在の技術ではマッピングに時間と労力がかかるため, マッピングを生態研究に応用する例はまだ少ない。しかしながら技術革新は日々行われ, ヒトでは連鎖不平衡とDNAマイクロアレーを組み合わせたマッピングも始まっている。SNPs (Single Nucleotide Polymorphisms) の解析も急速に進んでいる。このような手法を植物の生態研究に応用できる時代はそう遠い未来でないだろう。

## 参考文献

Basten, C. J., B. S. Weir & Z.-B. Zeng. 1996. QTL Cartographer. North Carolina State University, Raleigh.

Bennetzen, J. L. & M. Freeling. 1997. The unified grass genome: synergy in synteny. Genome Res. **7**: 301-306.

Bennetzen, J. L., P. Sanmiguel, M. Chen, A. Tikhonov & M. Francki et al. 1998. Grass genomes. Proc. Natl. Acad. Sci. USA **95**: 1975-1978.

Bradshaw, H. D. Jr., S. M. Wilbert, K. G. Otto & D. W. Schemske. 1995. Genetic mapping of floral traits associated with reproductive isolation in monkey flowers (*Mimulus*). Nature **376**: 762-765.

Bradshaw, H. D. Jr., K. G. Otto, B. E. Frewen, J. K. Mckay & D. W. Schemske. 1998. Quantitative trait loci affecting differences in floral morphology between two species of monkeyflower (*Mimulus*). Genetics **149**: 367-382.

Chen, M., P. Sanmiguel, A. C. D. Oliveira, S.-S. Woo & H. Zhang et al. 1997 Microcolinearity in sh-2-homologous regions of the maize, rice, and sorghum genomes. Proc. Natl. Acad. Sci. USA **94**: 3431-3435.

Florin, R. 1963. The distribution of conifer and taxad genera in time and space. Acta Horti. Berg., **20**: 121-312.

Gale, M. D. & K. M. Devos. 1998a. Comparative genetics in the grasses. Proc. Natl. Acad. Sci. USA **95**: 1971-1974.

Gale, M. D. & K. M. Devos. 1998b. Plant comparative genetics after 10 years. Science **282**: 656-658.

Gebhardt, C., E. Ritter, A. Barone, T. Debener & B. Walkemeier et al. 1991. RFLP maps of potato and their alignment with the homologous tomato genome. Theor. Appl. Genet. **83**: 49-57.

Grandillo, S. & S. D. Tanksley. 1996. Genetic analysis of RFLPs, GATA microsatellites and RAPDs in a cross between *L. esculentum* and *L. pimpinellifolium*. Theor. Appl. Genet.**92**: 957-965.

Grattapaglia, D. & R. Sederoff. 1994. Genetic linkage maps of *Eucalyputus grandis* and *E. urophylla* using pseudo-testcross mapping strategy and RAPD markers. Genetics **137**: 1121-1137.

Kim, S.-C. & L. H. Rieseberg. 1999. Genetic architecture of species difference in annual sunflowers: implications for adaptive trait introgression. Genetics **153**: 965-977.

Kusumi,J., Y. Tsumura, H. Yoshimaru & H. Tachida. 2000. Phylogenetic relationship in Taxodiaceae and Cupressaceae based on the *matK*, *chlL*, *trnL-trnF* IGS region and *trnL* intron sequence. Am. J. Bot. **87**: 1480-1488.

Kowalski, S. P., T.-H. Lan, K. A. Feldmann & A. H. Paterson. 1994. Comparative mapping of *Arabidopsis thaliana* and *Brassica oleracea* chromosomes reveals islands of conserved organization. Genetics **138**: 499-510.

Hamrick, J. L. & Godt, M. J. W. 1989. Allozyme diversity in plant species. *In*: A. H. D. Brown, M. T. Clegg, A. L. Kahler & B. S. Weir (eds.), Plant Population Genetics, Breeding, and

Genetic Resources, P.43-63. Sinauer Associates Inc., Sunderland, Massachusetts.

Lagercrantz, U. 1998. Comparative mapping between *Arabidopsis thaliana* and *Brassica nigra* indicates that *Brassica* genomes have evolved through extensive genome replication accompanied by chromosome fusions and frequent rearrangements. Genetics **150**:1217-1228.

Lander, E. S. & D. Botstein. 1989. Mapping mendelian factors underlying quantitative traits using RFLP linkage maps. Genetics **121**: 1111-1115.

Lander, E. S., P. Green, J. Abrahamson, A. Barlow, M. J. Daly, S. E. Lincoln & L. Newburg. 1987. MAPMAKER: an interactive computer package for constructing primary genetic linkage maps of experimental and natural populations. Genomics **1**: 174-181.

Lickey, E. B. 1996. An Investigation of the Genetic Structure of Baldcypress and Pondcypress Using Allozyme Analysis. M. Sc. Thesis, Appalachian State University, Boone, NC.

Liu, B.-H. & S. J. Knapp. 1990. G-MENDEL: a program for Mendelian segregation and linkage analysis of individual or multiple progeny populations using loglikelihood ratios. J. Heredity **51**: 407.

Livingstone, K. D., V. K. Lackney, J. R. Blauth, R. van Wijk & M. K. Jahn. 1999. Genome mapping in capsicum and the evolution of genome structure in the Solanaceae. Genetics **152**: 1183-1202.

Menancio-Hautea, D., C. A. Fatokun, L. Kumar, D. Danesh & N. D. Young. 1993. Comparative genome analysis of mungbean (*Vigna radiata* L. Wilczek) and cowpea (*V. unguiculata* L. Walpers) using RFLP mapping data. Theor. Appl. Genet. **86**:797-810.

Mukai, Y., Y. Suyama, Y. Tsumura, T. Kawahara, H. Yoshimaru, T. Kondo, N. Tomaru, T.Kuramoto & M. Murai. 1995. A linkage map for sugi (*Cryptomeria japonica*) based on RFLP, RAPD and isozyme loci. Theor. Appl. Genet. **90**: 835-840.

Niffeler, R. 1999. A new ordinal classification of the flowering plants. Trend Ecol. Evol. **14**: 168-170.

Paterson, A. H., Y.-R. Lin, Z. Li, K. F. Schertz, J. F. Doebly, S. R. M. Pinon & *et al.* 1995. Convergent domestication of cereal crops by independent mutations at corresponding genetic loci. Science **269**: 1714-1718.

Paterson, A. H., S. Danon, J. D. Hewitt, D. Zamir & H. D. Rabinovitch *et al.* 1991 Mendelian factors underlying quantitative traits in tomato: comparison across species, generations, and environments. Genetics **127**: 181-197.

Quillet, M. C., N. Madjidian, Y. Griveau, H. Serieys & M. Tersac *et al.* 1995. Mapping genetic factors controlling pollen viability in an interspecific cross in *Helianthus* sect. Helianthus. Theor. Appl. Genet. **91**:1195-1202.

Rieseberg, L. H. 1998. Genetic mapping as tool for studing speciation. *In*: Molecular Systematics of Plants II: DNA sequencing. (eds.), D. E. Soltis, P. S. Soltis & J. J. Doyle. pp.459-487. Kluwer Academic Publishers, Massachusetts.

Rieseberg, L. H., C. Van Fossen & A. Desrochers. 1995. Genomic reorganization accompanies hybrid speciation in wild sunflowers. Nature **375**: 313-316.

Rieseberg, L. H., J. Whitton & K. Gardner. 1999. Hybrid zones and the genetic architecture of

a barrier to gene flow between two sunflower species. Genetics **152**: 713-727.
Small, J. K. 1931. The cypress, southern remnant of a northern fossil type. J. New York Bot. Gard., **32**: 125-135.
Soltis, D. E. & P. S. Soltis. 1998. Choosing an approach and an appropriate gene for phylogenetic analysis. *In*: Molecular Systematics of Plants II: DNA sequencing. (eds.) D. E. Soltis, P. S. Soltis & J. J. Doyle. pp.1-42, Kluwer Academic Publishers, Massachusetts.
Tanksley, S. D., R. Bernatsky, N. L. Lapitan & J. P. Price. 1988. Conservation of gene repertorre but not gene order in pepper and tomato. Proc. Natl. Acad. Sci. USA **85**: 6419-6423.
Tanksley, S. D., M. W. Ganal, J. P. Prince, M. C. De Vicente, M. W. Bonierbate, P. Broun, *et al*. 1992. High density molecular linkage maps of tomato and potato genomes. Genetics **132**: 1141-1160.
Tomaru,N., Y. Tsumura & K. Ohba. 1994. Genetic variation and population differentiation in natural populations of *Cryptomeria japonica*. Plant Species Biol. **9**: 191-199
Tsumura, Y. & N. Tomaru. 1999. Genetic diversity of *Cryptomeria japonica* using co-dominant DNA markers based on Sequenced-Tagged Site. Theor. Appl. Genet. **98**: 396-404
Tsumura,Y., N. Tomaru, Y. Suyama & S. Bacchus. 1999. Genetic diversity and differentiation of Taxodium in the southeastern United States using cleaved amplified polymorphic sequences. Heredity **83**: 229-238.
Tsumura, Y., Y. Suyama, K. Yoshimura, N. Shirato & Y. Mukai. 1997. Sequence-Tagged-Sites (STSs) of cDNA clones in *Cryptomeria japonica* and their evaluation as molecular markers in conifers. Theor. Appl. Genet. **94**: 764-772.
Tsumura, Y., K. Yoshimura, N. Tomaru & K.Ohba. 1995. Molecular phylogeny of conifers using PCR-RFLP analysis of chloroplast genes. Theor. Appl. Genet. **91**: 1222-1236.
Ujino-Ihara, T., K. Yoshimura, Y. Ugawa, H. Yoshimaru, K. Nagasaka & Y. Tsumura. 2000. Expression analysis of ESTs derived from the inner bark of *Cryptomeria japonica*. Plant Mol. Biol. **43**: 451-457.
鵜飼保雄. 1999. 量的形質とQTL解析. 日本作物学会紀事 **68**: 179-186.
鵜飼保雄. 2000. ゲノムレベルの遺伝解析 ―MAPとQTL―. 368 pp, 東京大学出版会, 東京
Ukai, Y., R. Osawa, A. Saito & T. Hayashi. 1995. MAPL: a package of computer program for construction of DNA polymorphism linkage maps and analysis of QTL. Breed. Sci. **88**: 973-980.
Watson, F. D. 1985. The nomenclature of pondcypress and baldcypress (Taxodiaceae). Taxon **34**: 506-509.
Weeden, N. F., F. J. Muehlbauer & G. Ladizinsky, 1992. Extensive conservation of linkage relationships between pea and lentil genetic maps. J. Hered. **83**: 123-129.
Yasue, M., K. Ogiyama, S. Suto, H. Takahara, F. Miyahara & K. Ohba. 1987. Geographical differentiation of natural cryptomeria stands analysed by diterpene hydrocarbon constituents of individual tree. J. Jpn. For. Soc. **69**: 152-156.

# 第2部　きみにもできる遺伝子研究：
　　　　研究手法解説

プロローグ：遺伝的多様性研究ガイド
遺伝的多様性をはかるパラメータ
2-1. アロザイム実験法
2-2. RFLP分析法
2-3. PCR-RFLP法
2-4. AFLP分析法
2-5. SSCP分析法
2-6. マイクロサテライトマーカー分析法

# プロローグ：遺伝的多様性研究ガイド

### 津村義彦 (森林総合研究所)

## 1. 遺伝マーカーの歴史

　遺伝マーカーが植物の多様性研究に使われはじめたのは1970年代のことで，アロザイムがその中心であった。アロザイム分析は電気泳動と酵素の活性染色を組み合わせた酵素多型の検出技術で，1960年代にその基礎がつくられた (Markert & Møller, 1959)。当時，この技術は革新的な分析手法として広く受け入れられ，集団内および集団間の遺伝的変異を調べることを目的として盛んに用いられた。その後，交配様式や遺伝構造，遺伝子流動などの研究にも応用されるようになり，現在までに多くの情報が蓄積されている。80年代に入るとDNAの分析手法が開発され，遺伝的多型の検出方法としてサザンハイブリダイゼーション法を用いるRFLP分析が行われるようになった。しかしながら，この手法は実験ステップが多くて手間がかかるほか，危険な放射性ラベルを使用する場合が一般的だったことなどから，生態学的研究にはほとんど利用されなかった。1990年代に入ると，PCR (Polymerase Chain Reaction; Saiki et al., 1988) 法の発明により様相は大きく変わり，この手法を応用した様々な多型検出技術が開発された。特にSSR (Simple Sequence Repeat) 分析法は多型の検出感度が極めて高いため，親子鑑定や花粉流動，種子散布などの生態学的研究にも積極的に使われるようになった。またオルガネラDNAを用いた種分化及び集団分化の研究もPCRの活用で急速に進んだ。

## 2. どのゲノムを対象とするか

　植物の遺伝的変異をDNAレベルで研究する場合，葉緑体，ミトコンドリア，核という3種類の異なった由来のゲノムを対象とすることができる。こ

表1 ゲノムの特徴と情報

| ゲノム | ゲノムサイズ[1] | 遺伝子の突然変異率[2] | 遺伝様式[3] | ゲノムの特徴 |
|---|---|---|---|---|
| 葉緑体ゲノム | $1.2 \sim 1.7 \times 10^5$ | $1.0 \sim 3.0 \times 10^{-9}$ | 母性遺伝（被子植物）父性遺伝（裸子植物） | ゲノム構造の保存性が高い |
| ミトコンドリアゲノム | $2.0 \sim 20 \times 10^5$ | $0.2 \sim 1.0 \times 10^{-9}$ | 母性遺伝 父性遺伝（マツ科以外の針葉樹） | 構造変異を起こしやすい |
| 核ゲノム | $10^8 \sim 10^{10}$ | $5.0 \sim 30.0 \times 10^{-9}$ | 両性遺伝 | ゲノムサイズが大きく，組換えが多い |

1)高等植物，2)平均同義置換（Wolfe *et al*., 1987），3)Mogensen（1996）

れらの遺伝様式は分類群によって異なるものがあるため，対象とする種の遺伝様式に応じた使い分けが必要である（表1）。たとえばマツ科の場合，葉緑体DNAは父性遺伝，ミトコンドリアDNAは母性遺伝，核DNAは両性遺伝するため，それぞれのゲノムの解析を使い分けることで面白い研究ができる（第1部第5章参照）。

　PCRを用いてDNA分析を行う場合，目的のDNA領域近傍の塩基配列情報に基づいてPCRプライマーをデザインするため，既知のデータが多いゲノムほど解析が容易である。葉緑体ゲノムはすでに10数種（タバコ，ゼニゴケ，イネ，クロマツなど）について全塩基配列が決定されているため，利用可能な情報が最も多い。ミトコンドリアゲノムについても数種（ゼニゴケ，シロイヌナズナなど）で全塩基配列の解読が終了し，主要な遺伝子の塩基配列については数多くの種で明らかにされている。またこのゲノムの遺伝子は保存性が高いため，広い範囲の種群で共通の情報を利用することができる。一方，核ゲノムについては多くの遺伝子の塩基配列が登録されているが，ゲノムサイズが格段に大きいことに加え，遺伝子の進化速度が他のゲノムに比べて速いため塩基配列情報の汎用性が低く，解析対象としては扱いにくい。しかし，最も多くの情報（適応的な形質を支配する遺伝子など）を含んでいるために，今後は積極的に解析が行われることが期待される。また，十分な塩基配列情報がない種を対象とする場合にはコモンプライマーを用いるPCRをベースとしたRAPD法（Random Amplified Polymorphic DNA; Williams *et al*., 1990），ISSR法（Inter-Simple Sequence Repeat; Zietkiewicz *et al*., 1994），AFLP法（Amplified Fragment Length Polymorphism; Vos *et al*., 1995）などを活用して核ゲ

ノムの変異を検出する方法が取られる。しかし，これらの手法によって得られる多型は基本的には優性遺伝マーカーであるため，研究目的をよく考えて導入を判断する必要がある。

## 3. どのレベルの遺伝的変異を測るのか

　植物を対象とした遺伝的変異の研究は，これまでに科，属，種レベルの大きな分類単位から，種内，集団間，集団内まで，様々なレベルを対象として行われてきた。そして，各レベルにおける遺伝的変異の大きさ（遺伝的多様性）は分類群ごとに大きく異なることが明らかになってきた。今後さらに多くの遺伝情報が蓄積・整理されれば，それぞれの分類群ごとに遺伝的な変異の大きさの目安を示すことができるであろう。このデータが利用できれば，たとえばある科における複数属の遺伝的な関係（分化の程度）と変異の大きさを合わせてイメージすることも可能になる（図1）。形態による質的な分類にこのような量的な評価が加われば，生態学的な研究を始めるうえでも大いに参考になるであろう。同様に種内の集団間・集団内における遺伝的変異の大きさの違いも種によって異なる。これは分化してからの時間だけではなく，遺伝子流動（花粉流動，種子散布），交配様式などに大きく影響される。

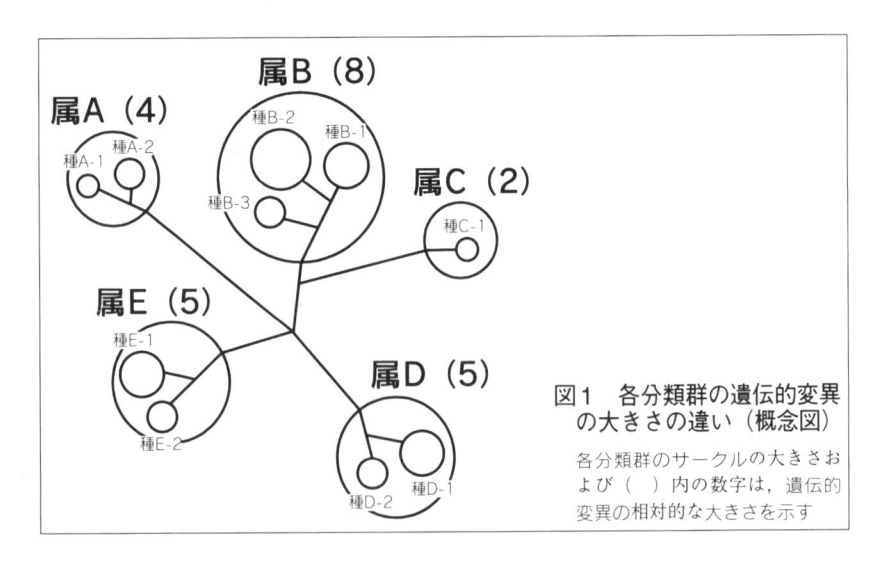

**図1　各分類群の遺伝的変異の大きさの違い（概念図）**

各分類群のサークルの大きさおよび（　）内の数字は，遺伝的変異の相対的な大きさを示す

このように，どの分類レベルの解析を行うかによって扱う遺伝的変異の大きさも異なるため，解析に用いる手法及びマーカーもそれに合わせて適切に選択する必要がある。たとえば，属間または種間レベルを対象とするのであれば，種内では保存性の高い葉緑体DNAを指標として評価するとよい。また種内を対象とするであれば，種間の相対比較ができるアロザイム分析が有効である。

また得られたデータを評価するのに用いられるのが，「遺伝的多様性をはかるパラメータ（p. 179～182）」に示した集団遺伝学のパラメータである。

## 4. どの遺伝マーカーを使うか

これまで，多くの遺伝的多様性研究は主にアロザイム分析を利用して行われてきた。特に，酵素の所在と期待遺伝子座数が明らかな酵素種については推定遺伝子座として簡便に利用できる（詳しくは矢原, 1988参照）ことが示されて以来急速に普及し，多くの動物・植物種の遺伝的多様性や交配様式などを調べるためにこの技術が用いられてきた。現在では100種を超える植物種で遺伝的多様性が調べられている。Hamrick & Godt（1989）は，これらのデータを取りまとめて，植物種の分類群，生活史，分布様式，交配様式，種子散布，繁殖様式および遷移などの多くの生態的な特徴との比較を行って，興味深い知見を見出している（第2部第1章参照）。アロザイム分析を用いれば，遺伝情報がまったくなくても信頼のおけるデータが取れるため（Nason et al., 1998），とりあえず遺伝的変異を知るためには優れた手法である。しかしながらこの分析法にはいくつかの短所がある。たとえば，使用できる遺伝子座の数がせいぜい20程度に限られているために，得られる情報にも限りがある。また，淘汰に対してほぼ中立であると考えられているために，この手法を用いる限り淘汰にかかわる形質などは連鎖している場合を除いて検出できない。さらに，検出される多型性の程度が比較的低いため，その応用範囲に限界があるなどの欠点があげられる。

そこで近年，遺伝的多様性研究にもDNAの解析技術が導入され，活発に使われ始めている。DNA分析を利用した遺伝マーカーには，①使用できる遺伝子座数に実際上制限がないこと，②ゲノム全体での比較が可能であるこ

表2 分子マーカーの特徴：情報および開発の観点から見て

| マーカー | 特徴 | DNAライブラリーの必要性 | 開発の難易 | 塩基配列データの必要性 | 多型性 | 使用するDNA量 | 優性/共優性 |
|---|---|---|---|---|---|---|---|
| RFLP | プローブ必要 | 有 | やや労力必要 | 無 | 中程度 | 多い | 共優性 |
| SSR | 単純繰り返し配列 | 有 | 時間・労力必要 | 有 | 超多型 | 微量 | 共優性 |
| STS | シークエンス情報 | 有 | 時間・労力必要 | 有 | 中程度 | 微量 | 共優性 |
| CAPS | シークエンス情報プライマー，PCR | 有 | 時間・労力必要 | 有 | 中程度 | 微量 | 共優性 |
| RAPD | 10merのランダムプライマー，PCR | 無 | 簡単 | 無 | 中程度 | 微量 | 優性 |
| ISSR | 15-18merのプライマー，PCR | 無 | 簡単 | 無 | 中程度 | 微量 | 優性 |
| AFLP | 2種類のプライマーPCR，シークエンスゲル | 無 | ゲノムサイズによる条件設定，比較的簡単 | 無 | 多型 | 微量 | 優性 |

表4 研究目的と分析技術

| 分析対象ゲノム | 手法 | 使う手法 | 多型のタイプ |
|---|---|---|---|
| 核DNA | RFLP | サザンハイブリダイゼイション | 塩基置換，挿入・欠失 |
| | STS | PCR | 挿入・欠失 |
| | CAPS | PCR | 塩基置換，挿入・欠失 |
| | SSR | PCR | 反復回数の変異 |
| | RAPD | PCR | 塩基置換，挿入・欠失 |
| | ISSR | PCR | 塩基置換，挿入・欠失 |
| | AFLP | PCR | 塩基置換，挿入・欠失 |
| | シークエンス | シークエンス | 塩基置換 |
| 葉緑体DNA | RFLP | サザンハイブリダイゼイション | 塩基置換，挿入・欠失 |
| | CAPS | PCR | 塩基置換，挿入・欠失 |
| | SSR | PCR | 反復回数の変異 |
| | シークエンス | シークエンス | 塩基置換 |
| ミトコンドリアDNA | RFLP | サザンハイブリダイゼイション | 塩基置換，挿入・欠失 |
| | シークエンス | シークエンス | 塩基置換 |

と，③淘汰に対して中立ではない遺伝子座も解析可能であること，④解像度が高い超多型な遺伝子座（マイクロサテライト，第2部第6章参照）が利用できることなど，多くの有利な点をあげることができる。一方不利な点としては，①特に共優性マーカーについては開発に時間と労力がかかること，②解析に

表3 分子マーカーの特徴：遺伝子座の多さの観点から見て （Bates *et al*, 1996を改変）

| マーカー | 多型割合 多型バンド／サンプル | $H_o$観察値 | マーカーインデックス値 多型割合×期待$H_e$ | マップ解像度 ゲノム中のマーカー数 | 優性／共優性 | おすすめ研究 | 条件が整えばできる研究 |
|---|---|---|---|---|---|---|---|
| RFLP | 1～2 | 0.41 | 1.00 | 1,000 | 共優性 | ゲノムマッピング，多様性研究 | 遺伝子流動，父性解析 |
| CAPS[1] | 1～2 | 0.26～0.38 | 3.00 | 1,000 | 共優性 | 多様性研究 | 遺伝子流動，父性解析 |
| SSR | 1～2 | 0.56～0.68 | 6.00 | 10,000 | 共優性 | ゲノムマッピング，多様性研究 | 遺伝子流動，父性解析 |
| RAPD | 5～20 | 0.41 | 2.30 | 10,000 | 共優性 | 家系構造，遺伝子流動，ゲノムマッピング | 集団分化 |
| ISSR[2] | 5～20 | 0.80 | 4.00 | 10,000 | 優性 | クローン構造，ゲノムマッピング | 集団分化，父性解析 |
| AFLP | 20～100 | 0.31 | 6.08 | >100,000 | 優性 | クローン構造，ゲノムマッピング | 集団分化，父性解析 |

1) Tsumura & Tomaru, 1999; Tsumura *et al*,. 1999,　2) Tsumura *et al*., 1996

| 優性／共優性 | おすすめ研究 | 条件が整えばできる研究 |
|---|---|---|
| 優性 | クローン構造，ゲノムマッピング | 集団分化，父性解析 |
| 共優性 | 種分化，集団分化，適応的遺伝子 | |
| - | 種分化，集団分化，分子系統 | |
| - | 種分化，集団分化，分子系統 | |
| - | 種分化，集団分化 | 父性解析，遺伝子流動 |
| - | 分子系統 | |
| - | 種分化，集団分化 | 種子散布 |
| - | 分子系統，集団分化 | |

高額な分析機器（オートシークエンサー等）が必要で，試薬も比較的高価なことなどがあげられる。しかし，いったんDNAマーカーとして開発されたものにはサーマルサイクラーや電気泳動装置等の比較的安価な機器で解析できるものもあり，分析コストもアロザイムと比較して桁違いほどには違わない

程度に抑えることが可能である．あるいは，得られる情報量から考えれば，多少のコストがかかることも問題にはならないかもしれない．

現在使用できるDNAマーカーの種類と特徴は表2，3に示した．これらのDNAマーカーを研究目的に合わせて適切に使い分けることが重要である（表4）．一般的に言えることは，優性マーカーについてはクローン構造の調査のようにDNAフィンガープリントだけで十分な情報になり得るものに使うことが望ましい．ただし，優性マーカーであっても遺伝子型が判定できる場合には，遺伝的変異性の調査やゲノムマッピングなどに利用できる．一方，共優性マーカーは利用範囲が広くて情報量も多い．このためどのような研究にも利用できるが，その場合，多型性の程度が問題となる．分析しなければならない個体数や得たい結果，利用できる設備および技術，さらには費用等を考え，適切な遺伝マーカーの選択を行うことが重要である．表4にあげたように，研究目的によってうまく使い分ければ，コストも節約でき，効率的なデータの収集が可能である．総合的に見て，現時点で最も便利なものはPCRベースの共優性マーカーである．そこで，以下に主なPCRベースのマーカーについて概説する．

## 5. PCRベースのマーカー

PCR法の発明および発展により，現在では簡単にDNAを扱えるようになってきた．これらについてはWolfe & Liston (1998) に詳細なレビューがあるので参考にされたい．PCRベースのマーカーは，「コモンプライマーを用いるマーカー」と「プライマー開発の必要な共優性マーカー」と，大きく2つに分けることができる．前者にはRAPD，ISSR，AFLPがあり，これらは市販のプライマーまたはキットを用いて比較的簡単に使うことができる．このうちRAPDは，市販プライマーが1,000種類を超えており，それらを簡単に入手できる．しかし実験条件（*Taq*ポリメラーゼの種類，PCR溶液の組成，PCR装置など）によってRAPDパターンが変化することが知られているので，慎重に使用することをおすすめする．またオルガネラDNAを同時にPCR増幅してしまうので注意が必要である．マツ科の針葉樹であるダグラスファーでは約30％がオルガネラ由来のDNA断片であったという報告もあり

(Aagaard et al., 1995)，見ている多型がオルガネラDNA変異の可能性もある。ISSRはRAPDより安定したパターンが得られ，また多型性も高いが，使用できるプライマー組は100種類程度と限界がある（Tsumura et al., 1996）。RAPDと同じ実験環境で使用可能で，しかも多型性が高いためクローン同定にはより効率的に用いることができる。最も新しいAFLPマーカーは，安定さと多型性の点では最も優れたマーカーである。しかし，条件設定および解析がやや複雑になる。現在ではクローン構造の調査によく用いられている（第1部第1章参照）。

プライマー開発が必要なマーカーには，SSR（Simple Sequence Repeat），SSCP（Single-Strand Conformation Polymorphism, Orita et al., 1989），STS（Sequence-Tagged Site），CAPS（Cleaved Amplified Polymorphic Sequences）があげられる。

SSRはマイクロサテライトとも呼ばれ，植物生態学的研究では花粉流動，種子散布，家系構造解析などによく用いられている（第1部第3章参照）。しかしながら，プライマーの開発に多くの労力を要するのが難点である。プライマーの開発を行うためには，まずゲノム中のSSR領域を単離する必要がある。その過程にかなりの労力を要するが，ゲノムライブラリーを構築してコロニーハイブリダイゼイション法を用いる従来法は効率が悪いので，現在ではSSR領域をある程度濃縮してから単離する方法が主に採られている（Kijas et al., 1994; Takahashi et al., 1996; Fischer & Bachmann, 1998）。そのほかにもRAPD法と組み合わせた単離方法やアンカープライマー法などのユニークな方法も試みられており（Lench et al., 1996），開発労力を軽減する様々な工夫がなされている。実際の解析において，たとえば天然林での花粉親探しを行う場合，通常複数のSSRマーカーを利用することになる。その際必要なSSRマーカーの数は多型性の程度と関連しており，多型性の高いマーカーだけを用いれば3個程度でも十分な場合がある。実際には，父性排斥率（Wier, 1996）が高くなるように4～6座程度のSSRが用いられているため（Chase et al., 1996; Dow & Ashley, 1996; Konuma et al., 2000），必要な数だけのマーカーを開発しなければならない。ただし，近縁種間であればプライマーの共用が可能であることも知られているので，独自にプライマー開発を行う前にあらかじめ近縁種の情報も検索しておくとよい（Dayanandan et al.1997; Isagi &

Suhandono, 1997; Ujino *et al.*, 1998)。

　SSCPは1塩基の違いも検出できる簡便な方法として注目されている。応用例としては，葉緑体DNAを解析した例がある（Watano *et al.*, 1995; Bodenes *et al.*, 1996)。しかし実際には電気泳動の条件設定などが難しい場合があり，二次構造の不安定さから約1/3の塩基変異は検出されないようである。最近では蛍光ラベルしたプライマーで多検体を一度に処理できる方法も考案されており，将来性は十分ある。

　STSは塩基配列情報に基づいてプライマーを設計し，ターゲット部分だけを増幅する方法である。SSRも大きくはこれに含まれる。たとえば3'-UTR部分（未翻訳部分）に片側のプライマーを設定すると増幅領域にイントロンが含まれる確率が高くなり，その部分に挿入または欠失の変異が出やすいという報告もある（Perry & Bousquet, 1998)。この場合，PCR反応後，アガロース電気泳動だけで多型の検出が行える。もし欠失／挿入の多型がなければ制限酵素処理することにより多型検出が可能になる場合がある。これをCAPS（第2部第3章参照）マーカーと呼ぶ。

　これらのプライマーを設計するためには，対象とする領域の塩基配列データが必要となる。そのデータを得るためには，自分自身でシークエンスを行うかデータベースから入手するかのどちらかが必要である。近縁種でゲノム研究が活発に行われていれば，データベースを活用することをすすめる。DNAデータベースの登録件数は，ヒトを初めシロイヌナズナ，イネなどについてのゲノム研究が盛んに行われて膨大になっている。このほか多くの種についてもDNAの塩基配列がデータベースに登録されている（DDBJ, EMBL, GENBANK)。これらの情報は誰でもインターネットを通じて簡単に入手できる（第2部第3章参照)。

　生態研究にとって遺伝的な情報の位置づけは，現状ではそれほど高くないように思われる。それは遺伝的な解析技術が難しいとか，高度な機器が必要だとか思われているのが原因だと思う。しかしながら生態研究者にとってはDNA解析で得られる情報はかなり魅力的であることも事実であろう。現在では，解析手法は簡便になる一方であるため，初学者でもあまり躊躇なく始めることができるようになってきた。そのために各種遺伝マーカーの特徴を十分理解したうえで，それぞれの研究の目的にあうように本書の実験プロト

コルを有効に活用されることを期待する。

## 参考文献

Aagaard, J. E., S. S. Vollmer, F. C. Sorensen, & S.H. Strauss. 1995. Mitochondrial DNA products among RAPD profiles are frequent and strongly differentiated between races of Douglas-fir. Molecular Ecology **4**: 441-446

Bodenes, C., F. Laigret, & A. Kremer. 1996. Inheritance and molecular variations of PCR-SSCP fragments in pedunculate oak (*Quercus robur* L.). Theoretical and Applied Genetics **93**: 348-354

Bates, S. R. E., D. A. Knorr, J. W. Weller & J. S. Ziegle. 1996. Instrumentation for automated molecular marker acquisition and data analysis. *In*: B. W. S. Sobral (ed.), The Impact of Plant Molecular Genetics, p.239-255. Birkhauser Boston, Cambridge.

Botstein, D., R. L. White, M. H. Skolnick & R. W. Davis. 1980. Construction of a genetic linkage map using restriction fragment length polymorphisms. Amrican Journal of Human Genetics **32**: 314-331.

Chase, M. R., C. Moller, R. Kessell, & K. Bawa. 1996. Distant gene flow in tropical trees. Nature **383**: 398-399

Dow, B. D. & M. V. Ashley. 1996. Micorsatellite analysis of seed dispersal and parentable of sapling in bur oak, *Quercus macroptera*. Molecular Ecology **5**: 615-627.

Dayanandan, S., K. S. Bawa & R. Kesseli. 1997. Conservation of microsatellites among tropical trees (Leguminosae). American Journal of Botany **84**: 1658-1663.

Fischer D, & K. Bachmann. 1998. Microsatellite enrichment in organisms with large genomes (*Allium cepa* L.). BioTechniques **24**: 796-802.

Hamrick, J. L. & M. J. W. Godt. 1989. Allozyme diversity in plant species. *In*: Brown, A. H. D., Clegg, M. T., Kahler, A. L. & Weir, B. S. (eds.), Plant Population Genetics, Breeding, and Genetic Resources, p.43-63. Sinauer Associates Inc., Sunderland.

Isagi, Y., & S. Suhandono. 1997. PCR primers amplifying microsatellite loci of *Quercus myrsinifolia* Blume and their conservation between oak species. Molecular Ecology **9**: 897.

Kijas, J. M., J. C. Fowler, C. A. Garbett & M. R. Thomas. 1994. Enrichment of microsatellites from the citrus genome using biotinylated oligonucleotide sequences bound to streptavidin-coated magnetic particles. BioTechnology **16**: 656-662.

Kimura, M. 1983. The Neutral Theory of Molecular Evolution. Cambridge Press, Cambridge.

Kimura, M. & J. F. Crow. 1964. The number of alleles that can be maintained in a finite population. Genetics **49**: 725-738.

Konuma, A., Y. Tsumura, C. T. Lee, S. L. Lee & T. Okuda. 2000. Estimation of gene flow in the tropical-rain forest tree *Neobalanocarpus heimii* (Dipterocarpaceae) inferred from paternity analysis. Moleculor Ecology **9**: 1843-1852.

Lench, N. J., A. Norris, A. Bailey, A. Booth & A. F. Markham. 1996. Vectorette PCR isolation of microsatellite repeat sequence using anchored dinucleotide repeat primers. Nucleic Acids Research **24**: 2190-2191.

Markert, C. L. & F. Møller. 1959. Multiple forms of enzymes: tissue, ontogenetic, and species specific patterns. Proceedings of the National Academy of Sciences, USA **45**: 753-763.

Mogensen, H. L. 1996. The hows and whys of cytoplasmic inheritance in seed plants. American Journal of Botany **83**: 383-404.

Mukai, T. & C. C. Cockerham. 1977. Spontaneous mutation rates at enzyme loci in *Drosophila melanogaster*. Proceedings of the National Academy of Sciences, USA **74**: 514-517.

Nason, J. D., E. A. Herre & J. L. Hamrick 1998. The breeding structure of a tropical keystone plant resource. Nature **391**: 685-687.

Nei, M. 1972. Genetic distance between populations. American Naturalist **106**: 283-292

Nei, M. 1973. Analysis of gene diversity in subdivided populations. Proceedings of the National Academy of Sciences, USA **70**: 3321-3323.

Nei, M. & A. K. Roychoudhury. 1974. Sampling variances of heterozygosity and genetic distance. Genetics **76**: 379-390

Nei M., & F. Tajima. 1981. DNA polymorphism detectable by restriction endonucleases. Genetics **97**: 145-63

Orita M, H. Iwahana, H. Kanazawa, K. Hayashi & T. Sekiya. 1989. Detection of polymorphisms of human DNA by gel electrophoresis as single-strand conformation polymorphisms. Proceedings of the National Academy of Sciences, USA **86**: 2766-2770

Perry, D.J. & J. Bousquet. 1998. Sequence-tagged-site (STS) markers of arbitrary genes: development, characterization and analysis of linkage in black spruce. Genetics **149**: 1089-1098

Saiki, R. K., D. H. Gelfand, S. Stoffel, S. J. Scharf, R. Higuchi, G. T. Horn, K. B. Mullis & H. A. Erlich. 1988. Primer-directed enzymatic amplification of DNA with a thermostable DNA polymerase. Science **4839**: 487-491

Slatkin, M. 1995. A measure of population subdivision based on microsatellite allele frequencies. Genetics **39**: 457-462.

Southern, E. M. 1975. Detection of specific sequences among DNA fragments separated by gel electrophoresis. Journal of Molecular Biology **98**: 503-517.

Takahashi, H., N. Nirawasa & T. Furukawa. 1996. An efficient method to clone chicken microsatellite repeat sequence. Japanese Poultry Science **33**: 292-299

Tsumura, Y., K. Ohba & S. H. Strauss. 1996. Diversity and inheritance of inter-simple sequence repeat polymorphisms in Douglas-fir (*Pseudotsuga menziesii*) and sugi (*Cryptomeria japonica*). Theoretical and Applied Genetics **92**: 40-45.

Tsumura, Y. & N. Tomaru. 1999. Genetic diversity of *Cryptomeria japonica* using co-dominant DNA markers based on Sequenced-Tagged Site. Theoretical and Applied Genetics **98**: 396-404.

Tsumura, Y., N. Tomaru, Y. Suyama & S. Bacchus. 1999. Genetic diversity and differentiation of *Taxodium* in the southeastern United States using cleaved amplified polymorphic sequences. Heredity **83**: 229-238.

Ujino, T., T. Kawahara, Y. Tsumura, T. Nagamitsu, Wickneswari R. & H. Yoshimaru. 1998. Development and polymorphism of simple sequence repeat DNA markers for *Shorea curtisii* and other Dipterocarpaceae species. Heredity **81**: 422-428.

Vos, P., R. Hogers, M. Bleeker, M. Reijans, T. van de Lee, M. Hornes, A. Fritjters, J. Pot, J. Peleman, M. Kuiper & M. Zabeau. 1995. AFLP: a new technique for DNA fingerprinting. Nucleic Acids Research **23**: 4407-4414.

Watano, Y., M. Imazu & T. Shimizu. 1995. Chrolopast DNA typing by PCR-SSCP in the *Pinus pumila - P. parvifolia* var. *pentaphylla* complex (Pinaceae). Journal of Plant Research **108**: 493-499.

Weir, B.S. 1996. Genetic Data Analysis II. Sinauer Associates, Sunderland.

Williams, J. G. K., A. R. Kubelik, K. J. Lival, J. A. Rafalski & S. V. Tingey. 1990. DNA polymorphisms amplified by arbitrary primers are useful as genetic markers. Nucleic Acids Research **18**: 6531-6535.

Wolfe, A. D. & A. Liston. 1998. Contribution of PCR-based methods to plant systematics and evolutionary biology. *In*: D. E. Soltis, P. S. Soltis & J. J. Doyle (eds.), Molecular Systematics of Plants II: DNA sequencing, p.43-86. Kluwer Academic Publishers, Massachusetts.

Wolfe, K. H., W. H. Li & P. M. Sharp. 1987. Rates of nucleotide substitution vary greatly among plant mitochondrial, chloroplast, and nuclear DNAs. Proceedings of the National Academy of Sciences, USA **84**: 9054-9058

Wright, S. 1951. The genetical structure of populations. Annu. Eugen. **15**: 323-354

矢原徹一 1988. 酵素多型を用いた高等植物の進化学的研究—最近の進歩. 種生物学研究 **12**: 26-55.

Yahara, T., M. Ito, K. Watanabe, & D. J. Crawford. 1991. Very low genetic heterozygosities in sexual and agamospermous populations of *Eupatorium altissimum* (Asteraceae). American Journal of Botany **78**: 706-710.

Zietkiewicz, E., A. Rafalski & D. Labuda 1994. Genome fingerprinting by simple sequence repeat (SSR)-anchored polymerase chain reaction amplification. Genomics **20**: 176-183.

**用語集**

## 第2部を読む前に知っておきたい用語集

**制限酵素**：特定の塩基配列を認識し，その部位だけを切断する酵素。4塩基，6塩基認識酵素がそのほとんどで，約100種類程度が市販されている。

**電気泳動**：DNAを電気的に分離する場合，その分子量に応じて分画する方法。使われるゲルはアガロース，アクリルアミドが多い。

**ナイロンメンブレン**：電気泳動したDNAを固定するために，ゲルから移し取るためのメンブレン（膜）。いったん移せば，長期間の保存が可能である。

**遺伝マーカー**：遺伝様式（メンデル遺伝または非メンデル遺伝）がわかっているマーカー。現在まで使われてきたのは，形態遺伝子，アイソザイム，テルペノイド，DNAである。

**アイソザイム**：同一の酵素反応を触媒する酵素群。

**アロザイム**：同一の遺伝子座によってコードされている酵素群。

**DNAプローブ**：相補的なDNA領域をゲノム内で探す場合，探索する遺伝子（DNA）が必要になる。サザンハイブリダイゼイションの際に使用するDNAのことをプローブと呼ぶ。

**多型遺伝子座**：2つ以上の異なる対立遺伝子によって支配されている遺伝子座。単型的遺伝子座は逆に単一の対立遺伝子で固定しているものを言う。

**サザンハイブリダイゼーション**：サザン（1975）が提唱したDNAの分析方法で，アガロースゲル等で電気泳動したDNAをメンブレンに1本鎖の状態で移し取り，ラジオアイソトープ等で標識したDNAをメンブレンのDNAとハイブリダイズさせ，目的のDNAを検出する方法（「RFLP」参照）。

**物理地図**：制限酵素で切断したDNA断片をつなぎ合わせてつくった地図。すなわち物理的に切断された地図であるため，このような名前がついている。

**PCR (Polymerase Chain Reaction)**：Saikiら（1988）によって提唱された，画期的なDNA増幅法。DNAの特定の部位をDNAの物理性と耐熱性のDNAポリメラーゼを利用して，数100万倍に増幅する反応。現在では専用の機械で反応が行われている。

**プライマー**：PCRで用いるDNAの増幅の起点になる塩基配列。通常は10～40mer程度のものを目的によってデザインして使う。

## RFLP (Restriction Fragment Length Polymorphism)，制限酵素断片長多型

特定のDNA（DNAプローブ）を放射性同位元素または蛍光色素等で標識し，調査したいゲノムDNAとハイブリダイゼイション（ハイブリッド形成）を行い，多型を検出する方法である（Botstein *et al.*, 1980）。プローブとなるDNAが多数あれば，多くのデータが得られる。手法としては新しくないが，手法の背景が明快で，核DNAでは共優性遺伝をするため，非常に優れた方法である。欠点としては，DNA量が比較的多く必要で，操作が多少複雑となることである。

**対象研究**：遺伝および連鎖解析，遺伝的多様性，集団分化等
**対象ゲノム**：cpDNA, mtDNA, nDNA

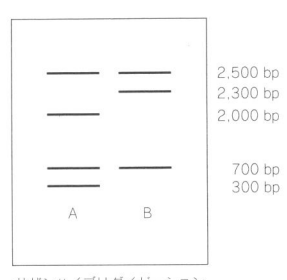

## RAPD (Random Amplified Polymorphic DNA)

ゲノムDNAをランダムに増幅する方法である (Williams *et al.*, 1990)。10〜12塩基のランダムプライマーを用いて，これらと同じ配列を持つ部分にはさまれた領域をPCR増幅し，多型性の調査を行う。アガロースゲル電気泳動で確認できる増幅されたDNAフラグメントは数本から十数本で，そのほとんどは優性遺伝すると言われている。遺伝分離の調査を行うと，1〜4割程度がオルガネラDNAのものであったり，メンデル遺伝していないものであったりするという報告もある。そのため，使用にあたっては，目的に応じて慎重に行うべきである。

**対象研究**：クローン同定，半数体 ($n$) の生物（組織）の遺伝的多様性研究および連鎖解析，戻し交雑家系の連鎖解析
**対象ゲノム**：核DNA

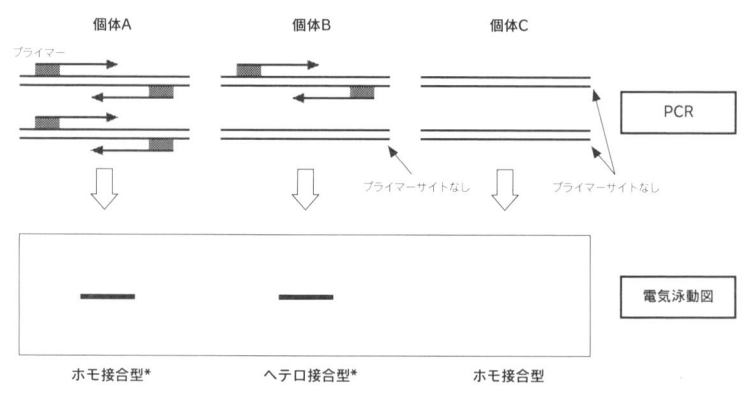

| 個体A | 個体B | 個体C |
|---|---|---|
| ホモ接合型* | ヘテロ接合型* | ホモ接合型 |

\*：優性遺伝マーカーであるため，バンドありのホモ接合型とヘテロ接合型の区別がつかない。

## SSR (Simple Sequence Repeat), マイクロサテライト

　ゲノム内に多数存在する, (CT)n, (CA)n, (GTG)nなどのような2～6塩基の繰返し配列のことを言う。多型はこの繰り返し配列数の違いとして検出される場合が多い。ゲノムの複製の際に, Slippageにより複製ミスをするために変異が起こると言われており, そのため突然変異を起こしやすいと言われている ($10^{-2} \sim 10^{-5}$)。このマーカーの開発は, ゲノムライブラリーの作成を行い, その中からマイクロサテライトの挿入部位をスクリーニングするというかなりの手間がかかる。しかし, いったん単離してしまえば簡便で, 超多型マーカーとして活用できる。また, 集団中での多型性の程度は非常に高い。マイクロサテライトDNA配列のほとんどは核DNA内に存在するが, 一部, 葉緑体DNA内のmono necleotide repeatを活用した研究もある。正確に遺伝子型を決定するためには, シーケンスゲルまたはオートシーケンサーで電気泳動する必要がある。

**対象研究**：親子鑑定, 花粉および種子の動き, 交配様式
**対象ゲノム**：主にnDNA

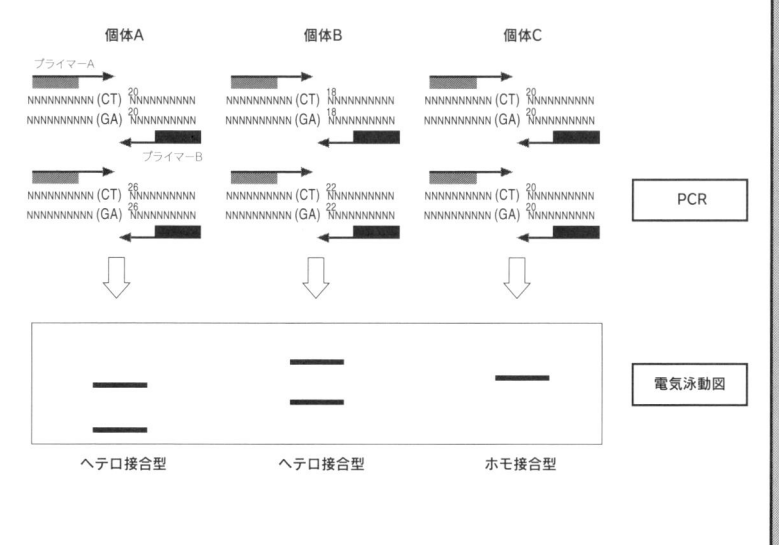

## ISSR (Inter-Simple Sequence Repeat)

マイクロサテライト配列を利用した，簡便な多型の調査方法である。すなわち，アンカー配列を付加したマイクロサテライトDNA配列（例：$(CT)_{20}AG$など）をプライマーとして，マイクロサテライトにはさまれた部分を特異的にPCR増幅し，多型を調べる方法である。アンカー配列は5'末端または3'末端についている。基本原理はRAPDと同じであるが，アニーリング温度が高いことから，より安定したマーカーであると考えられている。RADPに比べ多型性は高いが，使用できるプライマー数が少ない。

**対象研究**：RAPDに同じ（クローン同定，半数体（$n$）の生物（組織）の遺伝的多様性研究および連鎖解析，戻し交雑家系の連鎖解析）

**対象ゲノム**：nDNA

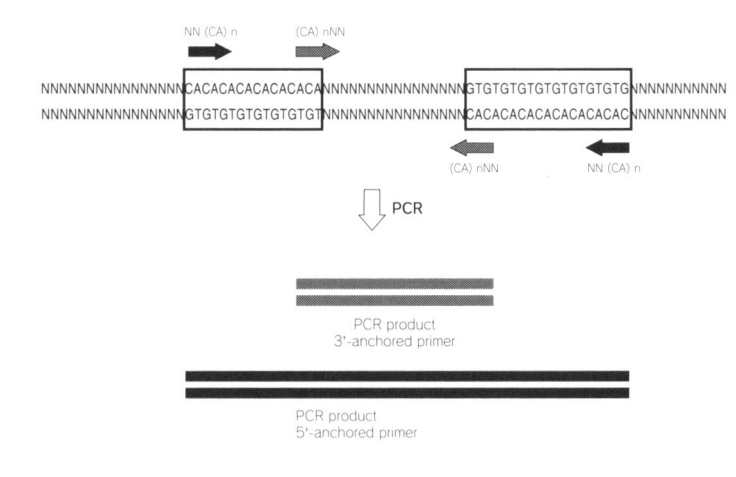

```
        NN (CA) n          (CA) nNN
        ▶                  ▶
NNNNNNNNNNNNNNNN CACACACACACACACA NNNNNNNNNNNNNNNN GTGTGTGTGTGTGTGTG NNNNNNNNNN
NNNNNNNNNNNNNNNN GTGTGTGTGTGTGTGT NNNNNNNNNNNNNNNN CACACACACACACACAC NNNNNNNNNN
                                                 ◀                  ◀
                                                 (CA) nNN            NN (CA) n

                              ⬇ PCR

                         ══════════
                         PCR product
                         3'-anchored primer

                         ──────────────
                         PCR product
                         5'-anchored primer
```

# AFLP

## AFLP (Amplified Fragment Length Polymorphism)

　制限酵素で切断した部位に特異的なカセットをつけ，これらに相補的な配列にさらに1～4塩基のアンカーをつけたものをプライマーとし，一度に数十のDNAフラグメントを増幅し，多型を調査する方法である(Vos *et al.*, 1995)。極めて多数のデータが一度に得られるため，効率が良い方法である。ほとんどが優性マーカーであると言われているが，ヘテロ接合型とホモ接合型を増幅のピークの違いで見分けることができるという報告もある。

**対象研究**：RAPDに同じ（クローン同定，半数体（$n$）の生物（組織）の遺伝的多様性研究および連鎖解析，戻し交雑家系の連鎖解析）

**対象ゲノム**：主にnDNA

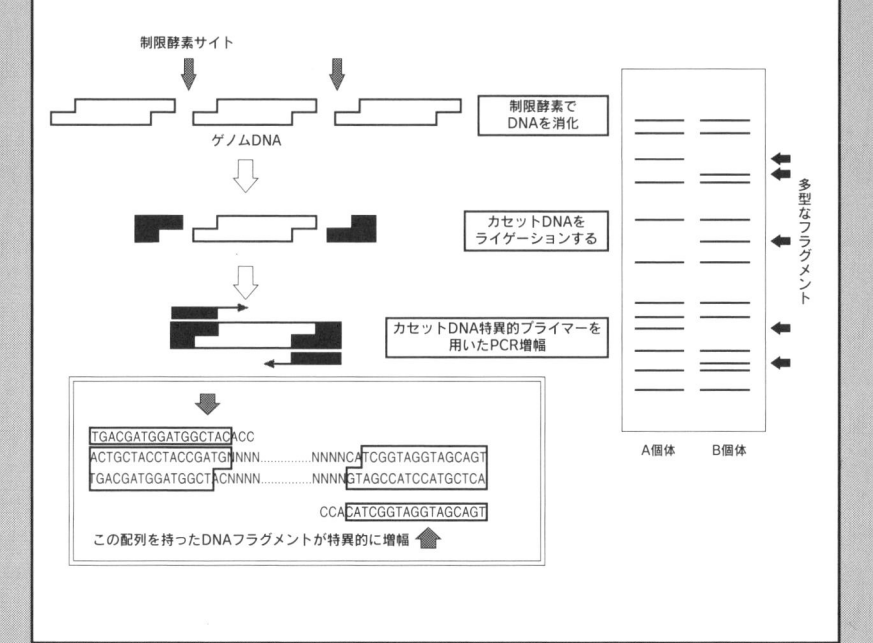

制限酵素サイト

ゲノムDNA

制限酵素でDNAを消化

カセットDNAをライゲーションする

カセットDNA特異的プライマーを用いたPCR増幅

```
TGACGATGGATGGCTACACC
ACTGCTACCTACCGATGNNNN..............NNNNCATCGGTAGGTAGCAGT
TGACGATGGATGGCTACNNNN..............NNNNGTAGCCATCCATGCTCA
                        CCACATCGGTAGGTAGCAGT
```
この配列を持ったDNAフラグメントが特異的に増幅

A個体　B個体

多型なフラグメント

## SSCP (Single-Strand Conformation Polymorphism)

　反応は簡単で，DNAを94℃で熱変性して一本鎖のDNAとし，その後急速に冷却することにより2次構造をつくらせ，各DNA鎖が持つ塩基の違いを検出する方法である（Orita *et al.*, 1989）。この構造を維持しながらアクリルアミドゲル電気泳動で多型を検出する。泳動したDNAは，銀染色法などで染色する。非常に感度の良い方法であり，1塩基の違いも検出できると言われている。しかも，核DNAを分析すると，共優性のパターンが得られる。しかし，実験条件が比較的難しいものもある。われわれの経験から，実際にはSSCPの全多型の約1/3の塩基の違いを二次構造の不安定さから検出できないようである。

**対象研究**：共優性マーカーとして利用範囲は広い
**対象ゲノム**：nDNA, cpDNA, mtDNA

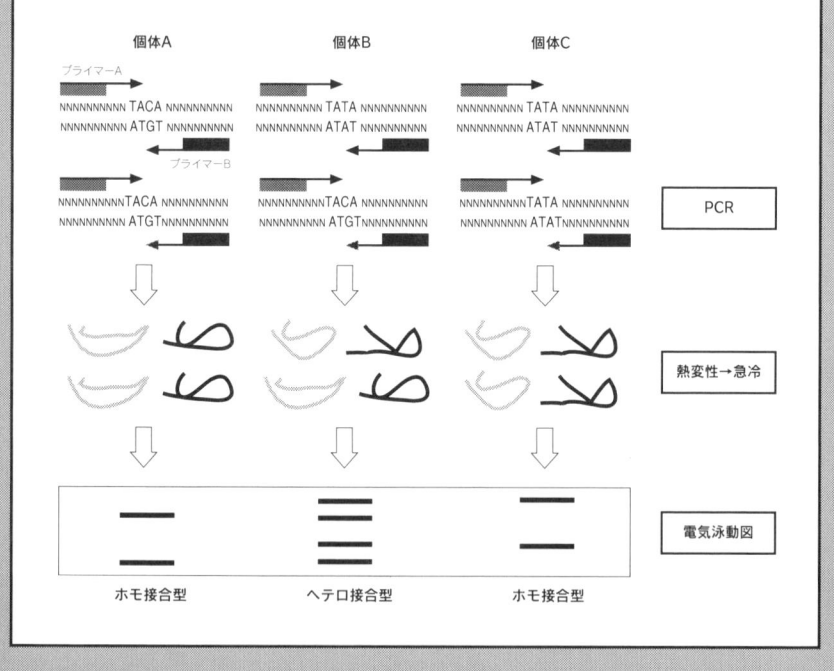

## STS (Sequence-Tagged Site)

　ある特定のDNAの部分塩基配列を解読し，このDNAを特異的にPCR増幅するプライマーのデザインを行い，マーカーとして用いることである。このマーカーは，物理地図作成のために考え出されたものではあるが，その後，簡便なマーカーとしての応用が試みられている。イントロンを多く含み，その中に欠失または挿入配列があれば，共優性マーカーとして活用できる。マイクロサテライトマーカーも，大きな意味ではSTSに含まれる。

**対象研究**：本来的には物理地図作成用に開発された
**対象ゲノム**：主にnDNA, cpDNA, mtDNA

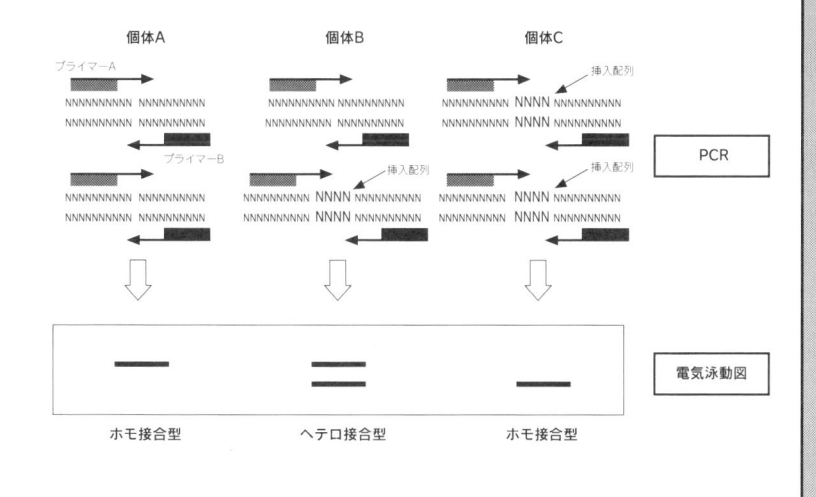

個体A　　　個体B　　　個体C

プライマーA

挿入配列

PCR

挿入配列　挿入配列

電気泳動図

ホモ接合型　　ヘテロ接合型　　ホモ接合型

## CAPSマーカー (Cleaved Amplified Polymorphic Sequences)

　STSで増幅されたDNA断片を制限酵素で消化後，個体間で多型の検出を行う方法である。PCR-RFLPとも呼ばれている。マーカー数は実際上制限なく開発可能である。ただし，開発に労力と費用がかかる。将来は簡便な遺伝マーカーとして，連鎖地図の構築，遺伝的多様性の研究に多く用いられることが期待される。

対象研究：簡便な共優性マーカーとして利用範囲は広い
対象ゲノム：nDNA

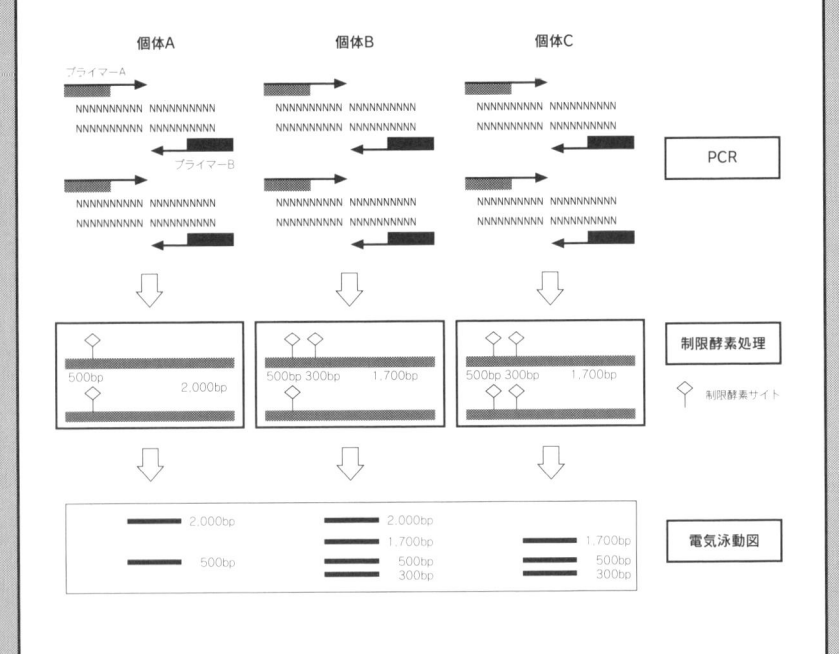

# 遺伝的多様性をはかるパラメータ

**津村義彦**(森林総合研究所)・**戸丸信弘**(名古屋大学大学院生命農学研究科)

## 1. ヘテロ接合度（期待値）: $H_e$ (Heterozygosity)

ある遺伝子座におけるヘテロ接合型の集団内頻度で，観察値を$H_o$であらわし，ハーディ-ワインバーグ平衡を仮定して算出した期待値が$H_e$である。ヘテロ接合度は2倍体生物に適応できる概念であるため，半数体生物や倍数体生物にも適応できるように考えられたのが遺伝子多様度（gene diversity; Nei, 1973）の概念である。遺伝子多様度の算出方法はヘテロ接合度と同じであるが，1つの集団から任意に抽出した2つの対立遺伝子が異なる確率と定義される。

$$H_e = 1 - \sum x_i^2$$

$x_i$は対立遺伝子頻度を表す。個体数が50個体以下の場合は不偏推定値を用いる（Nei & Roychoudhury, 1974）。

（例）A遺伝子座の集団中での対立遺伝子$a:b$の頻度が0.2:0.8の場合

$$H_e = 1 - (0.2^2 + 0.8^2) = 0.32$$

特に集団レベルで計算された$H_e$のことを$H_{ep}$（pはpopulationの意）と表記することがある。一方，種内全体の$H_e$の値を表すときは，$H_{es}$（sはspeciesの意）と表記し，以下のように定義される。

$$1 - \sum_{i=1}^{k} \bar{x}_i^2$$

$\bar{x}_i$は複数の集団について計算された$x_i$の平均値である。

## 2. 多型遺伝子座の割合: $Pl$ (Proportion of polymorphic loci)

調査した遺伝子座のうち，多型であった遺伝子座の割合。

99％レベル，95％レベルの2つの基準がある。たとえば99％レベルは，最も多い対立遺伝子の頻度が99％以下であれば多型遺伝子座とする基準である。遺伝的多様性をあらわす基準としては，多くの遺伝子座と多くの個体が調べられた場合には，遺伝変異の程度を測定する重要な統計量となる。

（例）20遺伝子座を調査した内，15遺伝子座が多型の場合
$$Pl = 15 / 20 \times 100 = 75.0 （\%）$$

## 3. 遺伝子座あたりの平均対立遺伝子数
: $n_a$（Average number of alleles per locus）

単純な統計量でわかりやすい。しかしながら，調査個体数が多くなればなるほど多くの対立遺伝子が検出されるため，この値は大きくなる。すなわち，調査個体数に大きく影響される。

（例）調査した5遺伝子座において検出された対立遺伝子数をそれぞれ2，5，3，4，7とした場合。

$$n_a = (2 + 5 + 3 + 4 + 7) / 5 = 4.2$$

## 4. 対立遺伝子の有効数
: $n_e$（Effective number of alleles per locus, Kimura and Crow 1964）

分析個体数に依存しない統計量であるため，対象種に実際にどれほどの遺伝的変異が存在するのかを理解できる。

$$n_e = 1 / \Sigma x_i^2$$

$x_i$は対立遺伝子頻度をあらわす。ある集団内ですべての対立遺伝子頻度が同じ頻度のとき，$n_a = n_e$となる。

## 5. 遺伝子分化係数：$G_{ST}$（Nei, 1973）

対象とする種のどの部分に遺伝的変異が存在しているかを理解するために，種の持っている全体の変異量を集団内の変異量，集団間の変異量に分割

する。分集団間の遺伝子分化の指標が$G_{ST}$である。

$H_T$（全集団の遺伝子多様度）
$H_S$（分集団内の平均遺伝子多様度）
$D_{ST}$（分集団間の平均遺伝子多様度）
$G_{ST}$（遺伝子分化係数）

$H_T = H_S + D_{ST}$
$G_{ST} = D_{ST} / H_T$

$H_T = 0.20$, $H_S = 0.16$の場合, $D_{ST} = H_T - H_S = 0.20 - 0.16 = 0.04$
$G_{ST} = D_{ST} / H_T = 0.04 / 0.20 = 0.2$

マイクロサテライトのような繰り返し配列数の違いをマーカーに用いた場合はStepwise Mutation Modelによる$R_{ST}$（Slatkin, 1995）も用いられる。

## 6. 集団の有効な大きさ：$N_e$

集団の有効サイズを遺伝子多様度（$H$）及び突然変異率（$\mu$）を用いて推定できる（Yahara et al., 1991）。または$F_{ST}$からも推定できる（Wright, 1951）。ただし，アロザイムの突然変異率の推定値として$1.3 \times 10^{-7}$（Kimura, 1983），$1.18 \times 10^{-6}$（Mukai and Cockerham, 1977）のどれを用いるかで1桁違うため，相対比較には使えるくらいに考えた方がよい。絶滅種危惧種等にどれほどの遺伝変異が保たれているのかを推定できる。

$N_e = H / 4(1-H)\mu$
または $N_e = (1 - F_{ST}) / (4m + F_{ST})$, $m =$移住率

## 7. 遺伝距離：$D$（Nei, 1972）

集団間の遺伝的な関係を距離であらわしたもので，この値をもとに集団の系統関係の推定ができる。一般的には同一の祖先集団から分岐した相対的な時間と考えることができる。

$D = -\log_e I$, $I =$遺伝的同一度

あまり一般的ではないが，第1部第4章「遺伝子の来た道：ブナ集団の歴史と遺伝的変異」の中で使われている $D_j$ を紹介しておく。この統計量は $j$ 番目の集団と残りの集団の間の遺伝距離として，$D_j = \frac{1}{2}\sum_{i=1}^{k}|x_i(j) - \bar{x}_i(j)|$ で定義される。ここで，$x_i(j)$ と $\bar{x}_i(j)$ はそれぞれ $j$ 番目の集団とそれ以外の残りの集団における $i$ 番目の対立遺伝子の頻度である。この統計量は $j$ 番目の集団の遺伝的分化程度が測られる。対立遺伝子頻度ではなく遺伝子型頻度などを用いることもできる。

## 8. 塩基多様度 (Nucleotide diversity, Nei and Tajima, 1981)

塩基配列の違いまたはRFLP分析における制限酵素認識部位の多型からDNAの多様性を推定する方法である。

$$\pi = \sum x_i x_j \pi_{ij}$$

$x_i$ と $x_j$ はそれぞれ集団内での $i$ 及び $j$ のDNAシークエンスタイプの頻度，$\pi_{ij}$ は両タイプ間の塩基置換率である。

## 9. 固定指数：$F_{IS}$ (Wright, 1965)

$F_{IS}$ は分集団内で，また $F_{IT}$ は全集団内で，交配によって合体する2個の配偶子間の相関である。$F_{ST}$ は各分集団から任意にとられた2個の配偶子の相関であり，これが分集団間の遺伝的分化の尺度となる。これらの間には，以下の関係がある。

$$1 - F_{IS} = (1 - F_{IT})(1 - F_{ST})$$

このうち，$F_{IS}$ はハーディ-ワインバーグ平衡からのずれを見るためのパラメータとして使用できる。この場合，$F_{IS} = (h_s - h_o)/h_s = 1 - h_o/h_s$ と定義され，$h_o$ と $h_s$ はそれぞれヘテロ接合度の観察値と期待値である。$F_{IS}$ が0ならば，ハーディ-ワインバーグ平衡であることを示し，負の値をとる場合はヘテロ接合体が過剰であり，正の値をとる場合はホモ接合体が過剰であることを示す。この有意性の検定には，Workman & Niswander (1970) を用いる。

# 2-1. アロザイム実験法

津村義彦（森林総合研究所）

## 1. アイソザイム分析法の原理と概要

### はじめに

アイソザイム分析は，遺伝的な情報がまったくない植物でも有用なデータを取ることができる便利な分析手法である。自然集団を対象とするなら，最近流行のDNAを使う前に一度試した方がよい方法である。それはほとんどのアイソザイムが共優性遺伝をするのと各酵素の遺伝様式，所在および推定遺伝子座数が明らかになっているためである。特に遺伝的多様性の研究にRAPD（Random Amplified Polymorphic DNA, Williams *et al.*, 1990）を使おうと思っている人にはアロザイム分析を試されることをすすめる。なぜなら，RAPDはほとんどのものが優性マーカーであるため，正確な遺伝的多様性の評価には向かないのと，実験結果が再現性に乏しいことがあるためである。またマイクロサテライトマーカーを開発して遺伝的多様性，遺伝子流動を見ようと考えている人も，一度アロザイム分析をしてみてもよいかもしれない。なぜなら，あえてマイクロサテライトを開発しなくても，十分な成果が出ることがあるからである。研究目的によっては，DNA解析に余分の時間，お金と労力をかける必要がないことは十分あり得るからだ。本実験書では，なるべく簡便に実験が行えるように，各保存溶液，試薬リストをつけ，プロトコルを工夫した。しかし，明らかな電気泳動パターン（ザイモグラム）を検出できるようになるまでには，多少の経験が必要である。このことを念頭に，本書を活用されることを期待する。

### アイソザイムとアロザイム

化学的には異なるタンパク質分子が同じ化学反応を触媒するとき，この酵素群をアイソザイムと呼ぶ。アイソザイムとは，Markert & Møller（1959）によって提唱された言葉で，電気泳動技術と組織染色技術を組み合わせた，当時としては画期的

な分析手法であった。すなわち、酵素タンパク質のアミノ酸配列の違いを、それらの電荷の違いに基づいて電気泳動の移動度の差として検出することができる。このように、同一遺伝子座上の異なる対立遺伝子によって発現される酵素をアロザイムと呼ぶ。酵素は、種類によって単量体、2量体、4量体等があり、電気泳動時のザイモグラムから、それらの遺伝子型を読み取ることができる。一般的に共優性遺伝をするため、ヘテロ接合型が認識できる。今日までの遺伝的多様性研究の多くがアイソザイムを用いて行われてきた（詳しくは矢原（1988）の総説を参照）。検出できる酵素の種類は植物によって多少異なるが、10種類程度の酵素種が利用可能で遺伝子座では10～30程度が主に調査されている。

アロザイム多型解析は、植物だけではなくもちろん動物・菌類などでも利用されている。集団の遺伝的多様性および分化の研究には最も多く活用され、そのデータの蓄積も最も多い。その理由として、それぞれの酵素の所在および遺伝様式が明らかにされているため、遺伝解析をすることなく自然集団に応用ができるためである。

アイソザイムの技術を十分に使いこなすために、1) **鮮明な電気泳動パターンを出せるようにすること、2) そのパターンの読み取りができる**ことが重要である。1) を克服するためには、材料を採取する時期、採取する部位と植物が本来持っている酵素の阻害物質をいかに除くかが問題である。次に2) については、やはり慣れが必要である。どの酵素がどのような遺伝様式であるかを理解し、雑種バンドをつくるかどうかの知識があれば、解読は可能である。ただ自然集団を相手に分析をするのであるから、判断のつかないこともある。この場合は人工交配が可能な種であるならば、交配家系を用いて遺伝様式の解明を行うべきである。

アイソザイム分析については多くの英文で書かれた優れた実験書およびレビューがあるが、残念ながら日本語ではほとんどない（Tanksley & Orton, 1983; Richardson et al., 1986; Soltis et al., 1989; Crowford, 1990）。そのため、本章ではどのようにすればアイソザイムが使いこなせるようになるかを解説したい。ただ、本書を読んだだけでは十分にイメージできないかもしれない。この場合はアイソザイムを使いこなしている研究室で短期間の研修を行えばよい。

## アイソザイムで得られたこれまでの知見

アイソザイムは種内の遺伝的多様性研究から交配様式、集団構造、遺伝子流動など、多くの研究に用いられてきた。特に多様性研究はHamrick & Godt（1989）が多くの論文のデータを取りまとめ、総説を書いている。これによると、植物グループごとのアロザイムの変異では、熱帯樹木および針葉樹が他の双子葉植物などより

### 表1 植物グループごとの集団内のアロザイム変異 (Hamrick, 1989)

| グループ | 種数 | 多型遺伝子座の割合 ($P_l$) | 1遺伝子座あたりの平均対立遺伝子数 ($N_a$) | ヘテロ接合体率 ($H_e$) |
|---|---|---|---|---|
| 熱帯樹木 | 16 | 60.9 | — | 0.211 |
| 針葉樹 | 20 | 67.7 | 2.29 | 0.207 |
| 双子葉植物 | 74 | 31.2 | 1.46 | 0.113 |
| すべての植物 | 113 | 36.8 | 1.69 | 0.141 |

### 表2 樹木の遺伝的多様性 (Hamrick, 1992を改変)

| 属 | 文献数 | 平均分析集団数 | 平均分析遺伝子座 | $H_T$ | $H_S$ | $G_{ST}$ |
|---|---|---|---|---|---|---|
| 裸子植物 | | | | | | |
| *Abies* | 7 | 5.4 | 13.6 | 0.145 | 0.130 | 0.063 |
| *Picea* | 28 | 9.4 | 12.2 | 0.219 | 0.218 | 0.055 |
| *Pinus* | 93 | 7.8 | 19.9 | 0.157 | 0.136 | 0.065 |
| *Pseudotsuga* | 11 | 15.5 | 15.5 | 0.201 | 0.163 | 0.074 |
| *Cryptomeria*[1] | 3 | 11.7 | 12 | 0.196 | 0.189 | 0.034 |
| *Chamaecyparis*[2] | 1 | 11 | 10 | 0.198 | 0.196 | 0.009 |
| 被子植物 | | | | | | |
| *Acasia* | 13 | 2.6 | 21.4 | 0.125 | 0.096 | 0.206 |
| *Eucalyptus* | 14 | 8.8 | 14.2 | 0.187 | 0.096 | 0.169 |
| *Populus* | 10 | 9 | 24 | 0.161 | 0.154 | 0.041 |
| *Quercus* | 28 | 5.5 | 17.5 | 0.186 | 0.109 | 0.107 |
| *Fagus*[3] | 1 | 22 | 11 | 0.194 | 0.187 | 0.038 |
| *Tetramolopium* | 6 | 3.2 | 22 | 0.013 | 0.008 | 0.199 |

1: Tsumura & Ohba, 1992, 1993, Tomaru *et al.*, 1994; 2: Uchida *et al.*, 1997; 3: Tomaru *et al.*, 1996.

### 表3 種のレベルでの遺伝的多様性 ($H_{es}$) および種の特徴との関係 (Hamrick *et al.*, 1991)

| 特徴 | 遺伝的多様性の程度 | |
|---|---|---|
| | 低い | 高い |
| 分類群 (裸子, 双子葉, 単子葉) | 双子葉植物 | 単子葉植物および裸子植物 |
| 生活環 (1年生, 多年生, 永年性) | 1年生および多年生 | 永年性 |
| 地理的な範囲<br>(endemic, narrow, regional, widespread) | Endemic | Widespread |
| 地域的な分布<br>(亜寒帯-温帯, 温帯, 亜熱帯, 熱帯) | 有意な違いはない | |
| 交配様式 (自殖, 混合生殖, 他殖) | 自殖, 混合生殖 | 他殖 |
| 種子散布 (重力, 動物, 破裂, 風) | 破裂散布 | 動物付着散布 |
| 生殖様式 (有性生殖, 無性生殖) | 有意な違いはない | |
| 遷移 (早期, 中期, 晩期) | 有意な違いはない | |

### 表4 集団のレベルでの遺伝的多様性（$H_{ep}$）および種の特徴との関係
(Hamrick *et al.*, 1991)

| 特徴 | 遺伝的多様性の程度 | |
|---|---|---|
| | 低い | 高い |
| 分類群（裸子, 双子葉, 単子葉） | 双子葉植物 | 単子葉植物および裸子植物 |
| 生活環（1年生, 多年生, 永年性） | 1年生および多年生 | 永年性 |
| 地理的な範囲<br>(endemic, narrow, regional, widespread) | Endemic | Widespread |
| 地域的な分布<br>（亜寒帯-温帯, 温帯, 亜熱帯, 熱帯） | 亜寒帯-温帯植物 | 温帯および熱帯植物 |
| 交配様式（自殖, 混合生殖, 他殖） | 自殖 | 他殖（風媒花） |
| 種子散布（重力, 動物, 破裂, 風） | 破裂散布 | 動物付着および風散布 |
| 生殖様式（有性生殖, 無性生殖） | 有意な違いはない | |
| 遷移（早期, 中期, 晩期） | 早期遷移 | 晩期遷移 |

### 表5 集団間の遺伝的分化程度（$G_{ST}$）および種の特徴との関係
(Hamrick *et al.*, 1991)

| 特徴 | 集団間の遺伝的分化程度 | |
|---|---|---|
| | 低い | 高い |
| 分類群（裸子, 双子葉, 単子葉） | 裸子植物 | 被子植物 |
| 生活環（1年生, 多年生, 永年性） | 永年性 | 1年生 |
| 地理的な範囲<br>(endemic, narrow, regional, widespread) | 有意な違いはない | |
| 地域的な分布<br>（亜寒帯-温帯, 温帯, 亜熱帯, 熱帯） | 亜寒帯-温帯植物 | 温帯および熱帯植物 |
| 交配様式（自殖, 混合生殖, 他殖） | 他殖（風媒花） | 自殖 |
| 種子散布（重力, 動物, 破裂, 風） | 重力および動物付着 | 重力散布 |
| 生殖様式（有性生殖, 無性生殖） | 有意な違いはない | |
| 遷移（早期, 中期, 晩期） | 晩期遷移 | 早期および中期遷移 |

### 表6 集団間の遺伝的分化の程度と交配様式と種子散布
(Hamrick, 1989)

| | | 種数 | 平均 $G_{ST}$ |
|---|---|---|---|
| 交配様式 | | | |
| | 自殖（1年生植物） | 31 | 0.56 |
| | 自殖（多年生植物） | 8 | 0.329 |
| | Mixed mating | 48 | 0.243 |
| | 他殖（動物散布） | 32 | 0.187 |
| | 他殖（風散布） | 44 | 0.068 |
| 種子散布形態 | | | |
| | 重力散布 | 59 | 0.446 |
| | 動物散布（付着） | 18 | 0.398 |
| | 動物散布（捕食） | 14 | 0.332 |
| | 破裂 | 24 | 0.262 |
| | 羽根／羽毛 | 48 | 0.079 |

## 1. アイソザイム分析法の原理と概要　187

表7　他殖率の比較（Brown, 1989を改変）

| 種 | 集団 | 遺伝子座数 | Single locus | Multilocus |
|---|---|---|---|---|
| *Lupinus alba* | 1 | 3 | 0.10 | 0.09 |
| *Limnanthes bakeri* | 1 | 4 | 0.21 | 0.21 |
| *Eichhornia paniculata*（Jamaica）| 3 | 3 | 0.36 | 0.48 |
| *Glycine argyrea* | 1 | 10 | 0.38 | 0.48 |
| *Bidens menziesii* | 4 | 4 | 0.48 | 0.55 |
| *Larix laricina* | 5 | 3 | 0.64 | 0.73 |
| *Eucalyptus delegatensis* | 3 | 3 | 0.75 | 0.77 |
| *Limnanthes alba* | 2 | 3 | 0.76 | 0.80 |
| *Eichhornia paniculata*（Brazil）| 7 | 5 | 0.80 | 0.85 |
| *Pseudotsuga menziesii* | 1 | 10 | 0.74 | 0.89 |
| *Pseudotsuga menziesii* | 8 | 8 | 0.91 | 0.90 |
| *Abies balsamea* | 4 | 3 | 0.91 | 0.89 |
| *Pinus jeffreyi* | 5 | 10 | 0.89 | 0.94 |
| *Acasia auriculiformis* | 2 | 9 | 0.88 | 0.93 |
| *Acasia crassicarpa* | 2 | 7 | 0.98 | 0.96 |
| *Echium plantagines* | 3 | 4 | 0.98 | 0.96 |
| *Pinus monticola* | 1 | 6 | 0.95 | 0.98 |
| *Pinus contorta* | 2 | 7 | 1.00 | 1.00 |

平均値では多様性が高い結果となっている（表1）。また樹木の平均ヘテロ接合度は他の植物群よりも高く，裸子植物と被子植物では平均ヘテロ接合度ではあまり差はないが集団間分化（$G_{ST}$）は被子植物の方がより大きいことが明らかになっている（表2）。種レベルで見ると遺伝的多様性は自殖性1年生の双子葉植物で分布が限られているもので低く，他殖性の裸子植物で分布が広範囲なもので高いという結果が得られている（表3）。また分布域（熱帯，温帯など），生殖様式（有性，無性）および遷移段階間では有意な差はないようである。次に集団レベルでは，種レベルに比べるとほとんどは同じ傾向であるが，さらに分布域間および遷移段階間でも違いが見られている（表4）。それは亜寒帯－温帯植物が温帯－熱帯植物に比べ遺伝的多様性が低く，遷移では早期のものは晩期のものに比べ遺伝的多様性は低いというものである。また交配様式との遺伝的分化の関係では，自殖性の方が他殖性よりも集団間の遺伝的分化が進んでいるという結果が得られている（表5）。また，遺伝的分化は種子の散布形態とも密接な関係があり，種子を遠くへ飛ばすことができる植物群ほど遺伝的分化が低い傾向がある（表6）。さらに，他殖率が種により大きく異なることもアイソザイムから示されている（表7）。Hamrick & Godt（1989）の総説は，アイソザイムで得られたデータを解釈する場合の比較参考になるため，多くの論文で引用されている。

# 2. アイソザイム分析の手順

## 分析手順の全体像

分析手順のフローチャートを図1に示す。最初に，アイソザイムを抽出する組織とその時期を決める。次に，実際の材料採取，運搬，貯蔵の行程をたどる。その後，抽出，ゲルの準備，電気泳動，染色，固定と実験が進み，最後に泳動像の遺伝子型への読み取りとなる。

## 実 際 の 手 順

### 1) 材料の採取および前処理

#### 1. 種 子

種子を材料にする場合は，酵素の阻害物質が少ないため，アイソザイムの検出が容易である。しかし，種子がかなり小さい場合や充実粒が少ない種では，いったん発芽させて芽生えを使用する方が効率的である。また，針葉樹の場合は種子の胚乳部分は大配偶体（雌性配偶体）と呼ばれ，母樹由来の半数体組織である。母樹の遺伝子型がヘテロ接合体であれば，その種子群での大配偶体の分離は1：1となり，遺伝様式の決定および連鎖解析が可能である。さらに父性解析においても，種子ごとに母性配偶子の遺伝子型がわかるので，父性配偶子の遺伝子型を確実に決定できるという利点がある。

①採 取

種子の採取は，成熟期が種によって異なるため，確認のうえ行う。また不稔種子が多い種については，なるべく多くの種子を集める。針葉樹の大配偶体を用いて遺伝分析を行う場合，複数の集団から採取した方が遺伝分析の効率がよい。なぜなら，検出される対立遺伝子数は分析個体数に依存しているため，特にまれな対立遺伝子は個体数を増やすことにより検出できる確率が上昇するからである。針葉樹の種子の場合，その母樹がヘテロ接合型かホモ接合型かを見分けるためには，7粒を分析すれば98％程度の確率で遺伝子型の決定ができる。この場合の確率は$P = 1 - (1/2)^{n-1}$で与えられる。$n$は分析種子数である。

集団遺伝的な解析を行う場合は，分布域を代表できるように，地理的に離れた多くの集団から材料を集めた方がよい。現在では50集団近い解析を行った研究も見られる。この場合，1集団の分析個体数は，できれば50個体程度あった方が

**図1 アイソザイム分析の手順**

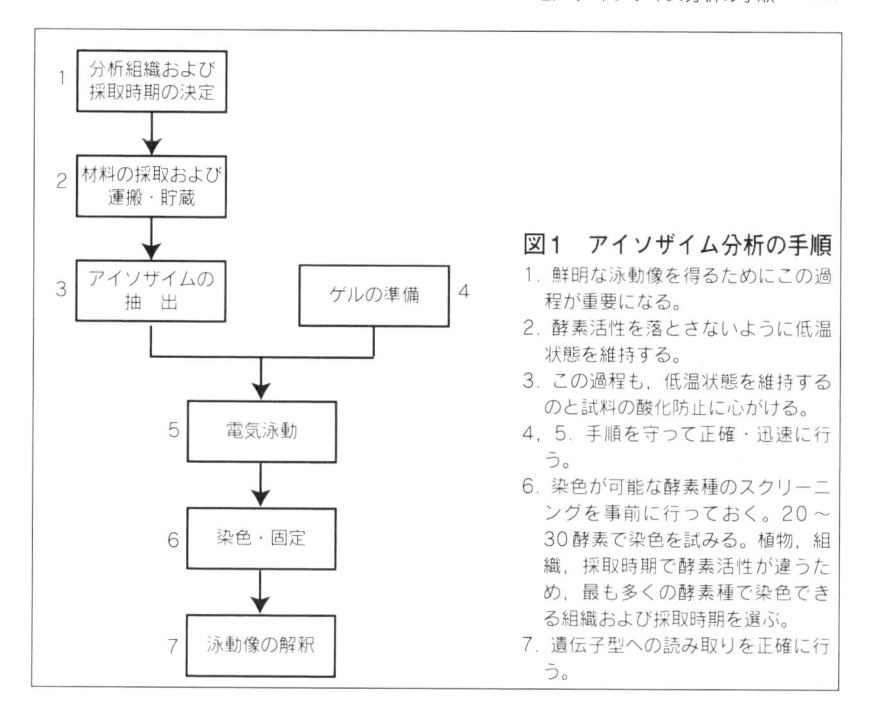

1. 分析組織および採取時期の決定
2. 材料の採取および運搬・貯蔵
3. アイソザイムの抽出
4. ゲルの準備
5. 電気泳動
6. 染色・固定
7. 泳動像の解釈

1. 鮮明な泳動像を得るためにこの過程が重要になる。
2. 酵素活性を落とさないように低温状態を維持する。
3. この過程も，低温状態を維持するのと試料の酸化防止に心がける。
4，5．手順を守って正確・迅速に行う。
6. 染色が可能な酵素種のスクリーニングを事前に行っておく。20～30酵素で染色を試みる。植物，組織，採取時期で酵素活性が違うため，最も多くの酵素種で染色できる組織および採取時期を選ぶ。
7. 遺伝子型への読み取りを正確に行う。

よい。種の保有する遺伝的多様性および集団間分化を研究するのであれば，1集団の分析個体数を多くするよりも，分析集団数を多くした方がよい。また，個体数よりも遺伝子座数を増やすよう心がけた方が得られる情報は多い。

②種子の貯蔵および発芽

採取した種子は乾燥させ精選する。精選した種子は個体別に整理し，-20℃の冷凍庫内に保存する。種によっては低温保存できないものもあるので，各文献で確認後行う。

交配様式の解明など胚を分析する場合に，種子が小さいか，充実粒が少ない種については，発芽させる。発芽条件は種による最適なものを文献を参考にして選ぶ。木本性の種についてはYoung & Young（1992），浅川ら（1981），勝田ら（1998）を参考にするとよい。また休眠種子については低温湿層処理などを行う。

## 2. 葉組織および内樹皮

葉組織は種子に比べフェノール性物質などが多く，アイソザイムの検出は容易ではない。しかし，種によっては問題なく分析できるものもある。高木になる種で葉の採取が困難なものは内樹皮（形成層を含む組織）を用いるとよい。一般に葉組織

よりも鮮明なザイモグラムが得られる。これらの組織は採取が容易で採取時期に適した時期が長いため，よく使われる組織である。

**①材料の採取**

対象植物種によるが，組織あたりの酵素活性が高い時期を選ぶ。広葉樹の場合は冬芽または春先の葉で，酵素活性が高く安定しているようである。針葉樹では，成長休止期の針葉で酵素活性が安定している。内樹皮は，葉の採取が難しい種だけでなく，フェノール性物質等の酵素の阻害物質が多いものでも，比較的鮮明なザイモグラムが得られることが多いので試してみるとよい。

**②運搬および貯蔵**

材料を運搬する場合，酵素活性が落ちないように気をつけることが最も大切である。葉組織ならば低温状態（4℃程度）で運搬するのが理想的である。国内の場合，クール宅配便などを利用すると便利である。国外の場合は，保冷材を入れて荷物を預けると輸送中の劣化が軽減できる。また，入国の際に植物防疫での検査があるため，持ち込める植物であるかどうか事前に調べておく（植物防疫所：http://www.jppn.ne.jp/pq/）。いずれの場合もドライアイスは用いない方が無難である。

採取した材料を長期保存する場合は，いったん抽出してから冷凍庫（-30℃）に保存する方がよい。材料をそのまま保存する場合，-30℃の場合は数か月が限度である。長期の場合は抽出してから保存するか，または超低温冷凍庫（-80℃）に保存すれば1年近く保存が可能である。

## 2) ゲルの準備

アイソザイムを検出する電気泳動のゲルには，デンプンゲルとポリアクリルアミドゲルがある。ここではポリアクリルアミドゲルについて紹介する。本手法は青木と永井（1978）および白石（1987）をもとにした。デンプンゲルについてはWendel & Weeden（1989）などの文献を参照されたい。

ポリアクリルアミドゲルでは，2種類の異なったゲルを重ねて使用する。上層のゲルは試料を濃縮するためのゲルで，濃縮ゲル（3.75％）といい，下層のゲルはアイソザイムを分画するためのもので，分離ゲル（7.5％）という。

**1. 分離ゲル**

1) 表ⅠのAおよびB溶液をあらかじめ調整しておく。これらを1：1の割合

**図2 泳動用ガラス板**

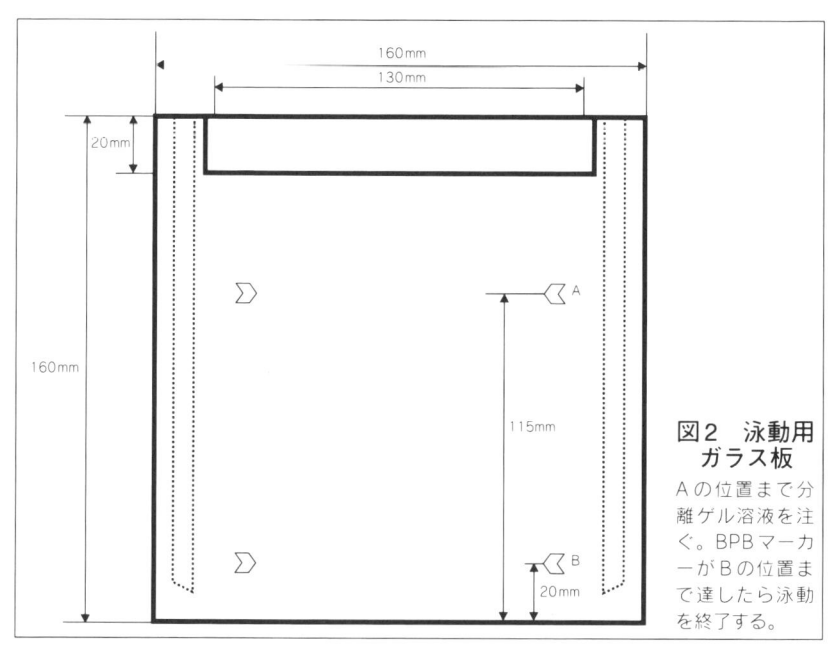

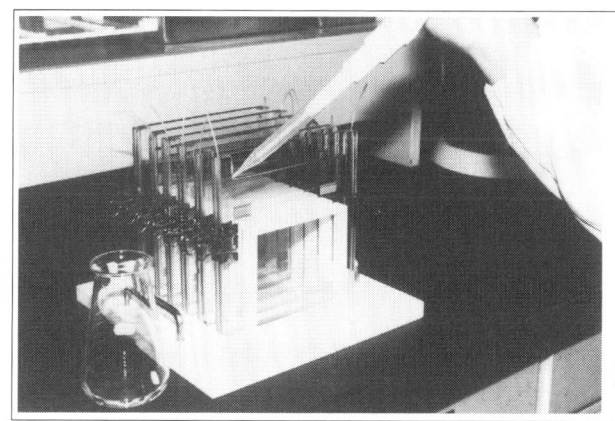

Aの位置まで分離ゲル溶液を注ぐ。BPBマーカーがBの位置まで達したら泳動を終了する。

**図3 分離ゲル溶液の注入**

で混合し，C溶液とともに減圧下に置き脱気する。
2) AとBの混合溶液とC溶液を1：1の割合で調整し，静かに撹拌する。
3) シールチューブでシールした泳動用ガラス板に，図2に示す位置まで分離ゲル溶液を静かに注ぐ（図3）。
4) 分離ゲルは空気との接触を断たないとゲル化しないために少量の蒸留水かエチルアルコールを界面を乱さないように静かに注ぐ。この状態で約1時間

でゲル化する。

> - 市販の標準サイズの泳動用ガラス板（160mm×160mm）でゲル厚1mmであれば，1枚分の分離ゲルA，B，C溶液はそれぞれ5mℓ，5mℓ，約12mℓが必要である。6枚分であれば，A，B，C溶液はそれぞれ25mℓ，25mℓ，約60mℓで十分である。
> - AおよびB溶液は4℃の冷暗所（冷蔵庫）であれば数か月の貯蔵が可能である。またC溶液はゲル作成のたびに調整する。
> - 分画したアイソザイムのバンドが近接して判読しずらい場合には，ゲル濃度を7.5～5.0％程度に調整して泳動するとよい。

## 2．濃縮ゲル

1) 分離ゲル溶液がゲル化したことを確認してから，濃縮ゲルの調整を行う。表IのD，E，F溶液を1：2：1に混合し，軽く脱気を行う。
2) 分離ゲルの上層の蒸留水またはエタノールを取り去り，少量の濃縮ゲル溶液で2回共洗いを行う。
3) その後，濃縮ゲル溶液を静かに注ぎ，サンプルコウムを挿入する（図4）。5cmくらいの距離から蛍光灯の光を当ててゲルを重合させる。約15分でゲル化する。
4) ゲル化したらサンプルコウムを抜き取り，BPB溶液（表II）で2回共洗いをし，最後に各サンプル溝の約2/3程度にBPB溶液が残るようにする（図5）。
5) この後，泳動用ガラス板からシールチューブをはずし，泳動槽へ装着する。このときあらかじめ泳動槽の下槽に泳動用緩衝液（表II）を注いでおくとよい。

> - 市販の標準サイズの泳動用ガラス板（160mm×160mm）でゲル厚1mmであれば，1枚分の濃縮ゲルは共洗い分も含めてD，E，F溶液はそれぞれ5mℓ，10mℓ，5mℓもあれば十分である。6枚分であれば，D，E，F溶液はそれぞれ20mℓ，40mℓ，20mℓ程度で十分である。
> - D，E，F溶液は4℃の冷暗所（冷蔵庫）であれば数か月の貯蔵が可能である。
> - サンプルコウムは，20サンプル用，25サンプル用，30サンプル用などが便利である。これらは特注もできるが，1mmのテフロン板を購入し作成もできる。
> - 約2/3程度にBPB溶液を残しておくのは，電気泳動の泳動距離の確認のためとサンプルを添加する場合に見やすくなるためである。
> - ゲル板を装着する場合，気泡が入らないように注意して行う。
> - アイソザイムパターンが鮮明でない場合，濃縮ゲルにPVP-360を0.5％（w/v）程度加えると改善されることがある。

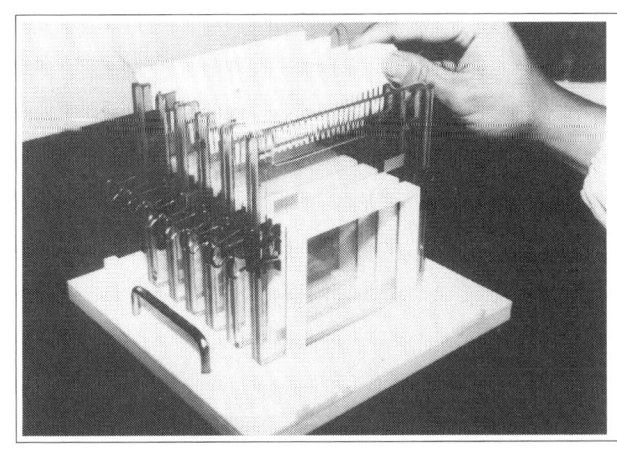

図4　サンプルコウムの挿入

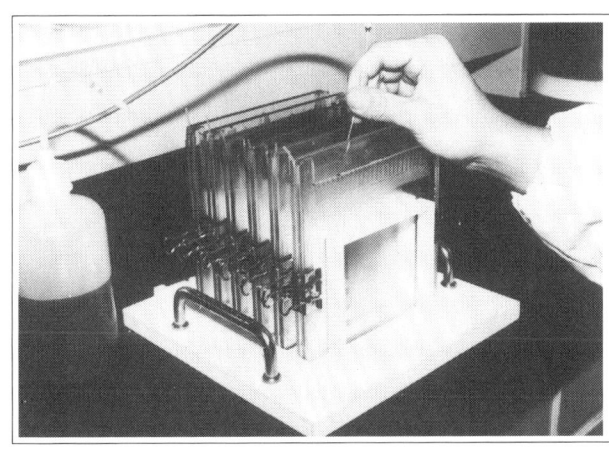

図5　サンプル溝の洗浄

## 3) 試料の調整

### 1. 種　子

1) 低温湿層処理または発芽後の種子から胚または胚乳（針葉樹の場合：大配偶体）を取り出す。
2) それぞれのサンプルを低温状態にしておいた1.5mℓのチューブに1個ずつ入れる。
3) 各チューブに抽出液（表III）をサンプルの重さ（10〜20mg）に応じ100〜200μℓ注ぎ，ホモジナイザーですりつぶす（図6）。
4) よくホモジナイズしたサンプルは4℃，10,000rpm，40分で遠心分離する。

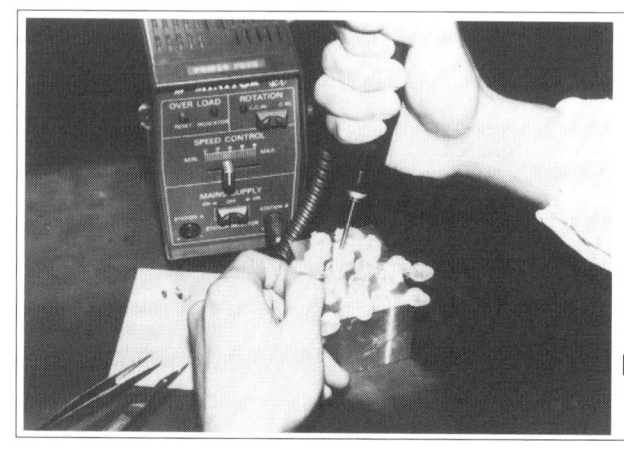

図6 ホモジナイザーを用いた抽出

図7 液体窒素での試料の摩砕

5) 得られた上清液 10μℓ を電気泳動用試料とする。

## 2. 葉組織および内樹皮

1) 100mg 程度の葉組織（または内樹皮）をあらかじめ冷却しておいた乳鉢に入れ，液体窒素を注ぎ，細かなパウダー状になるまですりつぶす（図7）。
2) これにポリクラールAT（Polyvinylpolypyrrolidone）を 100mg 加えよく混ぜる。
3) さらに抽出液 1,000μℓ を加え，よくホモジナイズする。
4) 低温状態にしておいた 1.5mℓ チューブにサンプルを移し，4℃，10,000rpm，40分で遠心分離する。
5) 得られた上清液 10μℓ を電気泳動用試料とする。

2. アイソザイム分析の手順

- ●抽出のすべての操作で低温状態を維持する。
- ●冷凍しておいたサンプルは解凍すると著しく酵素活性が落ちるため,冷凍状態のままサンプルを粉砕し,すぐに抽出液を注ぐようにする。
- ●チューブの冷却には1.5m$\ell$用アルミブロックを-20℃で冷却したものを用いている。
- ●遠心分離は上清液を取るためのものであるので,低温以外の遠心条件は変えることができる。
- ●事前に抽出したサンプルを保存する場合,上清液を別のチューブに移し取り,冷凍庫で保存する。
- ●鮮明なアイソザイムパターンが検出できないときは抽出液を改変してみる。たとえばBSA(最終濃度0.1〜0.4％)を付加することにより,フェノール性物質や脂肪酸などを吸着させ酵素活性を保持できる(Anderson, 1968)。また2-メルカプトエタノールおよびDTTを増量することもフェノール性物質を抑える効果がある。
- ●針葉樹の雌性配偶体は半数体組織($n$)であるため,母樹ごとの種子を分析することにより遺伝解析を行いながら遺伝子型の決定ができる。また連鎖解析もできる。

## 4) 電気泳動

アイソザイム分析を行う際,複数の酵素を一度に検出する。本システムでは6連式冷却スラブ電気泳動装置(日本エイドー(株))を用いて,6酵素または12酵素を一度に検出する。

### 1. 必要な備品(図8)

・電気泳動装置:6連式冷却スラブ電気泳動装置(日本エイドー(株))
・電源装置:電気泳動用のパワーサプライ(600V, 300mA)

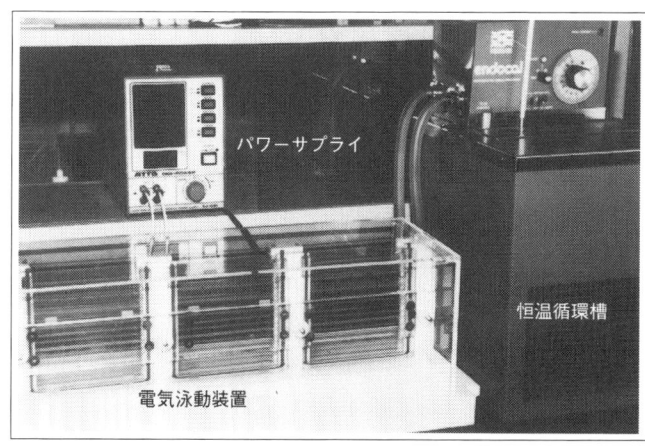

図8 電気泳動に必要な備品

・恒温循環槽：4℃前後の低温が設定できればよい

●サンプルの添加はオートピペッターを使うと便利である。
●ゲル間でバンドの移動度を比較するのは難しいため，基準サンプルをゲルの端に入れておくか，または一部のサンプルを異なるゲルに重複して入れておく。
●泳動時間は電流を上げることによって短縮できるが，電流を上げることにより発生する熱量も多くなるため，酵素の失活を招くおそれがある。

## 2. 電気泳動

1) ゲルを作成した泳動用ガラス板を電気泳動装置にセットする。恒温循環装置はあらかじめ4℃に合わせておき十分に冷却しておく。
2) 遠心分離した上清液10μℓ を各サンプル溝に添加する（図9）。
3) サンプルを添加したあとすぐに泳動を開始する。泳動条件は4℃で10～15mA/cm$^2$ 程度の定電流で泳動する。
4) BPBマーカーが所定の位置に達したら泳動を終了する。泳動時間は，12.2mA/cm$^2$ で泳動した場合，140～150分くらいである。

## 5) 染色

1) 染色が終了する直前に染色液の調整を行う（図10）。染色液の種類（表8）および調整方法は表Ⅳ，Ⅴ，Ⅵに示した。
2) 染色が終了したらただちにゲルを泳動用ガラス板からはずし，染色用バッ

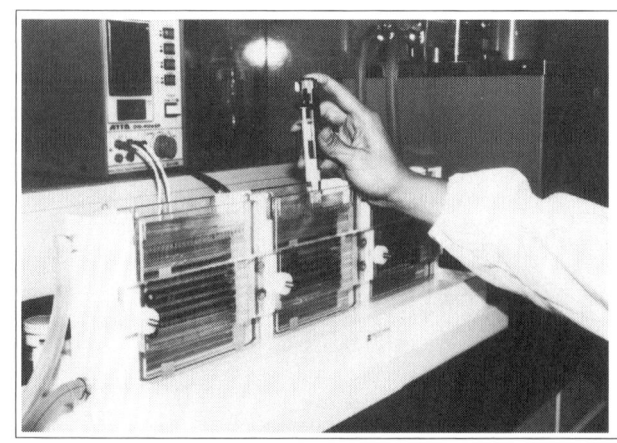

図9 抽出した試料の添加

2. アイソザイム分析の手順　*197*

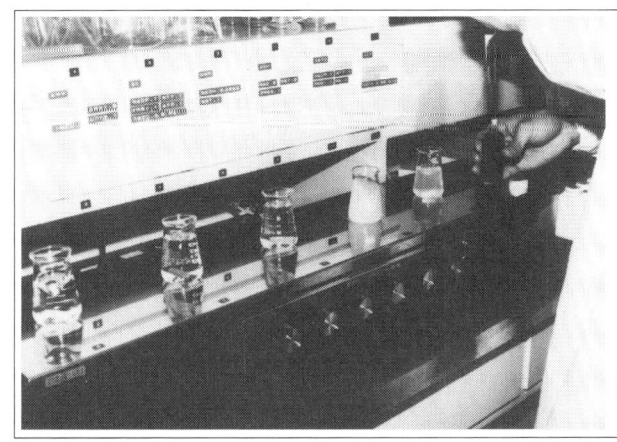

図10　染色液の調整

### 表8　酵素種とそれらの略号およびEC（Enzyme Commission No）番号

| No. | 酵素名 | 略号 | E. C. No. |
|---|---|---|---|
| 1 | アラニンアミノペプチダーゼ | AAP | 3.4.11.1 |
| 2 | アスパラギン酸アミノ転移酵素 | AAT | 2.6.1.1 |
| 3 | アコニターゼ | ACO | 4.2.1.3 |
| 4 | 酸性ホスファターゼ | ACP | 3.1.3.2 |
| 5 | アルコール脱水素酵素 | ADH | 1.1.1.1 |
| 6 | アミラーゼ | AMY | 3.2.1 |
| 7 | ジアホラーゼ | DIA | 1.6.4.3 |
| 8 | 非特異的エステラーゼ | EST | 3.1.1 |
| 9 | フマラーゼ | FM | 4.2.1.2 |
| 10 | グルタミン酸脱水素酵素 | GDH | 1.4.1.2 |
| 11 | グリセリン酸脱水素酵素 | G2D | 1.1.1.29 |
| 12 | グルコキナーゼ | GK | 2.7.1.2 |
| 13 | グルコース-6-リン酸脱水素酵素 | G6PD | 1.1.1.49 |
| 14 | グルタチオンレダクターゼ | GR | 1.6.4.2 |
| 15 | ロイシンアミノペプチダーゼ | LAP | 3.4.11.1 |
| 16 | リンゴ酸脱水素酵素 | MDH8 | 1.1.1.37 |
| 17 | リンゴ酸酵素 pH8.0 | ME8 | 1.1.40 |
| 18 | リンゴ酸酵素 pH7.0 | ME7 | 1.1.40 |
| 19 | メナジオンレダクターゼ | MNR | 1.6.99.2 |
| 20 | 6-ホスホグルコン酸脱水素酵素 | 6PGD | 1.1.1.44 |
| 21 | ホスホグルコースイソメラーゼ | PGI | 5.3.1.9 |
| 22 | ホスホグルコムターゼ | PGM | 2.7.5.1 |
| 23 | パーオキシダーゼ | POD | 1.11.1.7 |
| 24 | シキミ酸脱水素酵素 | SKD | 1.1.1.25 |
| 25 | ソルビトール脱水素酵素 | SODH | 1.1.1.14 |
| 26 | トリオースリン酸イソメラーゼ | TPI | 5.3.1.1 |
| 27 | テトラゾリウム酸化酵素 | TZO | 1.・・・ |

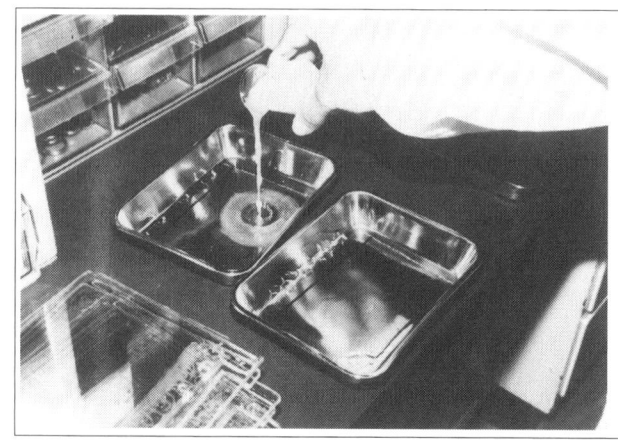

図11　染色

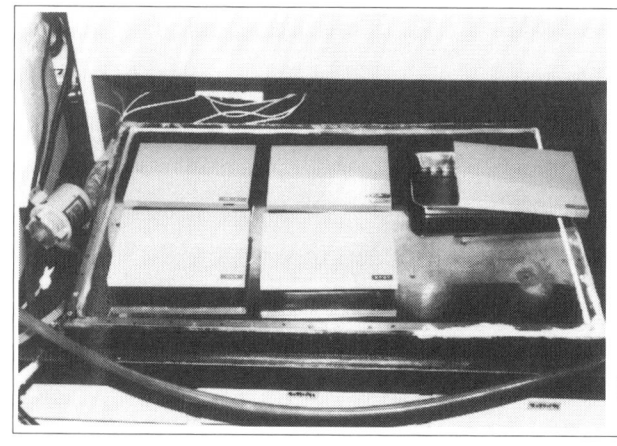

図12　37℃での染色

　　ト（カード判）に入れ，染色液を注ぐ（図11）。
3）染色液を注いだら，緩やかに動かし染色液をなじませる。室温染色と37℃染色で，分け蓋をして，ときどき緩やかに動かし染色状況の確認を行う（図12）。

---

●染色用カードを酵素ごとに作っておくと便利である（図13）。
●鮮明な泳動像が得られない場合は，材料の鮮度，抽出の不手際，抽出溶液の問題などが考えられる。各過程での的確な実験が行われているかを確認する。
●単に酵素活性が低い場合は基質の濃度を上げるなど染色液の濃度を高くしてみる。
●染色中はこまめに染色状況を見て，十分に染色されていれば次のステップへ移る。

図13 染色用カード

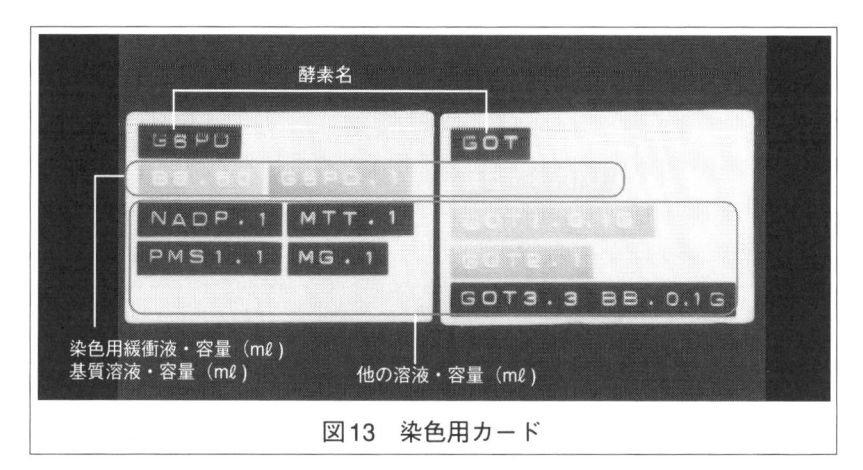

## 6) ゲルの観察・固定・保存

1) ゲルの観察（遺伝子型の読み取り）は染色後すぐに行うのが原則である。各ザイモグラムはデータシートに記録しておく（図14）。また鮮明な泳動像は写真撮影を行っておく。
2) 原点（分離ゲルの端）からBPBマーカーまでの距離を100としてバンドの相対移動距離を測る。これをRf（Relative value to the front）と言い，各アイソザイムバンドの大まかな指標となる。
3) 染色終了後，テトラゾリウム染色を行った酵素種のゲルは染色液を捨て，2%酢酸溶液に5分以上浸し反応を停止させる。
4) その後停止液を捨て，固定液（表9）を100ml注ぎ，冷暗所にひと晩置き固定させる。

表9 染色反応の停止および固定液

| 酵素種 | 停止 | 固定液 |
|---|---|---|
| AAP |  | A |
| AAT |  | B |
| ACO | ○ | A |
| ACP |  | A |
| ADH | ○ | A |
| AMY |  | A |
| DIA | ○ | A |
| EST |  | A |
| FM | ○ | B |
| GDH | ○ | B |
| G2D | ○ | B |
| GK | ○ | A |
| G6DP | ○ | A |
| GR | ○ | A |
| LAP |  | A |
| MDH | ○ | B |
| ME8 | ○ | A |
| ME7 | ○ | A |
| MNR | ○ | A |
| 6PGD | ○ | A |
| PGI | ○ | A |
| PGM | ○ | A |
| POD |  | A |
| SKD | ○ | A |
| SODH | ○ | B |
| TPI | ○ |  |
| TZO | ○ | B |

図14 データシート

5) 固定が終了したゲルは水に浸したセロファンで両側から覆い，気泡を抜き，クロマト用ガラス板に張りつけ乾燥させる。乾燥させたゲルは長期間の保存が可能である。

- Rf値は相対的なものであるため，最近はあまり用いなくなった。
- 固定液に浸しひと晩置くと脱色するものもあるため，ザイモグラムをデータシートに記録しておく。

## 7) アイソザイムパターンの解釈

アイソザイム分析で得られた電気泳動図を読み取るとき，以下の点に注意して遺伝子型を決定するとよい。酵素種によって，期待遺伝子座数と遺伝様式がすでにわかっているものは，表10を参考にして遺伝子型を読み取る。単量体，2量体，4量

### 表10　アイソザイムが検出される酵素種

| 酵素名 | 構造 | 推定遺伝子座数 | 文献 |
|---|---|---|---|
| アラニンアミノペプチダーゼ | 単量体 | 2 | Ott & Scandalios, 1978 |
| アコニターゼ | 単量体 | 1〜3 | Brouquisse et al., 1987 |
| 酸性ホスファターゼ | 単量体・2量体 | 2〜4 | de Cherisey, 1985 |
| アミラーゼ | 単量体 | 4 | Vallejos, 1983 |
| アスパラギン酸アミノ転移酵素 | 2量体 | 4 | Huang et al., 1976 |
| アルコール脱水素酵素 | 2量体 | 1〜3 | Freeling & Schwarz, 1973 |
| カタラーゼ | 4量体 | 1 | Scandalios, 1974 |
| エステラーゼ | 単量体・2量体 | 2〜10 | Tanksley & Rick, 1980 |
| ジアホラーゼ | 単量体・2量体・4量体 | 1〜4 | Weeden & Lamb, 1987 |
| フマラーゼ | 4量体 | 1 | Kanarek et al., 1964 |
| グルコース-6-リン酸脱水素酵素 | 2量体 | 2 | Schnarrenberger et al., 1973 |
| グルタミン酸脱水素酵素 | 6量体 | 1 | Cammerts & Jacobs, 1983 |
| イソクエン酸脱水素酵素 | 2量体 | 1 | Mayr et al., 1982 |
| ロイシンアミノペプチダーゼ | 単量体 | 2 | Scandalios & Espiritu, 1969 |
| リンゴ酸脱水素酵素 | 2量体 | 3 | Goodman et al., 1980 |
| リンゴ酸酵素 | 4量体 | 1 | Navot & Zamir, 1986 |
| 6-ホスホグルコン酸脱水素酵素 | 2量体 | 2 | Weeden & Marx, 1984 |
| ホスホグルコースイソメラーゼ | 2量体 | 2 | Schnarrenberger & Oeser, 1974 |
| ホスホグルコムターゼ | 単量体 | 2 | Weeden & Gottlieb, 1980 |
| パーオキシダーゼ | 単量体 | 2〜13 | Garcia et al., 1982 |
| シキミ酸脱水素酵素 | 単量体 | 2 | Weeden & Gottlieb, 1980 |
| ソルビトール脱水素酵素 | 単量体 | | O'Malley et al., 1979 |
| トリオースリン酸イソメラーゼ | 2量体 | 2 | Pichersky & Gottlieb, 1983 |
| テトラゾリウム酸化酵素 | 単量体・2量体 | 3 | Baum & Scandalios, 1982 |

体については，以下にそのパターンを示す（図15，16，17）。また，遺伝子座間でヘテロダイマーを形成する例を図18に示した。この場合は，遺伝子型の読み取りに注意して行うことをすすめる。この他，遺伝子の重複，倍数体，ヌル対立遺伝子などは特に注意が必要である。解釈がつかないパターンについては，遺伝子座としての使用をやめるか，やはり交配家系を用いて遺伝様式を明らかにする必要がある（Tsumura et al., 1989）。

### 1. 基本的な遺伝様式

①単量体（Monomeric enzyme）

各酵素が単一のポリペプチドで構成されているもので，基本的にはホモ接合型であれば1本のバンドからなる（図15）。ヘテロ接合型の場合は両親由来の2本のバンドを持つことになる。

②2量体（Dimeric enzyme）

各酵素が2つのポリペプチドから構成されている酵素で，基本的にはホモ接合型では1本のバンドを持つが，ヘテロ接合体は両親由来の2本のバンドの中間の位置に雑種バンドを形成する（図16）。またこの雑種バンドの活性比は両親由来のバンドの2倍になっている。実はこの遺伝様式のものは単量体に比べ遺伝子型の判読が容易である。

③4量体（Tetrameric enzyme）

各酵素が4つのポリペプチドから構成されている酵素で，ヘテロ接合型で両親由来の2本のバンドの他に3本の雑種バンドを持つ（図17）。これらの活性比は1：4：6：4：1である。

### 2. 修飾バンドとヘテロダイマー

検出されるアイソザイムのなかには，遺伝支配ではなく，タンパク質が合成されたあとで，グルコース，リン酸残基などが結びついてつくられるものがある。これは修飾バンドと言われるもので，遺伝子型の判読の場合に注意が必要である（図18）。リンゴ酸脱水素酵素での例が知られている（Rick et al., 1979; Goodman et al., 1980; Harry, 1983; Millar, 1985）。

植物の生育段階によってアイソザイムパターンが異なる酵素がある。たとえば，パーオキシダーゼ，エステラーゼ，酸性フォスファターゼなどである。これらは，遺伝子座数も植物とその生育段階で異なることがあるので，取り扱いには注意が必要である。

また，修飾バンドのうち，遺伝子座間で雑種バンドを形成するものがある。これ

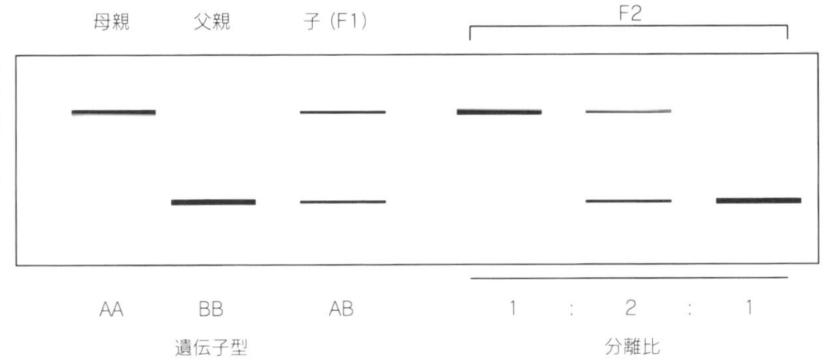

2. アイソザイム分析の手順　203

| 母親 | 父親 | 子 (F1) | F2 |
|---|---|---|---|
| AA | BB | AB | 1 : 2 : 1 |
| 遺伝子型 | | | 分離比 |

**図15　単量体の遺伝様式**

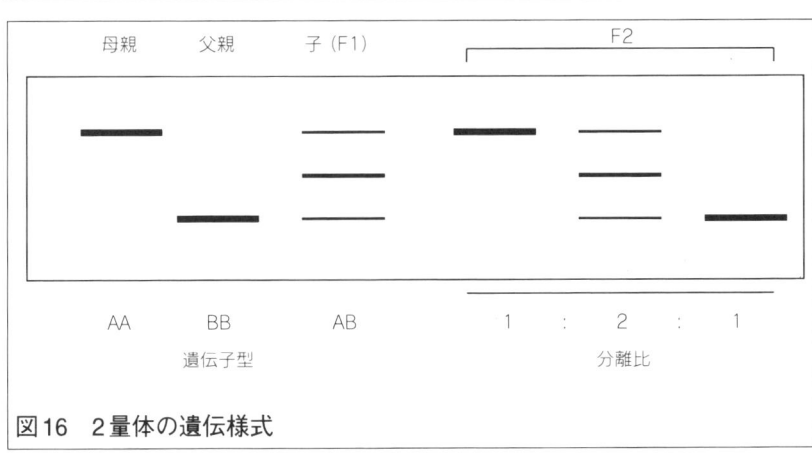

| 母親 | 父親 | 子 (F1) | F2 |
|---|---|---|---|
| AA | BB | AB | 1 : 2 : 1 |
| 遺伝子型 | | | 分離比 |

**図16　2量体の遺伝様式**

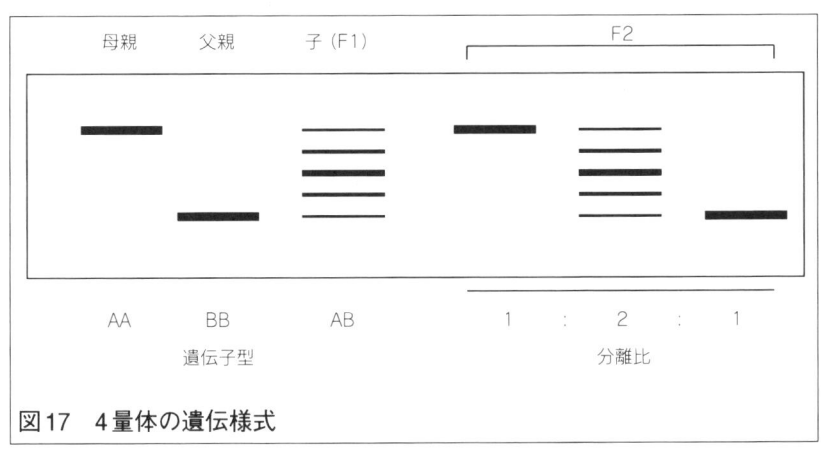

| 母親 | 父親 | 子 (F1) | F2 |
|---|---|---|---|
| AA | BB | AB | 1 : 2 : 1 |
| 遺伝子型 | | | 分離比 |

**図17　4量体の遺伝様式**

図18 ヘテロダイマー

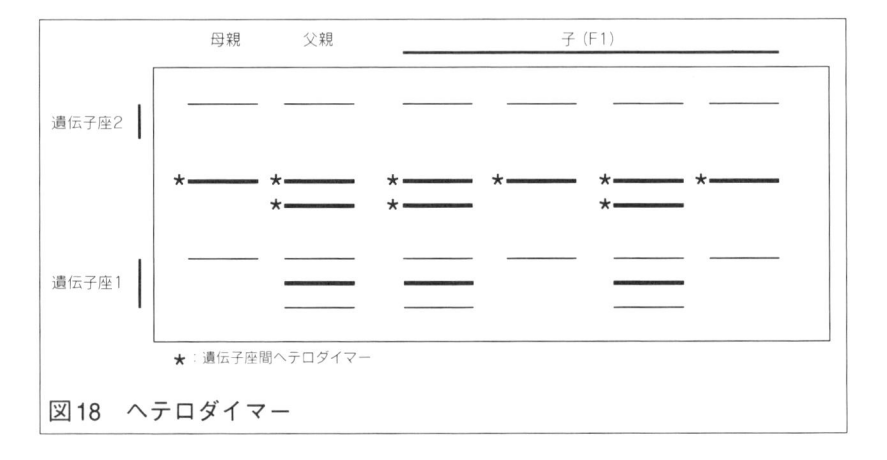

は遺伝子座間ヘテロダイマーと呼ばれ，遺伝子型の読み取りを難しくすることがある。少数のサンプルだけであると判読を誤ることがあるので，複数の電気泳動パターンを見ることによって判読するようにする。

### 3. 遺伝子座の重複と倍数性

アイソザイム遺伝子座も重複していることがあるため，このときは遺伝子座数は期待数よりも多くなっていることがある。また逆に，ある遺伝子座で生産される酵素の活性が弱い場合には検出できないことがある。アイソザイム遺伝子の重複が初めて報告されたのは *Clarkia* のアルコール脱水素酵素（ADH）であった（Gottlieb, 1974）。その後，ADHだけでも多くの報告が出ている（Roose & Gottlieb, 1980; Ellstrand et al., 1983; Harberd & Edwards, 1983; Wendel & Parks, 1984; Ennos 1986）。詳しくはWeeden & Wendel（1989）の総説を参照のこと。

また倍数体についてもアイソザイムパターンは複雑になり，遺伝子型を判断できない場合もある。倍数体かどうかは事前に確認しておく必要があろう。同質倍数体は遺伝子座が重なってあらわれることが多いため，異質倍数体に比べさらに遺伝子型の読み取りが難しくなる場合が多い。

### 4. ヌル対立遺伝子

アイソザイムのなかには不活性型のものがあり，バンドが検出できない。これをヌル対立遺伝子という。特に，交配家系を用いて遺伝様式を確認せずに，直接自然集団を解析する場合は注意が必要である。ヌル対立遺伝子がホモ接合型であれば判読できるが，ヘテロ接合型の場合は判読できない。このような遺伝子座はできれば

## 表11 データの解析によく使われるソフトウェアとそのURL

| ソフトウェア | url |
|---|---|
| BIOSYS | ftp://lamar.colostate.edu/pub/wcb4 |
| GENESTRAUT | http://numbat.murdoch.edu.au/vetschl/imgad/download.htm |
| GENEPOP | ftp://ftp.cefe.cnrs-mop.fr/pub/PC/MSDOS/GENEPOP/ |
| POPGENE | http://www.ualberta.ca/~fyeh/index.htm |
| ARLEQUIN | http://acasun1.unige.ch/arlequin/ |
| RSTCALC | http://helios.bto.ed.ac.uk/evolgen/rst/tst.html |
| GDA | http://alleyn.eeb.uconn.edu/gda/ |

使わない方が無難である。特に交配様式の推定の際，明らかにヌル対立遺伝子が存在していればその遺伝子座は使わない方がよい。また自然集団の遺伝的多様性を調査する場合，ヌル対立遺伝子が存在するとホモ接合体が実際よりも過剰に観察され $F_{IS}$（固定指数，第2部プロローグ「遺伝的多様性研究ガイド」参照）に影響を与え，あたかも別の要因が関与しているように見えることがある。しかし，自然界でのヌル対立遺伝子の頻度は一般に低いため，注意して使えば大きな問題にはならない場合が多い。

### 5. データの解析

データの解析には公開されているソフトウェアを用いると便利である。遺伝的多様性，遺伝的分化，遺伝的構造，交配様式などを解析する場合は**表11**のソフトがよく用いられている。これらを用いると，ヘテロ接合度（$H_e$），遺伝子分化係数（$G_{ST}$），固定指数（$F_{IS}$）などの値が簡単に算出できる。しかし，原著でこれらの算出の理論および方法を確認しておくことは言うまでもない。集団遺伝でよく使われる遺伝パラメータを学ぶには根井（1990），Nei（1987），**Hartl & Clark**（1997）など多くの名著を参考にするとよい。


本稿の原著は，著者が筑波大学時代に大庭喜八郎名誉教授の指導のもとに，戸丸信弘氏，陶山佳久氏の協力で作成したものである。10年以上前に発行したプロトコルを，本書の編集責任者西脇亜也氏のお勧めにより加筆・訂正し，改めて書き直すことになった。この機会を与えて下さった西脇氏および協力者の方々に感謝いたします。

## 試薬調整リスト

### 表I ゲル原液の調整

| ゲル原液 | 調整 | 容量 |
|---|---|---|
| A溶液（pH8.9） | トリズマベース<br>1N塩酸<br>TEMED<br>蒸留水を加えて500mℓ とする | 91.5g<br>120mℓ<br>0.575mℓ |
| B溶液 | アクリルアミド<br>ビスアクリルアミド<br>蒸留水を加えて500mℓ とする | 150g<br>4g |
| C溶液 | 過酸化アンモニウム<br>蒸留水を加えて100mℓ とする | 140mg |
| D溶液（pH6.7） | トリズマベース<br>1N塩酸<br>TEMED | 14.95g<br>120mℓ<br>1.15mℓ |
| E溶液 | アクリルアミド<br>ビスアクリルアミド<br>蒸留水を加えて500mℓ とする | 37.5g<br>6.25g |
| F溶液 | リボフラビン<br>蒸留水を加えて1,000mℓ とする | 20mg |

A, B, C, D, E, F溶液は冷暗所（冷蔵庫）で数か月保存できる。
C溶液は随時調整する。

### 表II 泳動用緩衝液の調整

| 溶液 | 調整 | 容量 |
|---|---|---|
| 貯蔵用原液 | トリズマベース<br>グリシン<br>蒸留水を加えて5,000mℓ とする | 30g<br>144g |
| 泳動用緩衝液 | 貯蔵用原液<br>蒸留水を加えて5,000mℓ とする | 500mℓ |
| BPB溶液 | ブロモフェノールブルー<br>泳動用緩衝液 | 20mg<br>1,000mℓ |

## 表III 抽出液の調整

| 溶液 | 葉組織用[1] | | 容量 |
|---|---|---|---|
| | 調整 | | |
| EXT1 | Trizma 7.5 を 7.54g と EDTA-2Na を 560mg を 100mℓ の蒸留水に溶かす。グリセリン 126g を加え蒸留水で 250mℓ にする。 | | 7mℓ |
| EXT2 | Tween80 6.30g を蒸留水に溶かし 200mℓ にする。 | | 3mℓ |
| EXT3 | DTT 463mg を蒸留水に溶かし 50mℓ にする。 | | 3mℓ |
| EXT4 | NAD 60mg を蒸留水 10mℓ に溶かす。 | | 1mℓ |
| EXT5 | NADP 67mg を蒸留水 10mℓ に溶かす。 | | 1mℓ |
| EXT6 | βメルカプトエタノール | | 0.07mℓ |
| EXT7 | アルブミン | | 12mg |

| 溶液 | 種子用[2] | | 容量 |
|---|---|---|---|
| | 調整 | | |
| EXT1 | Trizma-7.5 377mg を約 10mℓ の蒸留水に溶かす。グリセリン 12.6g を加え蒸留水で 25mℓ にする。 | | 4mℓ |
| EXT2 | DTT 31mg を蒸留水に溶かし 10mℓ にする。 | | 2mℓ |
| EXT3 | NAD 60mg を蒸留水 10mℓ に溶かす。 | | 1mℓ |
| EXT4 | NADP 67mg を蒸留水 10mℓ に溶かす。 | | 1mℓ |

1: Uchida *et al*., 1991; 2: 白石, 1987

## 表VI 染色液用緩衝液の調整

| 緩衝液 | 調整 | 容量 |
|---|---|---|
| 50mMトリス塩酸緩衝液 pH7.0 | トリズマ-7.0<br>蒸留水を加えて5,000mℓに定量する | 38.80g |
| 50mMトリス塩酸緩衝液 pH8.0 | トリズマ-HCl<br>トリズマベース<br>蒸留水を加えて5,000mℓに定量する | 22.20g<br>13.25g |
| ACP緩衝液 pH4.0 | 酢酸ナトリウム（無水）<br>酢酸<br>蒸留水を加えて5,000mℓに定量する | 57.45g<br>18mℓ |
| AMY緩衝液 pH6.0 | $KH_2PO_4$<br>$K_2HPO_4$<br>蒸留水を加えて5,000mℓに定量する | 59.063g<br>11.496g |
| EST緩衝液 pH6.0 | $NAH_2PO_4$-$2H_2O$<br>$NaHPO_4$<br>蒸留水を加えて5,000mℓに定量する | 78.005g<br>14.195g |
| AAT緩衝液 pH7.0 | NaOH<br>$KH_2PO_4$<br>まずNaOH 11.8gを約2,000mℓの蒸留水に溶かし，次に$KH_2PO_4$ 68.045gを加えて5,000mℓに定量する | 11.80g<br>68.045g |
| LAP緩衝液 pH6.0 | 無水マレイン酸<br>トリス<br>NaOH<br>まず無水マレイン酸98.060gとトリス121.100gを約3,000mℓの蒸留水に溶かし，次にNaOH6.0gを加えて5,000mℓに定量する | 98.06g<br>121.10g<br>6.0g |
| POD緩衝液 pH4.0 | トリス<br>酢酸<br>蒸留水を加えて5,000mℓに定量する | 7.57g<br>8.1mℓ |

## 表V　染色用貯蔵溶液の調整

| 溶液 | 調整 | 容量 |
|---|---|---|
| NAD溶液 | NAD<br>蒸留水を加えて20mℓに定量する | 500mg |
| NADP溶液 | NADP<br>蒸留水を加えて20mℓに定量する | 133mg |
| NBT溶液 | NBT<br>蒸留水を加えて20mℓに定量する | 200mg |
| MTT溶液 | MTT<br>蒸留水を加えて20mℓに定量する | 100mg |
| PMS5溶液 | PMS5<br>蒸留水を加えて20mℓに定量する | 100mg |
| PMS溶液 | PMS<br>蒸留水を加えて20mℓに定量する | 20mg |
| MG溶液 | $MgCl_2\cdot 6H_2O$<br>蒸留水を加えて100mℓに定量する | 10.165g |
| MN溶液 | $MnCl_2\cdot 4H_2O$<br>蒸留水を加えて100mℓに定量する | 9.895g |
| ATP溶液 | ATP<br>蒸留水を加えて20mℓに定量する | 1.0g |
| G6PDH溶液 | G6PDH<br>蒸留水を加えて2.5mℓに定量する | 250units |
| MDH溶液 | MDH<br>蒸留水を加えて50mℓに定量する | 5,000units |
| DIA溶液 | 2,6-ジクロロフェノール-インドフェノール<br>蒸留水を加えて20mℓに定量する | 20mg |

## 表IV 染色液の調整および染色手順

| 酵素種 | 染色用緩衝液 | 染色液調整基質およびその他の溶液 | 容量 | 染色手順（染色時間） |
|---|---|---|---|---|
| AAP | LAP緩衝液（50mℓ） | 0.23M L-アラニン-β-ナフチルアミド溶液（ジメチルスルホキド1mℓに50mgを溶かす）<br>ファーストブラックK塩 | 1mℓ<br><br><br>30mg | ゲルを染色液に浸して遮光し，ときどき振盪しながら37℃でインキュベートする（30〜60分） |
| AAT | AAT緩衝液（100mℓ） | L-アスパラギン酸<br>0.68m α-ケトグルタル酸溶液（蒸留水1mℓに100mgを溶かす）<br>13mM ピリドキサール-5'-リン酸溶液（333mgを蒸留水に溶かし100mℓに定量する）<br>ファーストブルーBB塩 | 100mℓ<br>1mℓ<br><br><br>3mℓ<br><br><br><br>100mg | ゲルを染色液に浸して遮光し，ときどき振盪しながら室温でインキュベートする（15〜30分） |
| ACO | トリス塩酸緩衝液 pH8.0（100mℓ） | Cis-アコニット酸<br>NADP<br>NBT<br>PMS1<br>MG<br>イソクエン酸脱水素酵素（NADP+） | 100mg<br>1mℓ<br>1mℓ<br>1mℓ<br>1mℓ<br>0.2mℓ | ゲルを染色液に浸して遮光し，ときどき振盪しながら37℃でインキュベートする（30〜60分） |
| ACP | ACP緩衝液（100mℓ） | α-ナフチルリン酸ナトリウム<br>MG<br>ファーストガーネットGBC塩 | 100mg<br>0.5mℓ<br>25mg | すべての染色用試薬を加え，攪拌したあと濾過する。ゲルを染色液に浸して遮光し，ときどき振盪しながら37℃でインキュベートする（2〜3時間） |
| ADH | トリス塩酸緩衝液 pH7.0（50mℓ） | 99％エタノール溶液<br>NAD<br>NBT<br>PMS5 | 5mℓ<br>2mℓ<br>2mℓ<br>1mℓ | ゲルを染色液に浸して遮光し，ときどき振盪しながら37℃でインキュベートする（30〜60分） |
| AMY | A液：<br>AMY緩衝液（100mℓ）<br>B液：<br>蒸留水（100mℓ） | 可溶性デンプン<br><br><br>1N-ヨウ素溶液あたりヨウ化カリウム116mgを溶かした溶液<br>酢酸 | 300mg<br><br><br>2mℓ<br><br><br>1mℓ | まずゲルをA液に浸して遮光し，ときどき振盪しながら37℃でインキュベートする。40分後，A液を捨て蒸留水でゲルを洗ったあと，B液に浸し10分間インキュベートする（バンドは青のバックグラウンドに白く抜けて現れる） |
| DIA | トリス塩酸緩衝液 pH8.0 | DIA<br>NADP | 1mℓ<br>20mg | ゲルを染色液に浸して遮光し，ときどき振盪しながら37℃でインキュベートする |

| | | | | |
|---|---|---|---|---|
| | (50mℓ) | MTT | 2mℓ | (30～60分) |
| EST | A液：<br>EST緩衝液<br>（50mℓ）<br>B液：<br>EST緩衝液<br>（50mℓ） | 0.10M α-ナフチルプロピオネート溶液（エタノール1mℓ あたり20mgを溶かす）<br>0.10M α-ナフチルアセテート溶液（エタノール1mℓ あたり19mgを溶かす）<br>ファーストブルーRR塩 | 2mℓ<br><br><br>1mℓ<br><br><br>100mg | B液はファーストブルーRR塩を溶かしたあと，濾過する<br>まずゲルをA液に浸して遮光し，ときどき振盪しながら37℃でインキュベートする。5分後，B液を加え撹拌する（60分） |
| FM | トリス塩酸緩衝液 pH7.0<br>（50ml） | 1.3M フマール酸溶液（蒸留水1mℓ あたり200mgを溶かす）<br>NAD<br>NBT<br>PMS1<br>リンゴ酸脱水素酵素（蒸留水1mℓ あたり100units） | 3mℓ<br><br><br>1mℓ<br>1mℓ<br>1mℓ<br>1mℓ | ゲルを染色液に浸して遮光し，ときどき振盪しながら37℃でインキュベートする（1～2時間） |
| GDH | トリス塩酸緩衝液 pH7.0<br>（50mℓ） | L-グルタミン酸<br>NAD<br>NBT<br>PMS1 | 1.0g<br>1mℓ<br>1mℓ<br>1mℓ | ゲルを染色液に浸して遮光し，ときどき振盪しながら37℃でインキュベートする（30～60分） |
| G2D | トリス塩酸緩衝液 pH7.0<br>（50mℓ） | 0.2M DL-グリセリン酸溶液（蒸留水1mℓ あたり25mgを溶かす）<br>NAD<br>NBT<br>PMS5 | 4mℓ<br><br><br>1mℓ<br>1mℓ<br>1mℓ | ゲルを染色液に浸して遮光し，ときどき振盪しながら37℃でインキュベートする（60分） |
| GK | トリス塩酸緩衝液 pH8.0<br>（50mℓ） | 0.42M グルコース溶液（蒸留水1mℓ あたり75mgを溶かす）<br>NADP<br>MTT<br>PMS1<br>ATP<br>G6PDH<br>MG | 3mℓ<br><br><br>1mℓ<br>1mℓ<br>1mℓ<br>1mℓ<br>0.2mℓ<br>1mℓ | ゲルを染色液に浸して遮光し，ときどき振盪しながら37℃でインキュベートする（60分） |
| G6PD | トリス塩酸緩衝液 pH8.0<br>（50mℓ） | 74mM D-グルコース-6-リン酸溶液（蒸留水1mℓ あたり25mgを溶かす）<br>NADP<br>MTT<br>PMS1<br>MG | 3mℓ<br><br><br>1mℓ<br>1mℓ<br>1mℓ<br>1mℓ | ゲルを染色液に浸して遮光し，ときどき振盪しながら37℃でインキュベートする（15～60分） |
| GR | トリス塩酸緩衝液 | グルタチオン<br>NADPH | 0.1mg<br>30mg | ゲルを染色液に浸して遮光し，ときどき振盪しながら |

| 酵素 | 緩衝液 | 染色試薬 | 量 | インキュベート条件 |
|---|---|---|---|---|
| | 液 pH8.0 (50mℓ) | MTT<br>PMS1 | 4mℓ<br>2mℓ | 37℃でインキュベートする<br>(30〜60分) |
| LAP | LAP緩衝液<br>(50mℓ) | 34mM L-ロイシン-β-ナフチルアミド塩酸溶液（蒸留水1mℓあたり10mgを溶かす）<br>ファーストブラックK塩 | 2mℓ<br><br><br>30mg | ゲルを染色液に浸して遮光し，ときどき振盪しながら37℃でインキュベートする<br>(15〜60分) |
| MDH | 50mM トリス塩酸緩衝液<br>pH 7.0<br>(50mℓ) | 1.0M DL-リンゴ酸溶液<br>NADP<br>NBT<br>PMS1 | 5mℓ<br>1mℓ<br>1mℓ<br>1mℓ | ゲルを染色液に浸して遮光し，ときどき振盪しながら37℃でインキュベートする<br>(15〜60分) |
| ME | トリス塩酸緩衝液 pH 7.0<br>(50mℓ) | 1.0M DL-リンゴ酸溶液<br>NADP<br>MTT<br>PMS1 | 5mℓ<br>1mℓ<br>1mℓ<br>1mℓ | ゲルを染色液に浸して遮光し，ときどき振盪しながら37℃でインキュベートする<br>(30〜60分) |
| MNR | トリス塩酸緩衝液 pH 7.0<br>(50mℓ) | メナジオン<br>NADH<br>NBT | 100mg<br>25mg<br>1mℓ | ゲルを染色液に浸して遮光し，ときどき振盪しながら37℃でインキュベートする<br>(30〜60分) |
| 6PGD | トリス塩酸緩衝液 pH 8.0<br>(50mℓ) | 13mM 6-ホスホグルコン酸溶液（蒸留水1mlあたり30mgを溶かす）<br>NADP<br>MTT<br>PMS1<br>MG | 1mℓ<br><br><br>1mℓ<br>1mℓ<br>1mℓ<br>1mℓ | ゲルを染色液に浸して遮光し，ときどき振盪しながら37℃でインキュベートする<br>(15〜30分) |
| PGI | トリス塩酸緩衝液 pH 8.0<br>(50mℓ) | 33mM D-フルクトール-6-リン酸溶液（蒸留水1mlあたり5mgを溶かす）<br>NADP<br>MTT<br>PMS1<br>MG<br>G6PDH | 3mℓ<br><br><br>1mℓ<br>1mℓ<br>1mℓ<br>1mℓ<br>1mℓ | ゲルを染色液に浸して遮光し，ときどき振盪しながら37℃でインキュベートする<br>(15〜30分) |
| PGM | トリス塩酸緩衝液 pH 8.0<br>(50mℓ) | 0.23M D-グルコース-1-リン酸溶液（蒸留水1mlあたり70mgを溶かす）<br>NADP<br>MTT<br>PMS1<br>MG<br>G6PDH | 1mℓ<br><br><br>1mℓ<br>1mℓ<br>1mℓ<br>1mℓ<br>0.2mℓ | ゲルを染色液に浸して遮光し，ときどき振盪しながら37℃でインキュベートする<br>(15〜30分) |
| POD | POD緩衝液<br>(80mℓ) | 3％ 過酸化水素水<br>POD (3-アミノ-エチルカルバゾル840mgとβ-ナフトール580mgをアセトン400mℓに溶かす) | 1mℓ<br>20mℓ | ゲルを染色液に浸して遮光し，ときどき振盪しながら室温でインキュベートする<br>(60分) |

| | | | | |
|---|---|---|---|---|
| SKD | トリス塩酸緩衝液 pH 8.0 (50mℓ) | 0.11M シキミ酸溶液（蒸留水1mℓ あたり20mℓ を溶かす） | 3mℓ | ゲルを染色液に浸して遮光し，ときどき振盪しながら37℃でインキュベートする (15～30分) |
| | | NADP | 1mℓ | |
| | | MTT | 1mℓ | |
| | | PMS1 | 1mℓ | |
| | | MG | 1mℓ | |
| SODH | トリス塩酸緩衝液 pH 8.0 (50mℓ) | D-ソルビトール | 1.0g | ゲルを染色液に浸して遮光し，ときどき振盪しながら37℃でインキュベートする (15～30分) |
| | | NAD | 1mℓ | |
| | | MTT | 1mℓ | |
| | | PMS1 | 1mℓ | |
| TPI | トリス塩酸緩衝液 pH 8.0 | Dihydroxyacetone phosphate | 2mg | ゲルを染色液に浸して遮光し，ときどき振盪しながら室温でインキュベートする (60分) |
| | | G3DP (0.5u/uℓ) | 80uℓ | |
| | | 1M Sodium arsenate, dibasic | 50uℓ | |
| | | NAD | 1mℓ | |
| | | NBT | 1mℓ | |
| | | PMS1 | 1mℓ | |
| TZO | トリス塩酸緩衝液 pH 7.0 (50mℓ) | NAD | 1mℓ | ゲルを染色液に浸して遮光し，ときどき振盪しながら37℃でインキュベートする (60分) |
| | | NBT | 1mℓ | |
| | | PMS5 | 5mℓ | |

## 付表 試薬リスト

| 試薬（和名または略号） | カタログNo. | 製造元 |
|---|---|---|
| Acetic Acid（酢酸） | 017-00256 | w |
| Aceton（アセトン） | 016-00346 | w |
| Cis-Aconitic acid（Cis-アコニット酸） | A-3412 | s |
| Acrylamide（アクリルアミド） | 011-08015 | w |
| Adenosine-5'-triphosphoric acid, disodium salt（ATP） | 303-50511 | o |
| L-Alanine-$\beta$-naphtylamide（L-アラニン$\beta$-ナフチルアミド） | A-2628 | s |
| Albumin, bovine（アルブミン） | A-4503 | s |
| 3-Amino-9-ethylcarbazole（3-アミノ-9-エチルカルバゾール） | A-5754 | s |
| Ammonium persulfate（過硫酸アンモニウム） | 016-08021 | w |
| L-Aspartic acid（L-アスパラギン酸） | 013-04832 | w |
| Bromophenol blue（BPB） | 021-02911 | w |
| Dextrose, anhydrous（ブドウ糖） | 047-00592 | w |
| 2, 6-Dichlorophenol-indophenol, sodium salt（2,6-ジクロロフェノール-インドフェノール） | D-1878 | s |
| Dihydroxyacetone phosphate | D 7137 | s |
| Dimetyl sulfoxide（ジメチルスルホキシド） | 043-07216 | w |
| 3-(4, 5-Dimetyl 1-2-thiazolyl)-2, 5-dipheny-2H, tetrazolium bromide（MTT） | 341-01823 | o |
| Dipotassium hydrogenphosphate（K2HPO4） | 164-04295 | w |
| Dithiothreitol（DTT） | 047-08973 | w |
| Ethylenediaminetetraacetic acid, disodium salt（EDTA-2Na） | 341-01862 | w |
| Ethanol, 99% | 050-00446 | w |
| Fast black K salt（ファーストブラックK塩） | F7253 | s |
| Fast blue BB salt（ファーストブルーBB塩） | F-3378 | s |
| Fast blue RR salt（ファーストブルーRR塩） | F-0500 | s |
| Fast garnet GBC salt（ファーストガーネットGBC塩） | F-8761 | s |
| D-Fructose-6-phosphate, disodium salt（D-フルクトース6-リン酸） | F-3627 | s |
| Fumaric acid, disodium salt（フマール酸） | F-1506 | s |
| Glucose-6-phosphate dehydrogenase from yeast（G6PDH） | 300-50141 | o |
| $\alpha$-D-Glucose 1-phosphate, disodium salt（$\alpha$-D-グルコース 1-リン酸） | G-7000 | s |
| D-Glucose 6-phosphate（G6P）, disodium salt（D-グルコース 6-リン酸） | 307-50531 | o |
| L-Glutamic acid, monosodium salt（L-グルタミン酸） | G-1626 | s |
| Glutathione（グルタチオン） | G-4376 | s |
| DL-Glyceric acid, hemicalsium salt（DL-グリセリン酸） | G-5626 | s |
| Glyceraldehyde-3-phosphate dehydrogenase | G9263 | s |
| Glycerol（グリセリン） | 075-00616 | w |
| Glycine（グリシン） | 077-00735 | w |
| 1N Hydrochloric acid（1N 塩酸） | 084-03345 | w |
| Hydrogen peroxide（過酸化水素） | 081-04215 | w |
| Iodine（ヨウ素） | 095-00392 | w |
| Isocitrate dehydrogenase（NADP+）(iCDH（NADP+）) | 308-50321 | o |
| $\alpha$-Ketoglutaric acid（$\alpha$-ケトグルタル酸） | K005 | t |
| L-Leucyl-$\beta$-naphtylamide hydrochloride（L-ロイシル-$\beta$-ナフチルアミド塩酸） | 125-01563 | w |

付表　試薬リスト　　*215*

| | | |
|---|---|---|
| Magnesium chloride（MgCl2・6H2O） | 139-09203 | w |
| Maleic anhydride（無水マレイン酸） | 131-00525 | w |
| 2-Mercaptoethanol（2-メルカプトエタノール） | 137-06862 | w |
| DL-Malic acid（DL-リンゴ酸） | 139-00565 | w |
| Manganese chloride, tetrahydrate（MnCl2 4H2O） | 139-00722 | w |
| Menadione（メナジオン） | M-5625 | s |
| N, N'-Methylene-bis（acrylamide）（ビスアクリスアミド） | 138-06032 | w |
| α-Naphtyl acetate（α-ナフチルアセテート） | 303-50371 | o |
| α-Naphtyl phosphate, disodium salt（α-ナフチルリン酸） | N-7255 | s |
| α-Naphtyl propionate（α-ナフチルプロピオネート） | N-0376 | s |
| β-Naphthol（β-ナフトール） | N027 | t |
| β-Nicotinamide adenine dinucleotide（NAD）, oxidized form | 308-50441 | o |
| β-Nicotinamide adenine dinucleotide phosphate（NADP）, oxidized form | 308-50463 | o |
| β-Nicotinamide adenine dinucleotide phosphate, reduced form（NADPH） | 305-50473 | o |
| β-Nicotinamide adenine dinucleotide, reduced form（NADH） | 305-50451 | o |
| Nitro blue tetrazolium（NBT） | 144-01993 | w |
| Phenazine methosulfate（PMS） | 166-09211 | w |
| 6-Phospho-D-gluconate（6PG）, trisodium salt（6-ホスホ-D-グルコン酸） | 307-50553 | o |
| Polyvinylpolyprrolidone（ポリクラールAT） | P-6755 | s |
| Potassium iodine（ヨウ化カリウム） | 164-03972 | w |
| Potassium phosphate, monobasic（リン酸カリウム） | 166-04255 | w |
| Pyridoxal 5'-phosphate（ピリドキサール5'-リン酸） | P-9255 | s |
| Riboflavin（リボフラビン） | 181-00581 | w |
| Shikimic acid（シキミ酸） | 198-00433 | w |
| Sodium acetate, anhydrous（酢酸ナトリウム無水） | 192-01075 | w |
| Sodium arsenate, dibasic | S9663 | s |
| Sodium carbonate, monohydrate（Na2CO3 H2O） | 193-04925 | w |
| Sodium dihydrogenphosphate dihydrate（NaH2PO4 2H2O） | 192-02815 | w |
| Sodium hydroxide（NaOH） | 197-02125 | w |
| Sodium phosphate, dibasic anhydrous（Na2HPO4） | 197-02856 | w |
| D-Sorbitol（D-ソルビトール） | 194-03752 | w |
| Starch, soluble（可溶性デンプン） | 191-03985 | w |
| N, N, N', N'-Tetramethylethylenediamine（TEMED） | 207-06312 | w |
| Tris（hydroxymethyl）aminomethane（トリス） | 207-06275 | w |
| Trizma-7.0（トリズマ7.0） | T-3503 | s |
| Trizma-7.5（トリズマ7.5） | T-4128 | s |
| Trizma base（トリズマベース） | T-1503 | s |
| Trizma hydrochloride（トリズマHCl） | T-3253 | s |
| Tween 80（ツイーン80） | 3118-15 | d |

w：和光純薬工業株式会社
o：オリエンタル酵母工業株式会社
s：Sigma Chemical Company
t：東京化成工業株式会社
d：Difco Laboratory Co.

## 参考文献

Anderson, J. W. 1968. Extraction of enzyme and subcellular organelles from plant tissues. Phytochemistry **7**: 1973-1988.
青木幸一郎・永井裕〔編〕 1978. 最新電気泳動法 廣川書店
浅川澄彦・勝田柾・横山敏孝 1981. 日本の樹木種子 針葉樹編 林木育種協会
Baum, J. A. & J. G. Scandalios. 1982. Multiple genes controlling superoxidate dismutase expression in maize. J. Heredity **73**: 95-100.
Brewer, G. J. 1970. An Introduction to Isozyme Technique, Academic Press, New York.
Brouquisse, R., M. Nishimura, J. Gaillard & R. Douce. 1987. Characterization of a cytosolic aconitase in higher plant. Plant Physiol. **84**: 1402-1407.
Brown, A. H. D. 1989. Genetic characterization of plant mating systems. *In*: A. H. D. Brown, M. T. Clegg, A. L. Kahler & B. S. Weir. (eds.), Plant Population Genetics, Breeding, and Genetic Resources, p. 145-162. Sinauer Associates Inc., Sunderland.
Cammerts, D. & M. Jacobs. 1983. A study of the polymorphism and the genetic control of the glutamate dehydrogenase isozymes in *Arabidopsis thaliana*. Plant Sci. Lett. **31**: 65-73.
Conkle, M. T., P. D. Hodgskiss, L. B. Nunnally & S. C. Hunter. 1982. Starch gel electrophoresis of conifer seeds: A laboratory manual. Gen. Tech. Rep. PSW-64, pp.18. USDA Forest Servise.
Crowford, D. J. 1990. Plant Molecular Systematics: macromolecular approaches. Wiley, New York.
de Cherisey, H., M. T. Barreneche, M. Jusuf, C. Ouin & J. Pernes. 1985. Inheritance of some marker genes in *Setaria italica* (L.) P. Beauv. Thor. Appl. Genet. **71**: 57-60.
Ellstrand, N. C., J. M. Lee & K. W. Foster. 1983. Alcohol dehydrogenase isozymes in garin sorghum (*Sorghum bicolor*): evidence for a gene duplication. Biochem. Genet. **21**: 147-154.
Ennos, R. A. 1986. Allozyme variation, linkage, and dupulication. Biochem. Genet. **21**:147-154.
Freeling, M. & D. Schwarz. 1973. Genetic relationships between the multiple alcohol dehydrogenases of maize. Biochem. Genet. **8**: 27-36.
Garcia, P., P. de La Vega & C. Benito. 1982. The inheritance of rye seed peroxidases. Theor. Appl. Genet. **61**: 341-351.
Goodman, M. M., C. N. Lee & F. M. Johnson. 1980. Genetic control of malate dehydrogenase isozymes in maize. Genetics **94**: 153-168.
Gottlieb, L. D. 1974. Gene duplication and fixed heterozygosity for alcohol dehydrogenase in the diploid *Clarkia fraciscana*. Proc. Natl. Acad. Sci. USA **71**:1816-1818.
Gottlieb, L. D. 1982. Conservation and duplication of isozymes in plants. Science **216**: 373-380.
Hamrick, J. L. 1989. Isozymes and the analysis of genetic structure in plant populations. *In*: P. S. Soltis, D. E. Soltis & J. J. Dyle (eds.), Molecular Systematics of Plants, p. 87-105. Chapman and Hall, New York.

Hamrick, J. L. & Godt, M. J. W. 1989. Allozyme diversity in plant species. *In*: A. H. D. Brown, M. T. Clegg, A. L. Kahler & B. S. Weir (eds.), Plant Population Genetics, Breeding, and Genetic Resources, p. 43-63. Sinauer Associates Inc., Sunderland.

Hamrick, J. L., M. J. W. Godt, D. A. Murawski & M. D. Loveless. 1991. Correlations between species traits and allozyme diversity: Implications for conservation biology. *In*: D. A. Falk & K. E. Holsinger (eds.), Genetics and Conservation of Rare Plants. p. 75-86. Oxford Univ. Press, New York.

Hamrick, J. L., M. J. W. Godt & S. L. Sherman-Broyles. 1992. Factor influencing levels of genetic diversity in woody plant species. *In*: W. T. Adams, S. H. Strauss, D. L. Copes & A. R. Griffin (eds.), Population Genetics of Forest Trees, p. 95-124. Kluwer, The Netherland.

Harberd, N. P. & W. F. Edwards. 1983. Further studies on the alcohol dehydrogenases in barley: evidence for a third alcohol dehydrogenase locus, and data on the effect of an alcohol dehydrogenase 1 null mutation in homozygous and in heterozygous condition. Genet. Res. Camb. **41**: 109-115.

Hartl, D. L. & A. G. Clark. 1997. Principles of Population Genetics, Third edition. Sinauer Associates Inc., Sunderland.

Huang, A. H. C., K D. F. Lui & R. J. Youle. 1976. Organelle-specific isozymes of aspartate- $\alpha$ -ketoglutarate transaminase in spinach leaves. Plant Physiol. **58**: 110-113.

Kanarek, L., E. Marler, R. A. Bradshaw, R. E. Fellows & R. L. Hill. 1964. The subunits of fumarase. J. Biol. Chem. **239**: 4207-4211.

勝田柾・森徳典・横山敏孝　1998.　日本の樹木種子 広葉樹編　林木育種協会

Marty, T. L., D. M. O'Malley & R. P. Guries. 1984. A manual for starch gel electrophoresis. New microwave edition. Staff Paper servise No. 20, pp.20. Dep. For., Univ. of Wisconsin, Madison.

Markert, C. L. & F. Møller. 1959. Multiple forms of enzymes: tissue, ontogenetic, and species specific patterns. Proc . Natl. Acad. Sci. USA **45**: 753-763.

Mayr, U., R. Hensel & O. Kandler. 1982. Subunit composition and substrate binding region of potate L-lactate dehydrogenase. Phytochemistry **21**: 627-631.

Navot, N. & D. Zamir. 1986. Linkage relationships of 19 protein coding genes in watermelon. Theor. Appl. Genet. **72**: 274-278.

Nei, M. 1987. Molecular Evolutionary Genetics. Columbia University Press, New York.

根井正利　1990.　分子進化遺伝学（五條堀孝，斎藤成也　共訳，根井正利　監訳・改訂）培風館

O'Malley, D. M., F. W. Allendorf & G. M. Blake. 1979. Inheritance of isozyme variation and heterozygosity in Pinus ponderosa. Biochem. Genet. **17**: 233-250.

Ott, L. & J. G. Scandalios. 1978. Genetic control and linkage relationships among aminopeptidases in maize. Genetics **98**: 137-146.

Pichersky, M. E. & L. D. Gottlieb. 1983. Evidence for duplication of the structure genes coding plastid and cytosolic isozymes of triose phosphate isomerase in diploid species of *Clarkia*. Genetics **105**: 421-436.

Richardson, B. J., P. R. Baverstock & M. Adams. 1986. Allozyme Electrophoresis: A Hand Book for Animal Systematics and Population Studies. Academic Press, New York.

Roose, M. L. & L. D. Gottlieb. 1976. Genetic and biochemical consequences of polyploidy in *Tragopogon*. Evolution **30**: 818-830.

Scandalios, J. G. 1974. Isoenzymes in development and differentiation. Ann Rev. Plant Physiol. **25**: 225-258.

Scandalios, J. G. & L. G. Espiritu. 1969. Mutant aminopeptidases in *Pisum sativum* I. Developmental genetics and chemical characteristics. Mol. Gen. Genet. **105**: 101-112.

Schnarrenberger, C. & A. Oeser. 1974. Two isoenzymes of glucosephosphate isomerase from spinach leaves and their intracellular compartmentation. Eur. J. Biochem. **45**: 77-82.

Schnarrenberger, C., A. Oeser & N. E. Tolbert. 1973. Two isoenzymes each of glucose-6-phosphate dehydrogenase and 6-phosphogluconate dehydrogenase in spinach leaves. Arch. Biochem. Biophys. **154**: 438-448.

Shields, C. R., T. J. Orton & C. W. Stuber. 1983. An outline of general resource needs and procedures for the electrophoretic separation of active enzymes from plant tissue. *In*: Tanksley, S. D. & T. J. Orton. (eds.) Isozymes in Plant Genetics and Breeding, Part A. pp.443-468. Elsevier, Amsterdam.

白石進 1987. アイソザイム分析法:その実験と林木遺伝育種研究への利用 林木の育種 (1) **142**: 23-25, (2) **143**: 34-38, (3) **145**: 29-32.

Soltis, D. E. & P. S. Soltis (eds.). 1989. Isozyme in Plant Biology. Dioscorides Press, Portland.

Tanksley, S. D. & C. M. Rick. 1980. Genetics of esterases in species of Lycopersicon. Theor. Appl. Genet. **56**: 209-219.

Tanksley, S. D. & T. J. Orton (eds.). 1983. Isozymes in Plant Genetics and Breeding. Part A and B. Elsevier, Amsterdam.

Tomaru, N., T. Mitsutsuji, M. Takahashi, Y. Tsumura, K. Uchida & K. Ohba. 1996. Genetic diversity in Japanese beech, *Fagus crenata*: influence of the distributional shift during the late-Quaternary. Heredity **78**: 241-251.

Tomaru, N., Y. Tsumura & K. Ohba. 1994. Genetic variation and population differentiation in natural populations of *Cryptomeria japonica*. Plant Species Biol. **9**: 191-199.

Tsumura, Y. & K. Ohba. 1992. Allozyme variation of five natural populations of *Cryptomeria japonica* in western Japan. Jpn. J. Genet. **67**: 299-308.

Tsumura, Y. & K. Ohba. 1993. Genetic structure of geographical marginal populations of *Cryptomeria japonica*. Can. J. For. Res. **23**: 859-863.

Tsumura, Y., Uchida, K., Ohba, K. 1989. Genetic control of isozyme variation in needle tissues of *Crypomeria japonica*. J. Hered. **80**(4): 291-297.

津村義彦・戸丸信弘・陶山佳久・モハマド=ナイム・大庭喜八郎 1989. アイソザイム実験法. 筑波大演習林報告 **6**: 63-95.

Uchida, K., Y. Tsumura & K. Ohba. 1991. Inheritance of isozyme variants in leaf tissues of hinoki, *Chamaecyparis obtusa*, and allozyme diversity of two natural forests. Japan J.

Breed. **41**: 11-24.

Uchida, K., N. Tomaru, C. Tomaru, C. Yamamoto & K. Ohba. 1997. Allozyme variation in natural populations of hinoki, *Chamaecyparis obtusa* (Sieb et Zucc) Endl. and its comparison with the plus-tree selected from artificial stands. Breed. Sci. **47**: 7-14.

Vallejos, E. 1983. Enzyme activity staining. *In*: S. D. Tanksley & T. J. Orton (eds.), Isozymes in Plant Genetics and Breeding, Part A, p.469-516. Elsevier, Amsterdam.

Weeden, N. F. & L. D. Gottlieb. 1980. The genetics of chloroplast enzymes. J. Heredity **71**: 392-396.

Weeden, N. F. & R. C. Lamb. 1987. Genetics and linkage analysis of 19 isozyme loci in apple. J. Amer. Soc. Hort. Sci. **112**: 865-872.

Weeden, N. F. & G. A. Marx. 1984. Chromosomal locations of twelve isozyme loci and *Pisum sativum*. J. Heredity **75**: 365-370.

Weeden, J. F. & J. F. Wendel. 1989. Genetics of Plant Isozymes, pp.46-72. *In*: D. E. Soltis *et al.* (eds.) Isozymes in Plant Biology. Dioscorides, Portland.

Wendel, J. F. & J. F. Weeden. 1989. Visualization and Interpretation of Plant Isozyme. *In*: D. E. Soltis *et al.* (eds.), Isozymes in Plant Biology. Dioscorides, Portland.

Wendel, J. F. & C. R. Park. 1984. Distored segregation and linkage of alcohol dehydrogenase genes in *Cameria japonica*. Biochem. Genet. **22**: 739-748.

Williams, J. G. K., A. R. Kubelik, K. J. Lival, J. A. Rafalski & S. V. Tingey. 1990. DNA polymorphisms amplified by arbitrary primers are useful as genetic markers. Nucleic Acids Res. **18**: 6531-6535.

矢原徹一 1988. 酵素多型を用いた高等植物の進化学的研究：最近の進歩．種生物学研究 **12**: 26-55.

Young, J. A. & C. G. Young. 1992. Seeds of Woody Plants in North America, pp.407, Dioscorides Press, Portland.

# 2-2. RFLP分析法

戸丸信弘（名古屋大学大学院生命農学研究科）

## 1. RFLP分析法の原理と概要

　制限酵素は特定の塩基配列を認識してその部位を切断する酵素のことで，その認識配列は制限部位（あるいは制限サイト）と呼ばれる（図1）。もともと細菌がファージなどの感染を防ぐために生成する酵素で，その酵素には細菌の細胞に侵入してきたファージDNAを切断して感染を防ぐはたらきがある（この性質を制限と言う）。現在では多くの種類の制限酵素が市販されていて利用することができる。ある1つの制限酵素でゲノムDNAを切断すると，ゲノム中には多数の制限部位があるためいくつものDNA断片が得られる。このとき，たとえば制限部位の1つに塩基置換が生じるとその部位で切断されなくなり，その部位を含む領域が長いDNA断片になる。このようにして生じたDNA断片の長さの違いを制限酵素断片長多型（RFLP：Restriction Fragment Length Polymorphism）という（Botstein *et al.*, 1980）。上述の例のようにRFLPは塩基置換でも生じるが，挿入や欠失，逆位などのような突然変異によっても生じる（図2）。

　RFLP分析法とは，一般にサザンハイブリダイゼーション法（Southern, 1975）によってRFLPを検出する実験方法のことである。ゲノムDNAを制限酵素で切断しただけで，これを電気泳動で分画し，臭化エチジウムで染色すると帯状に染色されてしまい（この状態をスメアーという），DNA断片はバンドとして現れない。これは，ゲノムDNAが非常に大きいため，制限酵素で切断するとあまりにも多数のDNA断片に切断されるからである。そこで，電気泳動で分画したDNA断片のなかで，特定の塩基配列を含むDNA断片を検出するために，プローブというものを利用する。プローブはその特定の塩基配列と高い相同性を示す短いDNAあるいはRNAである。一本鎖DNAは，それと相補的な塩基配列を持つ一本鎖DNAと結合して二本鎖DNAを形成（ハイブリダイズ）することができる。この性質を利用して，電気泳動後のDNA断片を変性させ（一本鎖にし），変性したプローブと合わせ

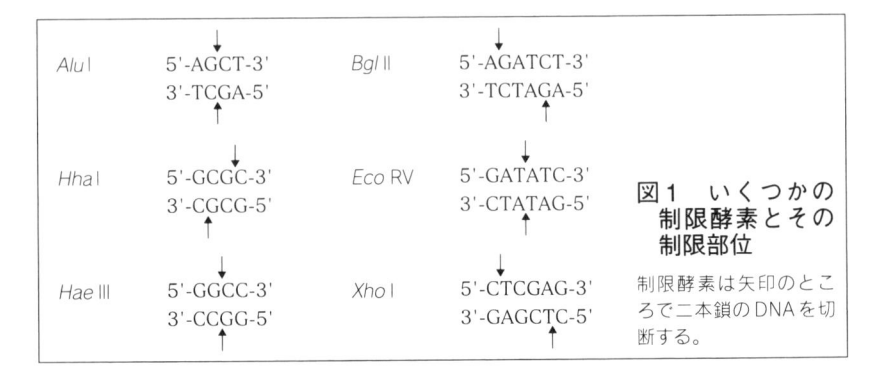

| | | | | |
|---|---|---|---|---|
| AluⅠ | 5'-AGCT-3'<br>3'-TCGA-5' | BglⅡ | 5'-AGATCT-3'<br>3'-TCTAGA-5' | |
| HhaⅠ | 5'-GCGC-3'<br>3'-CGCG-5' | Eco RV | 5'-GATATC-3'<br>3'-CTATAG-5' | |
| HaeⅢ | 5'-GGCC-3'<br>3'-CCGG-5' | XhoⅠ | 5'-CTCGAG-3'<br>3'-GAGCTC-5' | |

図1　いくつかの制限酵素とその制限部位

制限酵素は矢印のところで二本鎖のDNAを切断する。

るとプローブはその塩基配列と相補的な配列を含むDNA断片にハイブリダイズする。プローブをあらかじめ放射性同位元素（RI）で標識したり化学修飾で標識しておけば，ハイブリダイズしたDNA断片のみが検出されることになる。このように巧みに特定の配列を含むDNAを検出するサザンハイブリダイゼーションは，E. M. Southernによって考案され，その方法には彼の名前が冠せられた。これに対し，特定のmRNAを検出する類似の方法をノーザンハイブリダイゼーションと言うが，この命名は一種のユーモアである。

　RFLP分析は信頼性（再現性）が高く，かつては分子生物学における多型検出の最も重要な技術であった。特に，核ゲノムのRFLPは共優性であるため，連鎖地図作製に当たり前のように使われてきた。また，プローブが非常に保存的な配列（進化速度の遅い配列）を含む場合，たとえば葉緑体やミトコンドリアの遺伝子，核のrDNA（リボソームDNA）などのプローブの場合，他種でつくられたプローブが別の種に利用できる場合がある。たとえば，他種のプローブを用いて近縁種間で葉緑体ゲノム等のRFLPを調べたり，あるいは遺伝子地図や物理地図（制限酵素切断地図）を作成して比較することにより近縁種間の系統進化的な関係が調べられてきた。また，種子植物のミトコンドリアゲノムは再編成が頻繁に生じているので，RFLP分析により種や集団，個体が保有する特異的なゲノムが容易に検出されてきた。一方，RFLP分析にもいくつかの制限がある。その主なものは，比較的多量の高品質のDNAが必要であること，プローブが必要なこと，そしてプローブは危険なRIで標識しなければならない場合があることである。昨今の遺伝的多様性研究は2-3以降で示されるPCR（Polymerase Chain Reaction）を利用した分析方法を採用するようになってきている。この最も大きな理由は，遺伝的多様性研究は多数のサンプルを扱わねばならないが，PCRはごく少量のゲノムDNAで済むからである。

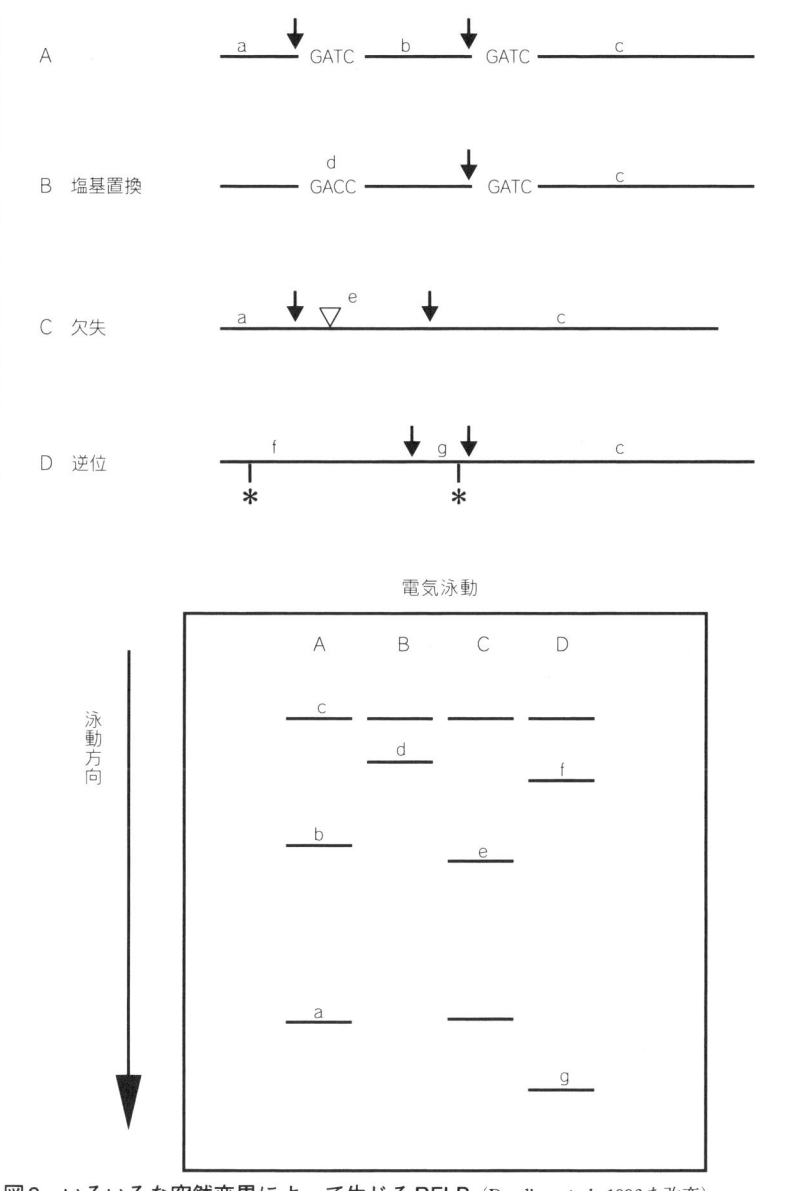

**図2 いろいろな突然変異によって生じるRFLP**（Dowling *et al*., 1996を改変）

Aがもともとの DNA で，それと同じ領域で B では塩基置換，C では欠失，D では逆位が生じている。それらを制限酵素で切断し電気泳動するとそれら変異が RFLP として検出される。なお，矢印のところで制限酵素が DNA を切断する。▽は欠失の生じた位置を，また＊は逆位の境界を示す。

## 2. RFLP分析法の手順

### 分析手順の全体像

サザンハイブリダイゼーションを用いたRFLPの検出手順は図3の通りである。一般に，制限酵素処理以降の実験過程がRFLP分析と呼ばれている。

#### 1) 試料の採取

植物の場合，一般に葉組織が用いられる。葉組織は成長すると二次代謝物が増加しDNA抽出が難しくなる場合があるので，できるだけ若い葉組織を採取する。採取後はクーラーボックスなどで冷やして実験室に運び，-20℃以下で冷凍保存する。また，採取後シリカゲルで急速乾燥させて保存する方法もある（Milligan, 1998）。

#### 2) DNA抽出

植物の場合一般的にはCTAB法（Murray & Thompson, 1980）を用いて全DNA（核，葉緑体，ミトコンドリアのDNA）を抽出する。ここでは，抽出方法の詳細は河原ら（1995）やMilligan（1998）などに譲る。RFLP分析では比較的多量のDNAが必要であること，また制限酵素で完全に切断できる程度の質が要求される。

#### 3) 制限酵素処理

抽出したDNAを制限酵素で断片化する。

#### 4) アガロース電気泳動

電気泳動では長いDNA断片ほど泳動速度が遅いので移動距離が短い。電気泳動でDNA断片の長さに応じて分離する。

#### 5) トランスファー（ブロッティング）

泳動後のゲルからDNAをフィルター（ナイロンやニトロセルロースのフィルターで，メンブレンと呼ばれる）に転写して固定化する。転写する際，DNAを変性し一本鎖にする。対象がDNAの場合はサザントランスファー（サザンブロッティング）と呼ばれる。

#### 6) ハイブリダイゼーション

プローブをRIや化学修飾などで標識し，変性する。次に，そのプローブが含ま

2. RFLP分析法の手順　225

1) 試料の採取

2) DNA抽出

3) 制限酵素処理
（実際にはDNAは見えない）

4) 電気泳動

5) トランスファー
（ブロッティング）

6) ハイブリダイゼーション
（ハイブリバッグの中にメンブレンと
プローブ溶液が入っている）

7) 検出

図3　サザンハイブリダイゼーションを用いたRFLPの検出手順

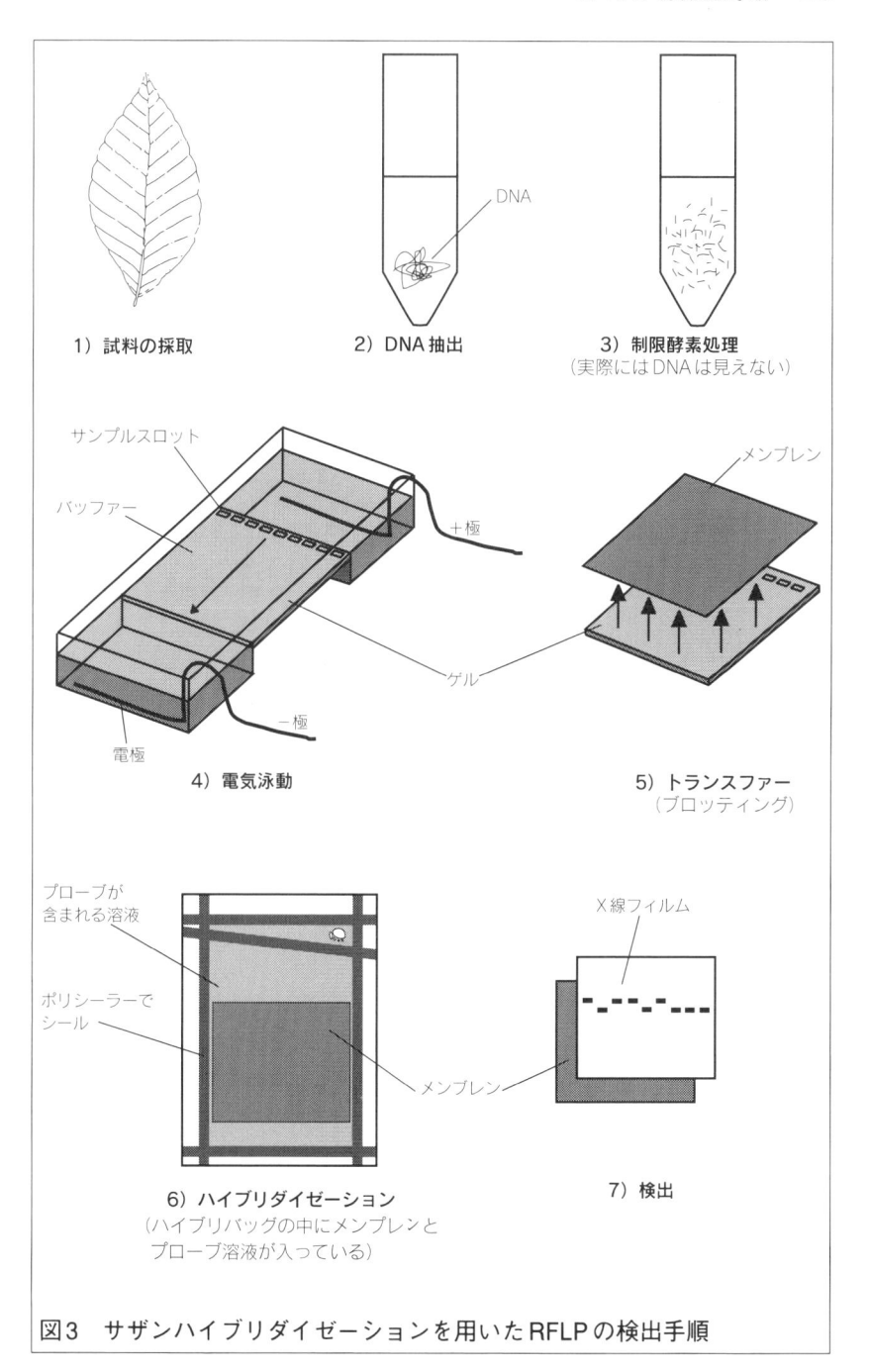

### 表1 調製試薬リスト

| 試　　薬 | 組　　成 |
| --- | --- |
| ローディングバッファー | 0.25％ブロモフェノールブルー，0.25％キシレンシアノール，30％グリセロール，1mM EDTA |
| 50×TAEバッファー | 2M トリス-酢酸 pH8.0，0.05M EDTA |
| エチジウムブロマイド溶液 | 10mg/mℓ |
| 0.25M 塩酸 | |
| 変性・トランスファー溶液 | 0.4M NaOH，0.6M NaCl |
| 20×SSC | 3M NaCl，0.3M クエン酸ナトリウム |
| ハイブリダイゼーションバッファー | 7％SDS，50％フォルムアミド（脱イオン化したもの），5×SSC，2％ブロッキング試薬，50mM リン酸ナトリウム pH7.0，0.1％N-ラウロイルサルコシン |
| 2×洗浄液 | 2×SSC，0.1％SDS |
| 0.1×洗浄液 | 0.1×SSC，0.1％SDS |
| 洗浄バッファー | 0.1M マレイン酸 pH7.5，0.15M NaCl，0.3％(v/v) Tween 20 |
| マレイン酸バッファー | 0.1M マレイン酸 pH7.5，0.15M NaCl |
| ブロッキング溶液 | マレイン酸バッファーに溶解された1％（W/V）ブロッキング試薬（Roche，製品番号1096176） |
| 検出バッファー | 0.1M トリス-塩酸 pH9.5，0.1M NaCl |
| アルカリプローブ剥離溶液 | 0.2M NaOH，0.1％SDS |

れる溶液中にメンブレンを浸し，相補的な配列を持つメンブレン上のDNAにプローブをハイブリダイズさせる。

### 7）検出

メンブレンをX線フィルムに密着させ，ハイブリダイズしたプローブのRIや化学修飾の蛍光物質によりX線フィルムを感光させる。X線フィルムを現像すると感光した位置がバンドとして視覚化される。

## 実際の手順

サザンハイブリダイゼーションに用いるプローブはRIか化学修飾で標識され，それによってDNA断片が検出される。RIを用いる最大の利点は非常に優れた検出感度であるが，RIは有害であるため取り扱いが煩雑である。一方，化学修飾では検出感度が一般にRIよりも低いが，何よりも実験操作が安全である。現在では数多くの化学修飾による標識法とその検出方法が開発・改良され，検出感度もかなり向上してきており，その適用範囲は広がっている。

このような状況のもとで，第1部「遺伝子の来た道」で述べたブナのミトコンド

リアDNAのRFLP分析では標識・検出システムにRocheのDIGシステムを用いた。これはDIG(ジゴキシゲニン)でプローブに標識し，DIGに対する抗体を用いてその抗体に結合した酵素の化学発光によってX線フィルムを感光させて，DNA断片を検出する方法，すなわちRIを使用しない方法である。そこで，ここではRFLP分析の一例としてその手順を説明する。なお，表1にはそのRFLP分析で用いる試薬のうち調製が必要なものを示す。

以下に記載した制限酵素処理，アガロース電気泳動，トランスファーはもちろんRIを用いた場合と共通であるが，プローブの標識とハイブリダイゼーション，検出はDIGシステムの方法である。RIを用いたプローブの標識とハイブリダイゼーション，検出方法は渡辺ら(1989)，中山・西方(1995)に詳細な記載があるのでそちらを参照していただきたい。また，プローブの標識や検出などに必要な試薬は個々に購入することも可能であるが，それらがセットになったキットが市販されているのでそれを利用すると簡便である。

### 1) 制限酵素処理

1) 1.5 mℓ のマイクロチューブに以下のように制限酵素の反応液を調製する。

| | |
|---|---|
| 10×制限酵素用バッファー[*1] | 2 μℓ |
| ゲノムDNA[*2] | ____ μℓ (1 μg) |
| 制限酵素[*3] | ____ μℓ (3〜5単位) |
| 超純水 | ____ μℓ |
| 合計 | 20 μℓ |

2) 軽く遠心(8,000 rpm程度，2〜5秒)して反応液をチューブの底に集め，指の腹でチューブを弾いて混ぜ，再び軽く遠心して反応液をチューブの底に集める。

3) 反応の最適温度で2時間インキュベートする。

4) 1/10倍量(2 μℓ)のローディングバッファー(泳動用色素)を加え，先ほどと同様に軽く遠心して混ぜる。サイズマーカー[*4]を適当な濃度に調製し，同様にローディングバッファーを加えておく。

[*1]: 制限酵素に添付されている10×バッファーを用いる。
[*2]: ゲノムのサイズによってゲノムDNA量を増減させる。ブナのRFLP分析では1 μgあれば十分であった。
[*3]: 制限酵素には凍結による失活防止のためグリセロールが含まれている。反応液中に高濃度のグリセロールが存在すると反応を阻害する場合があるので，反応液に加える酵素の量は全体の10%以下に抑えた方がよい。また，制限酵素はゲノムDNA 1 μgあたり3〜5単位加える。
[*4]: λファージDNAを HindIII で切断したものがよく利用される。

表2 アガロースゲルの濃度と分離に適したDNA断片の長さ

| アガロースゲルの濃度（w/v） | 分離に適したDNA断片の長さ（bp） |
| --- | --- |
| 0.6％ | 1,000 〜 20,000 |
| 0.7％ | 800 〜 10,000 |
| 1.0％ | 500 〜 7,000 |
| 1.2％ | 400 〜 6,000 |
| 1.5％ | 200 〜 3,000 |
| 2.0％ | 100 〜 2,000 |

### 2）アガロース電気泳動

1) アガロースを秤量して三角フラスコに入れ，1×TAEバッファーを加えて電子レンジで溶かす[*5]。このとき，フラスコの口をラップフィルムで軽く蓋をする。
2) あらかじめ，ゲル作製トレイの両側にビニールテープを貼っておく。溶解したアガロースは室温に放置し，約50℃になったらゲル作製トレイに流し込み，泡をつくらないようにサンプルコームをセットする。
3) ゲルを室温で30分程度放置し，固化したらビニールテープをはずしてゲル作製トレイごと電気泳動槽にセットする。
4) 1×TAEバッファーを電気泳動槽にゲルの上面5mm程度になるまで加え，サンプルコームをゆっくり抜く。
5) ピペッターを用いて，サンプルスロットにサンプルを入れる。また，サイズマーカーを一番端のサンプルスロットに入れる。
6) スロット側を－極，その反対側を＋極として15〜30V程度の定電圧で一晩電気泳動を行う（図3の4））[*6]。
7) 泳動終了後，エチジウムブロマイドが0.5μg/ml程度の濃度で含まれた1×TAEバッファーにゲルを30分程度浸して染色を行う。
8) トランスイルミネーターにラップフィルムを敷きゲルを載せて，紫外線を照射して写真を撮る。DNAが制限酵素で完全に切断されているかを確認する[*7]。その際，検出するDNA断片の長さを推定する必要がある場合は蛍光ものさしを入れて写真を撮る。

[*5]：解析したいDNA断片にとって最も分離能が高くなるゲルの濃度を選ぶ。アガロースゲルの濃度と分離に適したDNA断片の長さを表2に示す。ブナのRFLP分析では0.7％のゲルを使用した。
[*6]：低い電圧でゆっくり泳動した方がよりよい泳動パターンが得られる。
[*7]：完全分解は，低分子にDNAがバンドとして残っていないことや反復配列によるサテライトバンドが見られることでおおよそ判断する。

## 3) トランスファー（ブロッティング）

1) ゲルをタッパーウェアなどの密封容器に移し，0.25 M の塩酸をゲルが浸る程度に注ぎ，室温で10分間穏やかに振盪する（ブロモフェノールとキシレンシアノールが黄色に変わる）。この処理には，DNA の脱プリン化を起こし，10 kb 以上の長い DNA 断片を断片化して転写効率を上げる意味がある[*8]。トランスファーする DNA が 10 kb より短い DNA の場合はこの処理は必要ない。

2) 蒸留水で2回以上ゲルを洗い，変性・トランスファー溶液に浸して室温で15分間穏やかに振盪する（ブロモフェノールとキシレンシアノールが元の色に戻る）。変性・トランスファー溶液を新しいものに換えてもう一度同じ条件で振盪する。この操作により DNA の脱プリン化に使用した塩酸が中和され，DNA が変性して一本鎖になる。

3) ブロッティング装置を以下のように組み立てる（図4）。
   - ゲルがゆったり入る大きさの密封容器にガラス板などを渡してゲルなどを載せる台をつくり，変性・トランスファー溶液を入れる。
   - その台の上に3重の濾紙（ワットマン 3MM 濾紙など）を変性・トランスファー溶液に濡らしてからその両端がバッファーに浸るように敷く。このとき濾紙の間に気泡が入らないように注意する。
   - ゲルの表裏を逆にして濾紙とゲルの間に気泡が入らないように濾紙の中央にのせる。ゲルの四方をラップフィルムなどでおおい，バッファーがゲルの脇から上に載せるペーパータオルに直接吸い取られないようにする。
   - ナイロンメンブレン[*9]のゲルに接触する面を先に蒸留水で濡らしてから全部浸し，ゲルとの間に気泡が入らないように載せる[*10]。
   - メンブレンの上に1枚ずつ4枚の濾紙（ワットマン 3MM 濾紙など）を変性・トランスファー溶液で濡らしてから重ねる。このときも間に気泡が入らないよう注意する。

---

[*8]：酸処理があまり長すぎると，逆に低分子の DNA 断片を検出しにくくするので注意が必要である。

[*9]：変性・トランスファー溶液がアルカリ性なので，アルカリに耐性のあるナイロンメンブレンを使用する。

[*10]：ゲルに接触する面を先に濡らすのは，メンブレン内の空気を濡らしていない面から逃がすためである。また，蒸留水で濡らすのは，いきなり変性液に濡らすと水分をうまく吸収できないことがあるからである。ブナの RFLP 分析では親水性のメンブレンである Pall の Biodyne B や Amersham Pharmacia Biotech の Hybond-N+ を使用したので，この操作は必要なかった。

## 2-2. RFLP分析法

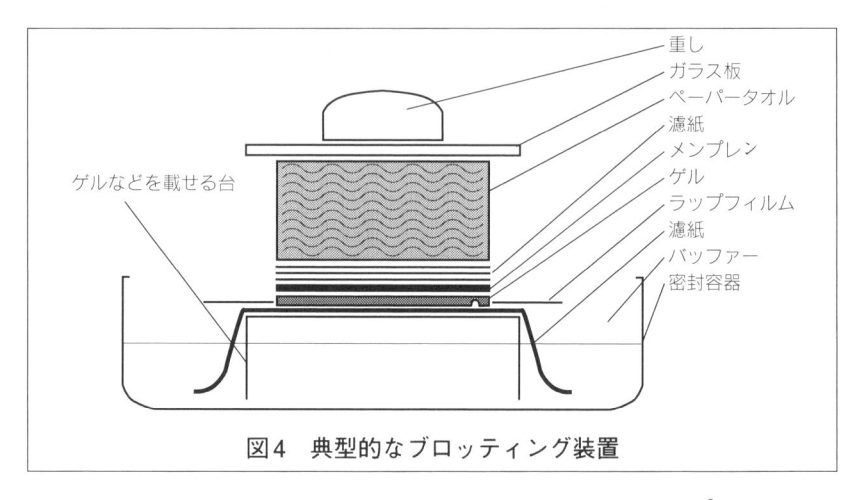

図4 典型的なブロッティング装置

(図中ラベル：重し／ガラス板／ペーパータオル／濾紙／メンブレン／ゲル／ラップフィルム／濾紙／バッファー／密封容器／ゲルなどを載せる台)

　・ペーパータオルを約10 cm厚に重ね，ガラス板を載せ，1 cm$^2$ あたり約5 gの重しを載せる。
4) 4時間以上トランスファーする。
5) トランスファー終了後，ゲルとメンブレンを重ねたまま取り出し，ゲルの四隅，サンプルスロットの位置，日付をメンブレンのDNAがトランスファーされた面に記入する。もしゲルとメンブレンの間に気泡が入っていたらその位置も記録しておく。
6) メンブレンを2×SSCバッファーに浸して洗う。
7) 濾紙に挟んで80℃で2時間乾燥させ，DNAをメンブレンに固定する。
8) ハイブリバッグに入れ，ポリシーラーでシールして保存する。数か月は保存できる。

### 4) ハイブリダイゼーション

#### プローブの標識

　ハイブリダイゼーションを行う前にあらかじめプローブを標識しておく。プローブの化学修飾による標識方法にもいくつかの方法があるが，ブナのミトコンドリアDNAのRFLP分析ではPCRによる標識方法を用いた。この方法はプローブのDNAをPCRで増幅しながらDIGで標識する方法である。遺伝子領域をプローブとして用いる場合などで，その領域を特異的にPCR増幅するためのプライマーが設計されている場合に非常に有効な方法である。ここでは，そのPCRによる標識方法を説明するが，PCRそのものの原理などは2-3に譲る。また，より一般的な標識方法にランダムプライム法があり，これはRIの標識にも適用される（渡辺ら，1989；中

山・西方, 1995)。この方法は標識されるDNA断片がすでにある場合，たとえばライブラリーのクローンをプローブとする場合などに適している。

1) 0.5mℓのPCRチューブに以下のようにPCR溶液を氷上で調製する。括弧内の濃度は終濃度を示す。PCR DIGラベリングミックスには，dATP，dCTP，dGTP，dTTPとDIG-11-dUTPが含まれ，DNAが増幅される際ランダムにdTTPの代わりにDIG-11-dUTPが取り込まれることによってプローブが標識される[*11]。

| | | |
|---|---|---|
| 超純水 | ___ μℓ | |
| 10×PCRバッファー[*12] | 10 μℓ | |
| 50mM $MgCl_2$[*12] | 3 μℓ | (1.5mM) |
| PCR DIGラベリングミックス（Roche，製品番号1585550） | 10 μℓ | (0.2mM) |
| Primer 1 | ___ μℓ | (0.25～1 μM) |
| Primer 2 | ___ μℓ | (0.25～1 μM) |
| 鋳型DNA溶液 | ___ μℓ | (50～100ng/100 μℓ) |
| *Taq*ポリメラーゼ（5単位/μℓ） | 0.5 μℓ | (2.5単位/100 μℓ) |
| 合計 | 100 μℓ | |

2) 軽く遠心（8,000rpm程度，2～5秒）して反応液をチューブの底に集め，ミネラルオイルを1滴重層する。
3) 以下の温度条件と反応時間，サイクル数で通常のPCRを行う[*13]。

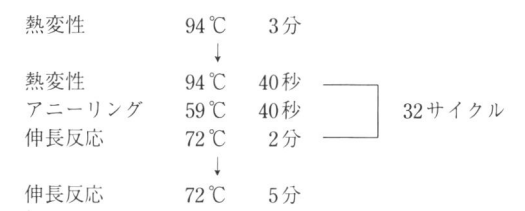

| | | |
|---|---|---|
| 熱変性 | 94℃ | 3分 |
| ↓ | | |
| 熱変性 | 94℃ | 40秒 ┐ |
| アニーリング | 59℃ | 40秒 ├ 32サイクル |
| 伸長反応 | 72℃ | 2分 ┘ |
| ↓ | | |
| 伸長反応 | 72℃ | 5分 |

4) PCR溶液のうち5 μℓを取り，2％アガロースゲルで電気泳動し目的の

---

[*11]：ブナのRFLP分析では使用しなかったが，PCR DIGプローブ合成キット（Roche，製品番号1636090）も市販され利用できる。PCR DIGラベリングミックスのDIG-11-dUTPはアルカリ安定性であるのに対して，PCR DIGプローブ合成キットのものはアルカリ不安定性であるので後述のプローブの剥離がしやすい。また，キットの方がラベル効率が高い。

[*12]：*Taq*ポリメラーゼに添付されている10×PCRバッファーと$MgCl_2$を用いる。ただし，10×PCRバッファーには$MgCl_2$が含まれているものと含まれていないものがあるので注意する。

[*13]：PCRの至適条件（反応液組成，温度，反応時間，サイクル数）は個々に決定しなければならない（2-3を参照のこと）。ここではブナのRFLP分析でプローブを作製したときのPCR条件を示す。

DNA断片の増幅を確認し,おおよその濃度を推定する。

**ハイブリダイゼーション**
1) メンブレンを2×SSCバッファーに浸す。
2) 三辺をポリシーラーでシールしたハイブリバッグに,メンブレン100 cm$^2$につき20 mℓのハイブリダイゼーションバッファーとメンブレンを入れ,残りの1辺をシールする。
3) 42℃でゆっくり振盪させながら2時間以上プレハイブリダイゼーションを行う。この際,メンブレンがハイブリダイゼーションバッファーの中で自由に動けるようにする。プレハイブリダイゼーションによりメンブレンの非特異的なDNA結合能力を抑え,バックグランドを低下させる。
4) 標識したプローブを沸騰水中で10分間熱した後で氷中で急冷し,DNAを一本鎖にする。
5) ハイブリバッグの隅を切り,変性したプローブをメンブレンに直接つかないようにハイブリダイゼーションバッファー[*14]に加える。その際プローブの終濃度が5〜25 ng/mℓになるようにする。
6) ポリシーラーでハイブリバッグを閉じ,42℃でゆっくり振盪させながらひと晩プレハイブリダイゼーションを行う[*15]。プローブが相補的な配列を含むメンブレンのDNA断片とハイブリダイズする。
7) ハイブリダイゼーション終了後,ハイブリダイゼーションバッファーを回収し,−20℃で保存する。少なくとも1年間は安定しており,再利用可能である。
8) 2×洗浄液で振盪させながら室温で5分ずつメンブレンを2回洗浄する。
9) 0.1×洗浄液で振盪させながら15分ずつメンブレンを2回洗浄する。その際,長いプローブ(>100bp)を用いた場合は68℃で,短いプローブの場合は42℃で洗う。
8)と9)の操作でハイブリダイズしなかったプローブが除去される。

## 5) 検出

以下の操作はタッパーウェアなどの密封容器を用い室温で行う。また,メンブレンが溶液中で自由に動けるようにする。

---

[*14]:ハイブリダイゼーションバッファーにはいくつかの種類があるが,表1にはブナのRFLP分析で用いたものを示した。
[*15]:ハイブリダイゼーションの至適温度はプローブとハイブリダイズするDNAとの間にどのくらいの塩基配列の相補性があるかなどによって決まり,一般に高い温度ほど厳しい条件となる。42℃は相補性が100%のときの最も厳しい条件である。

1) メンブレンを洗浄バッファーで1分間平衡化する。
2) メンブレンをブロッキング溶液に30分間以上振盪しブロッキングを行う。この操作により抗体が非特異的にメンブレンに結合するのを防ぐ。この間に，アルカリフォスファターゼ標識抗ジゴキシゲニン抗体をブロッキング試薬で10,000倍に稀釈し稀釈抗体液を作製する*[16]。
3) ブロッキング溶液を捨て，メンブレンを稀釈抗体液で30分間インキュベートする。
4) 洗浄バッファーで15分ずつメンブレンを2回洗浄する。この操作で余分な抗体が除かれる。
5) 検出バッファーでメンブレンを2分間平衡化する。
6) 化学発光基質であるCSPD（TROPIX）あるいはCDP-Star™（TROPIX）を検出バッファーで100倍に稀釈し，小さな噴霧器に入れておく。ハイブリバッグの1辺をシールしておき，ハイブリバッグを開いてメンブレンを入れ，稀釈した化学発光基質を一様にスプレーする。ハイブリバッグを閉じ，濡れたティッシュペーパーなどでハイブリバッグの上から拭い，気泡を追い出してメンブレン表面にCSPDが行き渡るようにする*[17]。
7) ハイブリバッグをシールし，露光用のカセットに入れ37℃で1時間インキュベートする。
8) カセットにX線フィルムを入れ，露光後現像する。プローブがハイブリダイズした位置がバンドとして検出される。

### 6) プローブの剥離

メンブレンにハイブリダイズしたDIG標識のプローブは以下の方法で剥離することができる。プローブを剥離したメンブレンを用いて，別のプローブで再びハイブリダイゼーションを行うことができる。

1) 蒸留水でメンブレンを1分間洗い，化学発光基質の除去する。
2) アルカリプローブ剥離溶液で37℃で15分間ずつメンブレンを2回インキュベートする。この操作でプローブは取り除かれる。
3) 2×SSCでメンブレンをよく洗う。
4) 別のプローブのハイブリダイゼーションは，プレハイブリダイゼーション

---

*[16]：発光基質としてCSPDを使用するときは10,000倍稀釈であるが，CDP-Star™のときは20,000倍稀釈である。
*[17]：決してメンブレンを乾かさないこと。少しでも乾くとバックグラウンドが高くなり，バンドが見えにくくなることがある。

図5 制限部位の有無によって生じるRFLP

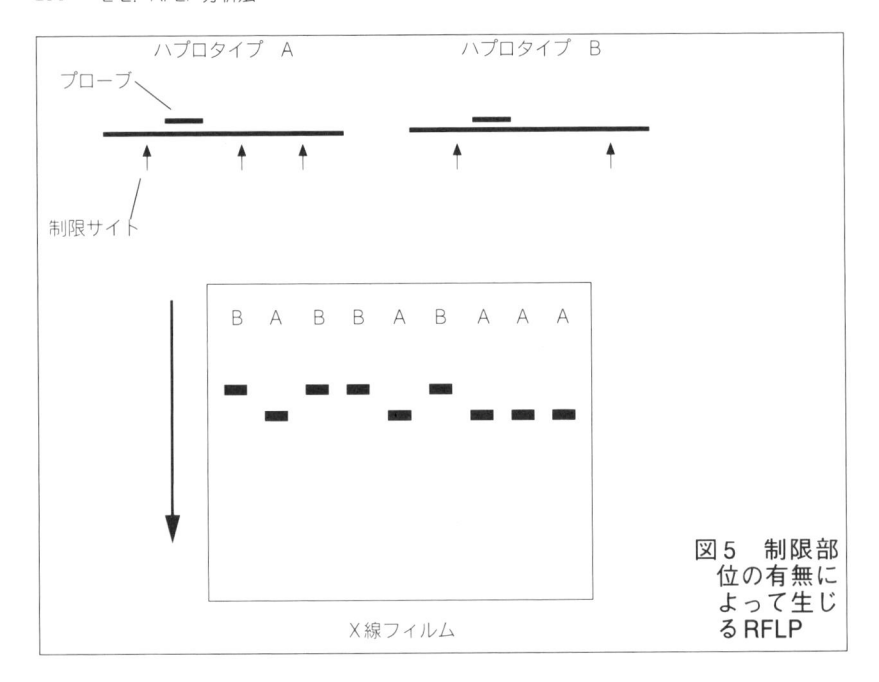

## 3. 分析結果の検討および解釈

　半数体であるミトコンドリアゲノムや葉緑体ゲノムのRFLP分析結果の1つの例として，図5には制限部位の有無，すなわち塩基置換によって生じたRFLPを示す。この例では，ハプロタイプAとしたDNAには3つの制限部位があり，ハプロタイプBのDNAではそのうちの1つがなくて2つだけを持つ。結果として，2種類のハプロタイプAとBはRFLP分析により異なるバンドとして検出される。この例は最も単純な例であるが，実際にはプローブのハイブリダイズする領域に制限部位の有無があったり，挿入・欠失，逆位，重複などの変異，さらに同時に複数の変異が存在したりするとRFLP分析によって検出されるバンドパターンは複雑になり，その変異の解釈が難しくなる。このような場合で，どのような変異が生じているかを正確かつ詳細に把握しようとなると対象としている領域について制限部位や挿入・欠失などの相対的位置が示される物理地図（制限酵素切断地図）を作製しなければならない。

## 引用文献

Botstein, D., R. L. White, M. Skolnick & R. W. Davis. 1980. Construction of a genetic linkage map in man using restriction fragment length polymorphism. American Journal of Human genetics **32** : 314-331.

Dowling, T. E., C. Moritz, J. D. Palmer & L. H. Rieseberg. 1996. Nucleic acid III: analysis of fragments and restriction sites. *In*: D. M. Hills, C. Moritz & B. K. Mable (eds.), Molecular Systematics, second edition, p.249-320. Sinauer Associates, Sunderland.

河原孝行・村上哲明・瀬戸口浩彰・津村義彦 1995. 野生植物からのDNA抽出と解析への道 日本植物分類学会報 **11** : 13-32.

Milligan, B. G. 1998. Total DNA isolation. *In*: A. R. Hoelzel (ed.), Molecular Genetic Analysis of Populations. A Practical Approach. second edition. p.29-64. IRL Press, Oxford.

Murray, M. G. & W. F. Thompson. 1980. Rapid isolation of high molecular weight plant DNA. Nucleic Acids Research **8** : 4321-4325.

中山広樹・西方敬人 1995. バイオ実験イラストレイテッド 第2巻：遺伝子解析の基礎 p.129-152. 秀潤社.

Southern, E. M. 1975. Detection of specific sequences among DNA fragments separated by gel electrophoresis. Journal of Molecular Biology **98** : 503-517.

渡辺格監修 1989. 植物バイオテクノロジー実験マニュアル：クローニングとシークエンス p.265-271. 農村文化社.

# 2-3. PCR-RFLP法

## 津村義彦（森林総合研究所）

## 1. PCR-RFLP分析法の原理と概要

　PCR-RFLP法はCAPS（Cleaved Amplified Polymorphic Sequences）法（Konieczny & Ausubel, 1993）とも呼ばれ，PCR（Polymerase Chain Reaction）の開発（Saiki et al., 1988）により，90年代から活発に使われ出した手法である（第1部第6章および「遺伝的多様性研究ガイド」）。これは従来から行われていたRFLP（Restriction Fragment Length Polymorphism）法（Botstein et al., 1980）とPCRを組み合わせた方法で，その簡便さから有望な手法と言える。この手法の最も優れた利点として，RFLP法に比べてわずかのDNAで分析ができ，多検体の処理が可能であることがある。一方，この手法を用いるためには，事前にプライマー情報または塩基配列情報が不可欠である。幸運なことに，現在では多くのPCRプライマーが公表され，また塩基配列情報もかなりの蓄積があるため，葉緑体DNAに関しては問題なく使うことができ，ミトコンドリアDNAに関しても構造遺伝子部分については解析が可能である。また核DNAについては，精力的にゲノム解析が行われている近縁種があれば，その情報が使用できる。データベースから特定の各遺伝子情報を取り出し，保存された領域を探し出すことにより，新たなPCRプライマーのデザインが可能になる。葉緑体DNAの分子進化速度は核DNAよりひと桁遅いことが知られているので，目的に沿ったゲノムの分子進化速度の情報を取り出し，簡便に分析ができ，得られた情報の信頼性が高いという点でも，これから有望な手法の1つであると言えよう。本章では，この手法を使うためのプライマー情報の検索手法から実際に用いる際の留意点などを解説する。

## 2. PCR-RFLP分析法の手順

### PCRプライマー情報

#### 1) 葉緑体DNA

葉緑体あるいは色素体内にある環状のDNAで,陸上植物ではそのゲノムサイズが120～170kbと言われ,光合成関連の遺伝子などが数十種類コードされている。植物で最も解析が進んでいるゲノムである。一般的に母性遺伝をするが,針葉樹では父性遺伝することが明らかになっている。葉緑体DNAに関してはすでに複数の植物種,タバコ (Shinozaki et al., 1986),ゼニゴケ (Ohyama et al., 1986),イネ (Hiratsuka et al., 1989),クロマツ (Wakasugi et al., 1994), *Epifagus virginiana* (Wolfe et al., 1992),トウモロコシ (Maier et al., 1995) で全ゲノムの塩基配列が解読されており,これらの配列情報が直接データベースから取得できる(表1)。また,この手法はすでに分子系統および集団遺伝研究に用いられているため,様々なプライマー情報が論文から簡単に入手可能である。遺伝子間領域のユニバーサルプライマーとしてTaberlet et al. (1991) およびDemesure et al. (1995) がある。これらを含めた遺伝子領域増幅用および遺伝子間領域増幅用のプライマーを表2に示す。これらは被子植物と裸子植物の両方で利用できる。さらに,Hasebe et al. (1993) のrbcLプライマーのように,コケから被子植物まで,すべての陸上植物に適用可能なものもある。

#### 2) ミトコンドリアDNA

ミトコンドリア内にある環状のDNAで,ゲノムサイズは200～2,000kbと言われている。ATPase,シトクローム酸化酵素やtRNAなどの遺伝子がコードされている。一方,動物のミトコンドリアDNAは,そのサイズは16～19kbpと,植物に比べはるかに小さい。一般的に母性遺伝することが知られているが,針葉樹のスギ科,ヒノキ

表1 DNAデータベース検索のためのサイト

| データベース | Webサイト |
| --- | --- |
| EMBL | http://www.ebi.ac.uk/embl/index.html |
| GENBANK | http://www.ncbi.nlm.nih.gov/Genbank/index.html |
| DDBJ | http://www.ddbj.nig.ac.jp/ |
| 農林水産省DNAバンク | http://www.dna.affrc.go.jp/ |

## 2. PCR-RFLP法の手順

### 表2 葉緑体DNAで使用可能な遺伝子および遺伝子間領域のプライマーの例

| 遺伝子領域 | プライマー | 文献 |
|---|---|---|
| trnT-trnF | 5'-CATTACAAATGCGATGCTCT-3'<br>5'-TCTACCATTTCGCCATATC-3'<br>5'-CGAAATCGGTAGACGCTACG-3'<br>5'-GGGGATAGAGGGACTTGAAC-3'<br>5'-GGTTCAAGTCCCTCTATCCC-3'<br>5'-ATTTGAACTGGTGACACGAG-3' | 1<br>1<br>1<br>1<br>1<br>1 |
| trnH-trnK(exon1) | 5'-ACGGGAATTGAACCCGCGCA-3'<br>5'-CCGACTAGTTCCGGGTTCGA-3' | 2 |
| trnK(exon1)-trnK(exon2) | 5'-GGGTTGCCCGGGACTCGAA-3'<br>5'-CAACGGTAGAGTACTCGGCTTTTA-3' | 2 |
| trnC-trnD | 5'-CCAGTTCAAATCTGGGTGTC-3'<br>5'-GGGATTGTAGTTCAATTGGT-3' | 2 |
| trnD-trnT | 5'-ACCAATTGAACTACAATCCC-3'<br>5'-CTACCACTGAGTTAAAAGGG-3' | 2 |
| psbC-trnS | 5'-GGTCGTGACCAAGAAACCA-3'<br>5'-CGTTCGAATCCCTCTCTCTC-3' | 2 |
| trnS-trnfM | 5'-GAGAGAGAGGGATTCGAACC-3'<br>5'-CATAACCTTGAGGTCACGGG-3' | 2 |
| psaA-trnS | 5'-ACTTCTGGTTCCGGCGAACGAA-3'<br>5'-AACCACTCGGCCATCTCTCCTA-3' | 2 |
| trnS-trnT | 5'-CGAGGGTTCGAATCCCTCTC-3'<br>5'-AGAGCATCGCATTTGTAATG-3' | 2 |
| trnM-rbcL | 5'-TGCTTTCATACGGCGGGAGT-3'<br>5'-GCTTTAGTCTCTGTTTGTGG-3' | 2 |
| rbcL | 5'-TGTCACCAAAAACAGAGACT-3'<br>5'-TTCCATACTTCACAAGCAGC-3' | 3 |
| rbcL | 5'-ATGTCACCACAAACAGAGACTAAAGC-3'<br>5'-GCAGCAGCTAGTTCCGGGCTCCA-3' | 5 |
| matK | 5'-CTATATCCACTTATCTTTCAGGAGT-3'<br>5'-AAAGTTCTAGCACAAGAAAGTCGA-3' | 6 |
| rpoB | 5'-CTAAGGGGTTGTTGTGTAAC-3'<br>5'-AATATGCAACGTCAAGCAGT-3' | 4 |
| petB | 5'-TGGGGAACTACTCCTTTGAT-3'<br>5'-CCCGAAATACCTTGCTTACG-3' | 4 |
| psbA | 5'-TACGTTCGTGCATAACTTCC-3'<br>5'-CTAGCACTGAAAACCGTCTT-3' | 3 |
| psbD | 5'-TATGACTATAGCCCTTGGTA-3'<br>5'-TAGAACCTCCTCAGGGAATA-3' | 3 |
| atpH-atpI | 5'-TTGACCAACTCCAGGTCCAA-3'<br>5'-CCGCAGCTTATATAGGCGAA-3' | 4 |
| 16S | 5'-ACGGGTGAGTAACGCGTAAG-3'<br>5'-CTTCCAGTACGGCTACCTTG-3' | 3 |
| rpoC1-rpoC2 | 5'-GCAGTTTCTTGAAAACTCGC-3'<br>5'-TGTACACGCGGTAGAAAAAT-3' | 4 |
| psaA | 5'-AAGAATGCCCATGTTGTGGC-3'<br>5'-TTCGTTCGCCGGAACCAGAA-3' | 4 |

| | | |
|---|---|---|
| petA | 5'-TATGAAAATCCACGAGAAGC-3' <br> 5'-TATCAGCAATGCAGTTCATC-3' | 4 |
| trnK | 5'-AACCCGGAACTAGTCGGATG-3' <br> 5'-TCAATGGTAGAGTACTCGGC-3' | 3 |
| frxC | 5'-ATAGCAGTTTACGGGAAAGG-3' <br> 5'-TGAATAATTCCCGATCTGGA-3' | 3 |
| ndhF | 5'-ATGGAACAGATATCAATATG(C/G)GTGG-3' <br> 5'-CCC(C/T)A(C/G)ATATTTGATACCTTC(G/T)CC-3' | 7 |

文献：1: Taberlet et al., 1991; 2: Demesure et al., 1995; 3: Tsumura et al., 1995; 4: Tsumura et al., 1996; 5: Hasebe et al., 1993; 6: Ooi et al., 1995; 7: Olmstead & Sweere, 1994.

**表3　ミトコンドリアDNAの遺伝子間領域を増幅するためのPCRプライマー**

| 遺伝子領域 | プライマー | 文献 |
|---|---|---|
| nad1exonB-nad1exonC | 5'-GCATTACGATCTGCAGCTCA-3' <br> 5'-GGAGCTCGATTAGTTTCTGC-3' | Demesure et al. (1995) |
| nad4exon1-nad4exon2 | 5'-CAGTGGGTTGGTCTGGTATG-3' <br> 5'-TCATATGGGCTACTGAGGAG-3' | Demesure et al. (1995) |
| nad4exon2-nad4exon4 | 5'-TGTTTCCCGAAGCGACACTT-3' <br> 5'-GGAACACTTTGGGGTGAACA-3' | Demesure et al. (1995) |
| rps14-cob | 5'-CACGGGTCGCCCTCGTTCCG-3' <br> 5'-GTGTGGAGGATATAGGTTGT-3' | Demesure et al. (1995) |

科では父性遺伝することが明らかになっている。植物のミトコンドリアDNAでは，ゼニゴケ（Oda et al., 1992），クラミドモナス（Denovan-Wright et al., 1998）で全ゲノムを解読が終了している。遺伝子領域は保存性が高いと言われているが，遺伝子間領域は保存性が極めて低く，またdispersed repeatが多いため，これを介して分子内組換えが盛んに起こっていて，遺伝子部分以外はPCR増幅が容易でない。しかしDemesure et al.（1995）が遺伝子間領域増幅のためのプライマーを報告している（表3）。

## 3）核DNA

ゲノムサイズは他の2つのオルガネラゲノムに比べ格段に大きく，$10^8 \sim 10^{10}$ bpであり，植物群により大きく異なる。最も小さいなかまのものでシロイヌナズナの$1.3 \times 10^8$，イネの$4.3 \times 10^8$からパンコムギの$5.9 \times 10^9$まで様々である。また核DNAは多くの反復配列を含んでいる。解析のしやすさはゲノムサイズによる。ヒトの全ゲノムの概略版の塩基配列は昨年公表され，植物でもシロイヌナズナは終了，イネでも本格的な全塩基配列解読に向けてプロジェクトが進行中である。針葉樹はゲノムサイズがパンコムギと同程度以上と大きいため，解析が難しい植物群にあたる。ちなみにスギでは$6.0 \times 10^9$程度だと言われている。データベースに蓄積された情報は多いが，実際にPCR-RFLPに使える塩基配列はかなり注意深く探す必要

がある。核DNAの場合，対象植物群によってプライマーの塩基配列を変えなければならないことが多いので，近縁種についてDNAデータベースを検索するか，公表された論文から情報を得る。針葉樹ではスギ（*Cryptomeria japonica*），グラカトウヒ（*Picea glauca*），ヨーロッパトウヒ（*Picea abies*），テーダマツ（*Pinus taeda*）で多くのプライマーがすでに公表されている（Tsumura *et al.*, 1997; Perry & Bousquet, 1998; Paglia *et al.*, 1998; Harry *et al.*, 1998）。また被子植物でも，イネ，コムギ，オオムギでも多くのプライマーが公開されている（Inoue *et al.*, 1994; Talbert *et al.*, 1994; Mano *et al.*, 1999）。cDNAの塩基配列からPCRプライマーをデザインした（STS (Sequence-Tagged Site) 化されている）ものであれば，近縁種で応用できることがあるため（Tsumura *et al.*, 1999），自分の研究対象がプライマーのない野生種であれば，近縁の栽培植物等で情報がないかを検索する。

## PCRプライマーデザイン

　データベースから塩基配列情報を得てきた場合，その領域を特異的にPCR増幅できるようなプライマーの設計を行う必要がある。設計には，既存のプライマーデザイン用のソフトウェアを用いると便利である。我々の研究室ではOligo (National Biosciences, Inc.) を使ってプライマーデザインを行っている。プライマーの設計で重要なのは，プライマーで2次構造をつくりにくいこと，プライマーダイマーをつくりにくいこと，1対のプライマー間のTm値と同程度であることなどを考慮することが重要である。

　また3'端のプライマーをできるだけ端に寄せてデザインしたものはイントロンを含みやすいため，制限酵素処理することなく多型が出やすくなるという報告がある（Perry & Bousquet, 1998）。

## PCR 増幅

　PCR増幅を行う場合，以下の手順で行う。

1) 以下の試薬を0.5 mℓ のPCRチューブに入れる。この場合，すべての操作を低温下で行う必要があるので，チューブおよびその他の薬品は解凍後，氷上に置いて操作を行う。鋳型DNAだけは適正な濃度に調整しておく。また，その他の試薬類は購入してそのまま使えることが多い。

| 薬品等 | 最終濃度 | 実際に加える量 |
|---|---|---|
| 鋳型DNA | 5～50 ng/100 μℓ | 5～50 ng |
| 10×PCR緩衝液 | 10 mM Tris-HCl pH8.3, 50 mM KCl | 10 μℓ |

## 2-3. PCR-RFLP法

| | | |
|---|---|---|
| 50mM MgCl$_2$ | 1.5mM | 3 μℓ |
| 100mM dNTP mix | 0.1mM | 0.8 μℓ |
| Taq polymerase (5units/μℓ) | 2.5units | 0.5 μℓ |
| Primers (10〜25mM Forward側およびReverse側) | 100〜250pmol | 1 μℓ +1 μℓ |
| H$_2$O | | 総量100 μℓ に調製 |

2) すべての溶液を入れたら、指で弾いて軽く攪拌する。
3) 遠心機でスピンダウンし、PCR装置にかけるまで低温下に置いておく。
4) PCR反応は使用するプライマーの塩基配列およびターゲットの領域の特質によって異なるが、一般的に以下のようなサイクルで行う。

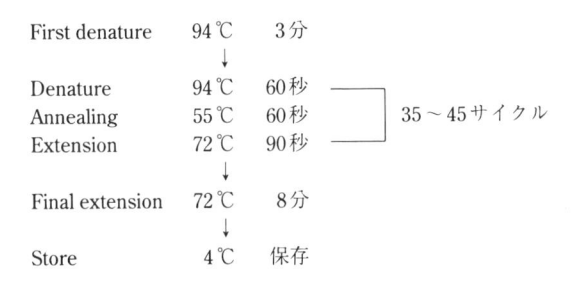

```
First denature    94℃   3分
                   ↓
Denature          94℃   60秒 ┐
Annealing         55℃   60秒 ├ 35〜45サイクル
Extension         72℃   90秒 ┘
                   ↓
Final extension   72℃   8分
                   ↓
Store             4℃    保存
```

5) PCR装置を始動し、PCRチューブをセットし、反応をスタートさせる。
6) 反応が終了したら、PCR産物をアガロースゲル電気泳動で確認する。電気泳動は0.85%のアガロースゲルで1×TAE緩衝液（40mM Tris-HCl, 20mM sodium acetate, 2mM EDTA, pH8.0）でMupid（バイオコスモス株式会社）などを用いて泳動する。
7) 電気泳動したゲルはエチジウムブロマイド（Ethidium bromide, EtBr）溶液で染色させるか、事前に泳動用のゲルにEtBr溶液（10mg/mℓ）を100mℓに対し2μℓ加えておく。泳動終了後、ゲルを純水で軽く洗浄し、UVトランスイルミネーター上に置き写真を撮る。

- サンプル数が多い場合、PCR溶液はマスターミックスを作成する。100サンプル分であれば、10×緩衝液、MgCl$_2$、dNTPs、Taq polymeraseを110サンプル分（1割増し程度）を一度に作り、あとで個別のチューブに分注する。同じ遺伝子を増幅する場合はプライマーもマスターミックスに入れておく。この方法は、薬品が多少無駄になるようであるが、作業が効率化できるうえに均一な実験結果が得られる。
- 単一コピーの遺伝子で、PCR増幅が難しい場合は、用いる鋳型DNA量を多くするとよい。またDNAの精製が十分でないものはPCR増幅が失敗することが

あるため，十分な精製を心がける（河原ら，1995）。PCR生成物が十分でないときはサイクル数を上げるとよい。
- まったくPCR増幅が見られない場合は，アニーリング温度を下げてみる，または$MgCl_2$の濃度を上げてみる。
- プライマーダイマーを形成しないようにPCR装置にかけるまで低温下で行うことを心がける。
- PCR装置は機種によって温度上昇・下降の速度およびプレートの温度の均一性など微妙に異なるため，文献と同じ条件でPCR増幅が成功しない場合は，それぞれの機種に合ったPCR条件を検索する必要がある。

## 制限酵素処理

　PCR産物はメチレーションの影響を受けないため，制限酵素処理で問題が起こることは少ない。しかし，スター活性のある酵素（過剰の制限酵素，異なる金属イオンの存在，低い塩濃度などが原因で，認識塩基配列と似ているが同一ではない塩基配列を切断することのある酵素）には，使用するユニット数および反応時間に注意して行う。また，ほとんどの酵素種では，PCR反応後，精製することなしに直接，制限酵素処理を行うことができる。制限酵素反応の手順は以下の通りである。

1) PCR産物をアガロース電気泳動にて確認後，以下の分量で制限酵素反応液をつくる。

| | |
|---|---|
| PCR産物 | 12.5 $\mu\ell$ （2 $\mu$g） |
| 制限酵素 | 1 $\mu\ell$ （4units） |
| 10×緩衝液 | 1.5 $\mu\ell$ |
| 合計 | 15 $\mu\ell$ |

2) 酵素反応の至適温度で2時間，インキュベートする。
3) 2％アガロースゲルで電気泳動を行う。電気泳動の際，端のレーンにDNAサイズマーカー（例えば100bpラダーマーカー）をサンプルと同時に泳動すると分画されたDNAフラグメントのサイズがわかる。1×TAE緩衝液（40mM Tris-HCl, 20mM sodium acetate, 2mM EDTA, pH 8.0）でMupid（バイオコスモス株式会社）などを用いて泳動する。Mupidで電気泳動する場合，50Vで約1時間で泳動は終了する。
4) 電気泳動したゲルはエチジウムブロマイド（EtBr）溶液で染色させるか，事前に泳動用のゲルにEtBr溶液を加えておく。泳動終了後，ゲルを純水で軽く洗浄し，UVトランスイルミネーター上に置き写真を撮る。

> - エチジウムブロマイドは発ガン性物質なので手袋をして注意深く扱う。
> - UVトランスイルミネーターは，眼の保護のために，防護用のマスクを必ず身につけて使用する。
> - 分画されたDNAフラグメントの分子量が小さく，2％アガロースゲルでは鮮明に見えない場合は，3％のゲルで試すか，7％程度のポリアクリルアミドゲルで泳動してみる。
> - 制限酵素処理の温度は37℃が最も多いが，65℃などのように異なる温度もあるので酵素の使用説明書を十分に読んでから行う。またインキュベートは蒸発を抑えるために恒温水槽よりも恒温器の方がよい。1μgのDNAを完全消化するための酵素量は1unitであるが，通常2～3倍程度を用いる。
> - ほとんどの制限酵素ではPCR産物に含まれる緩衝液は制限酵素反応を阻害しないが，いくつかの酵素では阻害することが知られている。
> - 制限酵素処理を行う際，複数のサンプルを処理する場合は，マスターミックス（制限酵素および緩衝液を複数サンプル分をまとめて混合したもの）作成後分注した方が効率的であるし，各サンプルの酵素溶液が均等になる。1サンプルに1μℓずつピペッティングすると，経験の差にもよるがサンプルごとに量がばらつき，適正な量が分注されていない場合がある。

# 3. 分析結果の検討および解釈

オルガネラDNAおよび核DNAの場合でパターンの解釈は異なる。以下のような手順で見る。

### 1) オルガネラDNAの場合

オルガネラDNA（葉緑体DNAおよびミトコンドリアDNA）は一般的に単性遺伝するため，半数体と同様の考え方で解釈できる。すなわちヘテロタイプが存在しないので，ハプロタイプとして認識される（図1）。また例外的にヘテロプラズミー*が存在する場合はヘテロタイプが存在することになる。

種間変異を調査する場合，種間でPCR増幅したフラグメントサイズが異なることがある。この場合はそのまま，違いとして認識できる。増幅サイズが同じ場合は制限処理して，種間の制限酵素サイトの違いを調べる。この方法には，特に葉緑体DNAの場合，シーケンサーがなくても簡便に種間の違いを探索できる利点がある（Tsumura et al., 1995; 1996）。近縁種で形態的に判別が難しい種でもDNAによる判別

---

＊：同一細胞内で異なるタイプのゲノムが共存している状態。針葉樹の葉緑体DNAでは，北米のマツの P. banksiana と P. contorta の混交林で報告がある（Govindaraju & Wagner, 1988）。また，モミ属樹種とツガでは，分布域広範にこの現象があるという報告がある（Tsumura et al., 2000）。

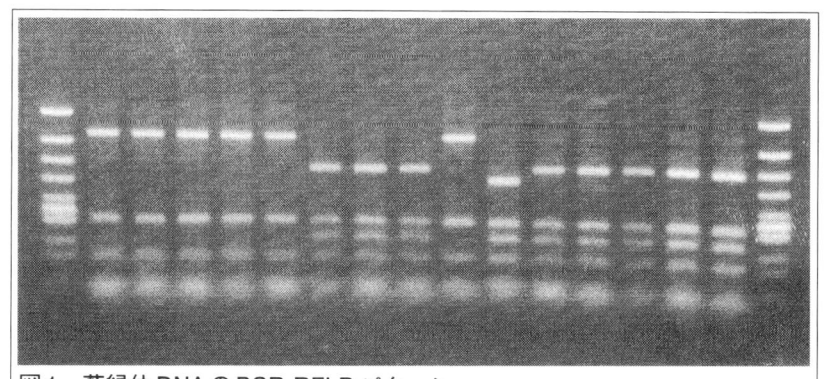

**図1 葉緑体DNAのPCR-RFLPパターン**
フタバガキ科のrpoB遺伝子をMspI制限酵素で処理したパターン。

ができることがある。しかし，単性遺伝のDNAを見ているため，雑種の場合の識別はできない。ミトコンドリアDNAも同様の解析ができる。マツ科の樹種の場合，葉緑体DNAは父性遺伝でミトコンドリアDNAは母性遺伝であるため，両方を見ることにより雑種移入の研究ができる（第1部「種を越えた遺伝子の流れ」参照）。

種内変異を調べる場合，アガロースゲル電気泳動で検出できる。挿入・欠失は少ないので，制限酵素処理して個体間の制限酵素認識サイトの違いを探す。サイトの違いがあればそのまま異なるハプロタイプとして識別される。

### 2) 核DNAの場合

単一コピーの領域の場合，必ず共優性パターンが得られる（図2）。共優性パターンが得られない場合は以下のことが考えられる（図3）。①1つの対立遺伝子の頻度が集団中で極めて高い場合。②シングルコピーの領域以外の類似した領域をもPCR増幅している。③対立遺伝子の一方の遺伝子からのPCR増幅が何らかの理由でできない。

次に単一コピーでない領域をPCR増幅した場合，複数のサンプルを分析したときは2つのパターンが得られる。これはいわゆる優性マーカータイプである。しかし，単一コピーでない領域でも，すべての領域が同じ塩基配列を持っていれば共優性分離パターンが得られることがある。これとは逆に，増幅した複数の領域がさまざまな塩基配列を持つ場合は複雑なパターンが得られ，解釈ができないことがある。

自然集団に核DNAのPCR-RFLP法を用いる場合，人工交配集団を用いた遺伝分離分析を行うことをすすめる。アイソザイムと違い遺伝様式が共優性か優性かがわからないのと，コピー数の推定が難しいためである。交配集団を用いて遺伝分離調

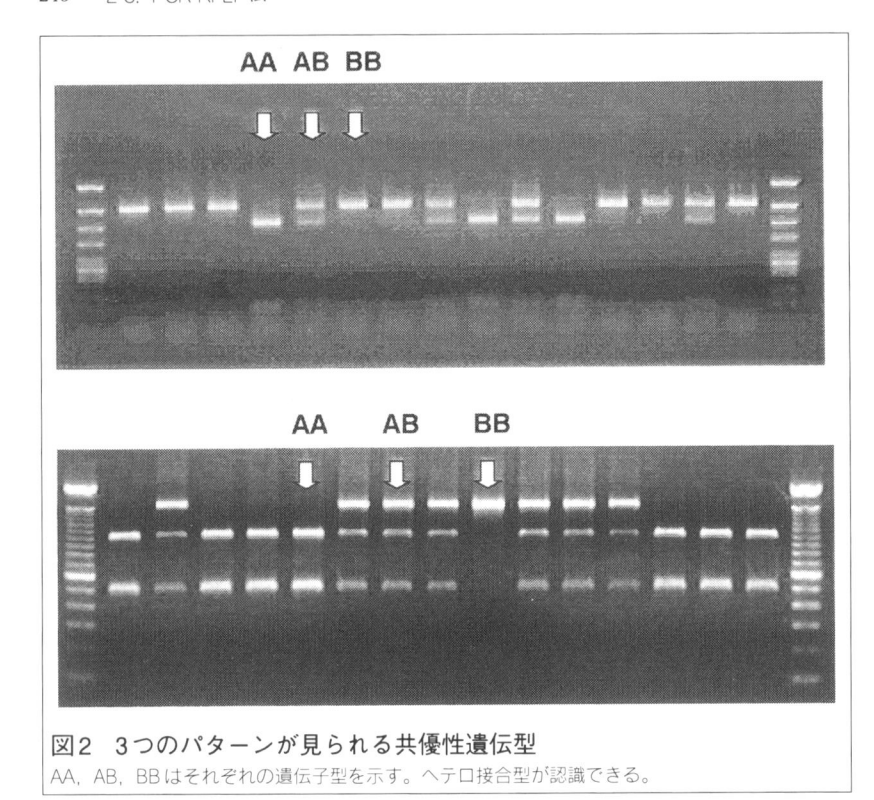

**図2 3つのパターンが見られる共優性遺伝型**
AA, AB, BBはそれぞれの遺伝子型を示す。ヘテロ接合型が認識できる。

査したマーカーを使うか，少なくとも交配家系の存在する他種で確認されたものの方がよい。自然集団を分析して3つのパターン（2つのホモ接合型と1つのヘテロ接合型）が得られたら，共優性パターンとして解釈しても問題はない（Tsumura & Tomaru, 1999）。また2つのパターン（1つのホモ接合型と1つのヘテロ接合型）しか得られない場合は，優性マーカーとして考えれば使用可能である。

　一方，制限酵素処理をすることなく多型が得られることがある。それはPCR増幅した個体間で挿入または欠失がある場合である。クロトウヒの例では3'端に設定したプライマーを用いることにより，STS化したもののうち約40％が制限酵素処理することなく多型検出ができた（Perry & Bousquet, 1998）。しかし，スギでは全体の数％しかこの挿入・欠失パターンは見られず，しかも挿入・欠失部分が小さな場合は確認が難しいことが多かった（図4）。

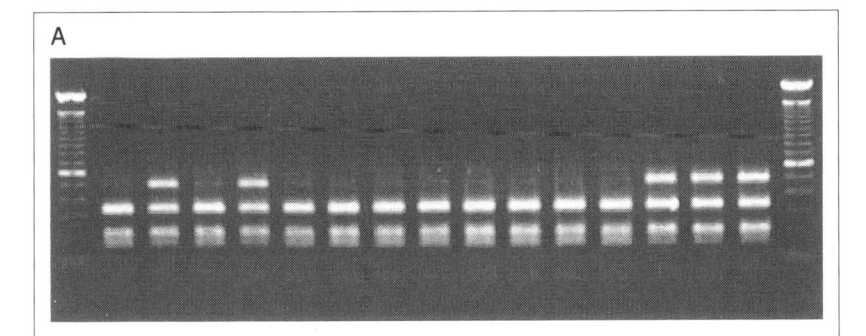

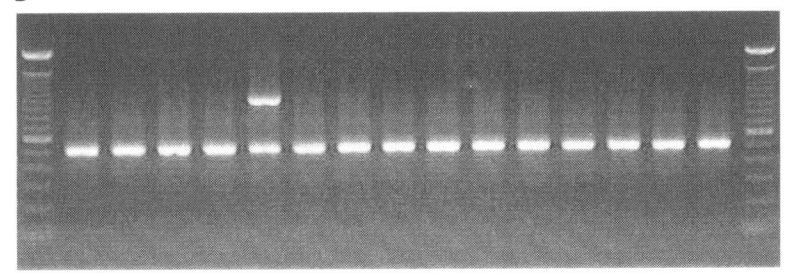

**図3 2つのパターンしか見られないもの**
A, Bともに優性遺伝型を示すが，この原因はマルチコピー（A）か，または集団中の片方の対立遺伝子頻度が低いため（B）である。

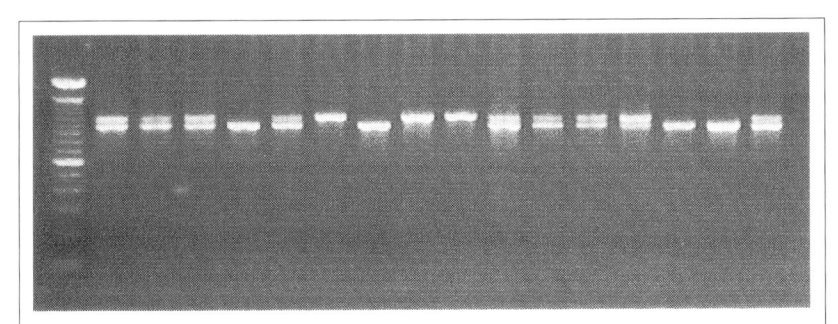

**図4 スギのSTS化されたマーカーで見られた挿入・欠失の例**
制限酵素処理することなく多型バンドが共優性遺伝している。これはスギ在来品種クモトオシ×オキノヤマスギ $F_2$ 家系での分離パターンを示している。

## 引用文献

Botstein, D., R. L. White, M. H. Skolnick & R. W. Davis. 1980. Construction of a genetic linkage map using restriction fragment length polymorphisms. Am. J. Hum. Genet. **32** : 314-331.

Demesure, B., N. Sodzi & R. J. Petitt. 1995. A set of universal primers for amplification of polymorphic non-coding regions of mitochondrial and chloroplast DNA in plants. Mol. Ecol. **4** : 129-131.

Govindaraju, D. R. & D. B. Wagner. 1988. Chloroplast DNA variation within individual trees of a *Pinus banksiana* - *Pinus contorta* sympatric region. Can. J. For. Res. **18**: 1347-1350.

Harry, D. E., B. Temesgen & D. B. Neale. 1998. Codominant PCR-based markers for *Pinus taeda* developed from mapped cDNA clones. Theor .Appl. Genet. **97** : 327-336, 8/1998.

Hasebe, M., M. Ito, R. Kofuji, M. Kato, K. Ueda & K. Iwatsuki. 1993. Phylogenetic relationship of fern deduced from *rbcL* gene sequence. Journal of Molecular Evolution **37**: 476-482.

Hiratsuka, J., Shimada, H., Whittier, R., Ishibashi, T., Sakamoto, M., Mori, M., Kondo, C., Honji, Y., Sun, C.-R., Meng, B.-Y., Li, Y.-Q., Kanno, A., Nishizuka, Y., Hirai, A., Shinozaki, K. & Sugiura, M. 1989. The complete sequence of rice (*Oryza sativa*) chloroplast genome: Intermolecular recombination between distinct tRNA genes accounts for a major plastid DNA inversion during the evolution of the cereals. Mol. Gen. Genet. **217**, 185-194.

Inoue, T., Zhong, H. S., Miyao, A., Ashikawa, I., Monna, L., Fukuoka, S., Miyadera, N., Nagamura, Y., Kurata, N., Sasaki, T. & Minobe, Y. 1995. Sequenced-tagged sites (STSs) as standard landmarkers in the rice genome. Theor. Appl. Genet **89** : 728-734.

河原孝行・村上哲明・瀬戸口浩彰・津村義彦 1995. 野生植物からのDNA抽出と解析への道 日本植物分類学会報 **11**: 13-32.

Konieczny, A. & Ausubel, F. M. 1993. A procedure for mapping *Arabidopsis* mutations using co-dominant ecotype-specific PCR-based marker. Plant J. **4** : 403-410.

Mano, Y., B. E. Sayed-Tabatabaei, A. Graner, T. Blake, F. Takaiwa, S. Oka & T. Komatsuda. 1999. Map construction of sequence-tagged sites (STSs) in barley (*Hordeum vulgare* L.). Theor. Appl. Genet. **98** : 937-946.

Maier, R. M., K. Neckermann, G. L. Igloi & H. Kössel. 1995. Complete sequence of the maize chloroplast genome: gene content, hotspots of divergenece and fine tuning of genetic information by transcript editing. J. Mol. Biol. **251** : 614-628.

Oda, K., K. Yamato, E. Ohta, Y. Nakamura, M. Takemura, N. Nozato, K. Akashi, T. Kanegae, Y. Ogura, T. Kohchi & K. Ohyama. 1992. Complete nucleotide sequence of the mitochondrial DNA from a liverwort, *Marchantia polymorpha*. Plant Mol. Biol. Rep. **10** : 105-163.

Ohyama, K., H. Furukawa, T. Kohchi, H. Shirai, T. Sano, S. Sano, K. Umesono, Y. Shiki, M.

Takeuchi, Z. Chang, S. Aota, H. Inokuchi & H. Ozeki. 1986. Chroloplast gene organization deduced from complete sequence of liverwort *Marchantia polymorpha* chloroplast DNA. Nature **322** : 572-574.
Olmstead, R. G. & A. Sweere. 1994. Combining data in phylogenetic systematics: an empirical approach using three molecular data in the Solanaceae. Systematic Biology **43**: 467-481.
Ooi, K., Y. Endo, J. Yokoyama & N. Murakami. 1995. Useful primer designs to amplify DNA fragments of the plastid gene *matK* from angiosperm plants. J. Jap. Bot. **70**: 328-331.
Paglia, G. P., A. M. Olivieri & M. Morgante. 1998. Towards second-generation STS (sequence-tagged sites) linkage maps in conifers: a genetic map of Norway spruce (*Picea abies* K.). Mol. Gen. Genet **258** : 466-478.
Perry, D. J. & J. Bousquet 1998. Sequence-tagged-site (STS) markers of arbitrary genes: development, characterization and analysis of linkage in black spruce. Genetics **149** : 1089-1098.
Saiki, R. K., D. H. Gelfand, S. Stoffel, S. J. Scharf, R. Higuchi, G. T. Horn, K. B. Mullis and H. A. Erlich. 1988. Primer-directed enzymatic amplification of DNA with thermostable DNA polymerase. Science **259** : 487-491.
Shinozaki, K., M. Ohme, M. Tanaka, T. Wakasugi, N. Hayashida, T. Matsubayashi, N. Zaita, J. Chunwongse, J. Obokata, K. Yamaguchi-Shinozaki, C. Ohta, K. Torazawa, B. Y. Meng, M. Sugita, H. Deno, T. Kamogashira, K. Yamada, J. Kusuda, F. Takaiwa, A. Kato, N. Tohdoh, H. Shimada & M. Sugiura. 1986. The complete nucleotide sequence of tobacco chloroplast genome: its gene organization and expression. EMBO Journal **5** : 2043-2049.
Talbert, L.E., N.K. Blake, P.W. Chee, T.K. Blake, G.M. Magyer. 1994. Evaluation of "sequence-tagged-site" PCR products as molecular marker in wheat. Theor. Appl. Genet. **87** : 789-794.
Talbert, P., L. Gielly, G. Pautou & J. Bouvet. 1991. Universal primers for amplification of three non-coding regions of chloroplast DNA. Plant Mol. Biol. **14** : 1105-1109.
Tsumura, Y., Y. Suyama, K. Yoshimura, N. Shirato & Y. Mukai. 1997. Sequence-Tagged-Sites (STSs) of cDNA clones in *Cryptomeria japonica* and their evaluation as molecular markers in conifers. Theor. Appl. Genet. **94** : 764-772.
Tsumura, Y., T. Kawahara, Wickneswari R. & K. Yoshimura. 1996. Molecular phylogeny of Dipterocarpaceae in Southeast Asia using PCR-RFLP analaysis of chloroplast genes. Theor. Appl. Genet. **93** : 22-29.
Tsumura, Y. & N. Tomaru. 1999. Genetic diversity of *Cryptomeria japonica* using co-dominant DNA markers based on Sequenced-Tagged Site. Theor. Appl. Genet. **98** : 396-404.
Tsumura, Y., N. Tomaru, Y. Suyama & S. Bacchus. 1999. Genetic diversity and differentiation of *Taxodium* in the southeastern United States using cleaved amplified polymorphic sequences. Heredity **83** : 229-238.
Tsumura, Y., Y. Suyama & K. Yoshimura. 2000. Chloroplast DNA inversion polymorphism in populations of *Abies* and *Tsuga*. Mol. Biol. Evol. **17**: 1302-1312.

Tsumura, Y., K. Yoshimura, N. Tomaru & K. Ohba. 1995. Molecular phylogeny of conifers using PCR-RFLP analaysis of chloroplast genes. Theor. Appl. Genet. **91** : 1222-1236.
Wakasugi, T., J. Tsudzuki, S. Ito, K. Nakashima, T. Tsudzuki & M. Sugiura. 1994. Loss of all ndh genes as determined by sequencing the entire chloroplast genome of the black pine *Pinus thunbergii*. Proc. Natl. Acad. Sci. USA **91** : 9794-9798.
Wolfe, K. H., C. W. Morden & J. D. Palmer. 1992. Function and evolution of a minimal plastid genome from a nonphotosynthetic parasitic plant. Proc. Natl. Acad. Sci. USA **98** : 10648-10652.

# 2-4. AFLP分析法

陶山佳久(東北大学大学院農学研究科)

## 1. AFLP法の概要

　AFLP(Amplified Fragment Length Polymorphism)法は,DNAを制限酵素で断片化し,その中から特定の断片を選択的にPCR増幅して多型を検出する技術である(Vos et al., 1995)。検出される多型は,制限酵素認識部位およびその断片の内側数塩基の配列の違い,あるいは制限酵素断片内の挿入・欠失配列によって生じ,電気泳動により分画されたDNAフラグメント(バンド)の有無として検出される。

　この技術の特徴として,1)1回の解析で得られる情報量が多い,2)解析に使用するDNAが少量でよい,3)あらかじめ解析のターゲットとなるゲノムの塩基配列情報を必要としない(様々な種で即座に利用可能)など,多くの優れた利点を掲げることができ,強力なDNA多型検出技術として注目されている。森林の分子生態学的研究における応用例としては,クローン構造の解明など,個体の識別に用いるDNAフィンガープリンティング技術として特に威力を発揮すると考えられる他,花粉親の推定などにも利用することができる。

## 2. 分析手順の全体像

　AFLP法は図1に示した5つの手順からなる。以下,個別に解説する。

### 1) 制限酵素による切断 (図1-(1),図2-(1))

　2種類の制限酵素を用いてサンプルDNAを切断する。通常,この2種類の制限酵素はフリークエントカッター(認識配列が高頻度で現れるもの)とレアカッター(低頻度で現れるもの)を用い,市販のキットでは4塩基認識酵素(*Mse*I)と6塩基認識酵素(*Eco*RI)の組み合わせが用いられている。

(1) 制限酵素処理

(2) アダプターのライゲーション

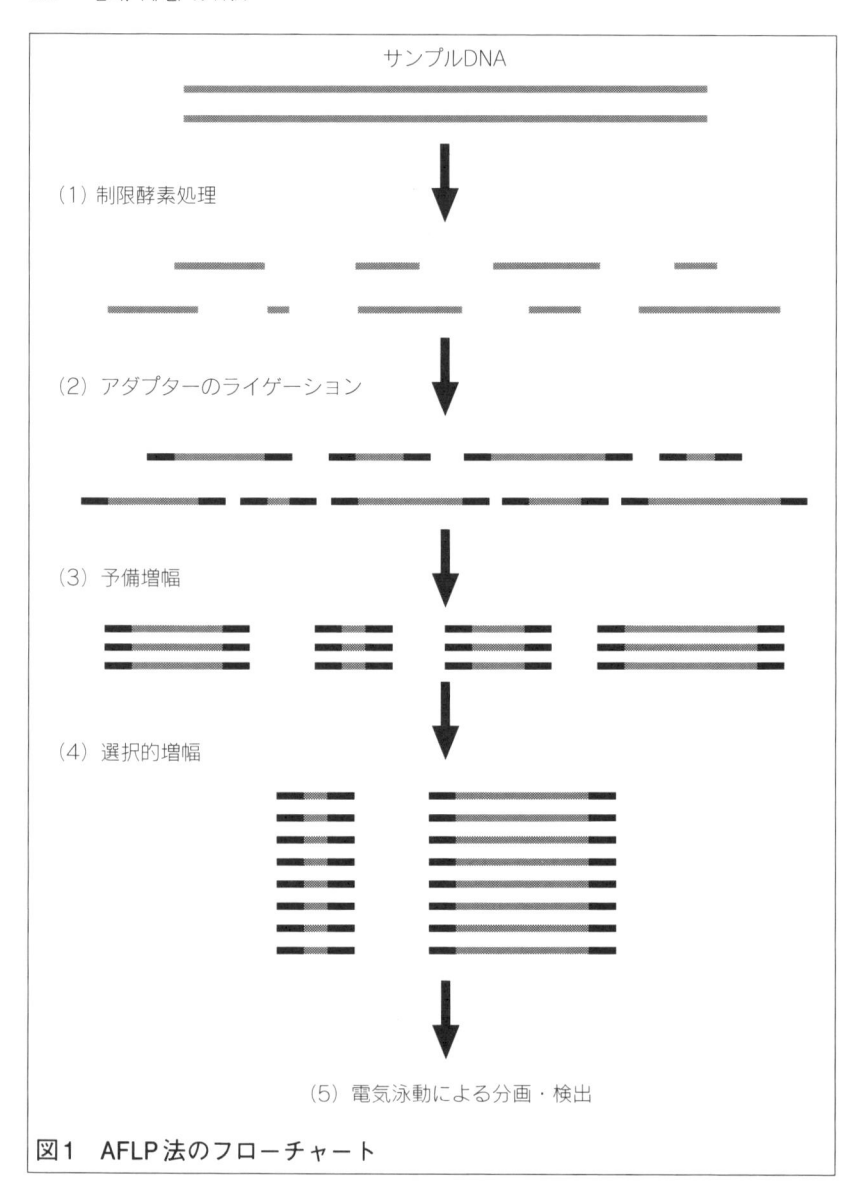

(3) 予備増幅

(4) 選択的増幅

(5) 電気泳動による分画・検出

**図1　AFLP法のフローチャート**

## 2) アダプターのライゲーション（図1-(2), 図2-(2)）

次に，制限酵素で切断された断片の端に2種類の二本鎖アダプターを結合（ライゲーション）させる。このアダプターは*Mse*Iあるいは*Eco*RIの切断部位に特異的

に結合する末端を持つだけでなく，さらに10数塩基の特定配列を持っているため，すべての切断片の末端に既知の塩基配列を付加するはたらきをする。したがって，次のステップにおけるPCR増幅では，このアダプターの配列にマッチするプライマーを用いることで安定したPCR増幅が実現される。

### 3）予備選択プライマーによる予備増幅（図1-(3)，図2-(3)）

平均的なゲノムサイズの植物では，ここまでのステップでつくられたフラグメント（アダプターが付加された制限酵素断片）の数は膨大であり，すべてのフラグメントを解析することは不可能である。そこで，PCRを利用して解析可能な数にまでターゲットを絞り込む操作を行う。その際，より安定した結果を得る工夫として，2段階の選択操作を行う。

第一段階は予備選択プライマー（preselective primer）による予備的PCR増幅である。このプライマーの配列には，2)で用いたアダプターの配列，その内側の制限酵素認識部位の配列，そしてさらにもう1塩基（選択塩基）が配置されている。つまり，プライマーはアダプター部位と制限酵素認識部位についてはすべてのフラグメントで完全にマッチするが，さらに最後の1塩基については1/4の確率でマッチする配列が存在することになる。この最後の1塩基にマッチするフラグメントだけがこの反応で選択され，ターゲットとして増幅される。

### 4）選択プライマーによる選択的増幅（図1-(4)，図2-(4)）

次に，選択プライマー（selective primer）を用いてさらにターゲットを絞り込むと同時に，解析対象となるフラグメントを標識する操作を行う。500～6,000Mb程度のゲノムサイズを持つ植物を分析対象とする場合，それぞれの選択プライマーの先端に3つの選択塩基が配置されたものを用いる。そのうちの1つ目の塩基は予備選択プライマーで配置されたものと同一で，さらに2つの塩基を配置することで増幅するターゲットを2重に絞り込む（1/256）しくみになっている。また，この選択プライマーのうち一方のプライマー（通常*Eco*RI側）は蛍光色素あるいはアイソトープなどで標識されているため，増幅産物のうちこのプライマーによって増幅された側の一本鎖のみが標識されたフラグメントとして検出される。

### 5）電気泳動による分画・検出（図1-(5)）

増幅されたフラグメントはポリアクリルアミドゲル電気泳動等を用いてその長さにより分画され，標識されたフラグメントのみがバンドとして検出される。得られたバンドパターンはAFLPフィンガープリントと呼ばれ，1組のプライマーあたり

## 図2 AFLP法における選択的増幅のしくみ

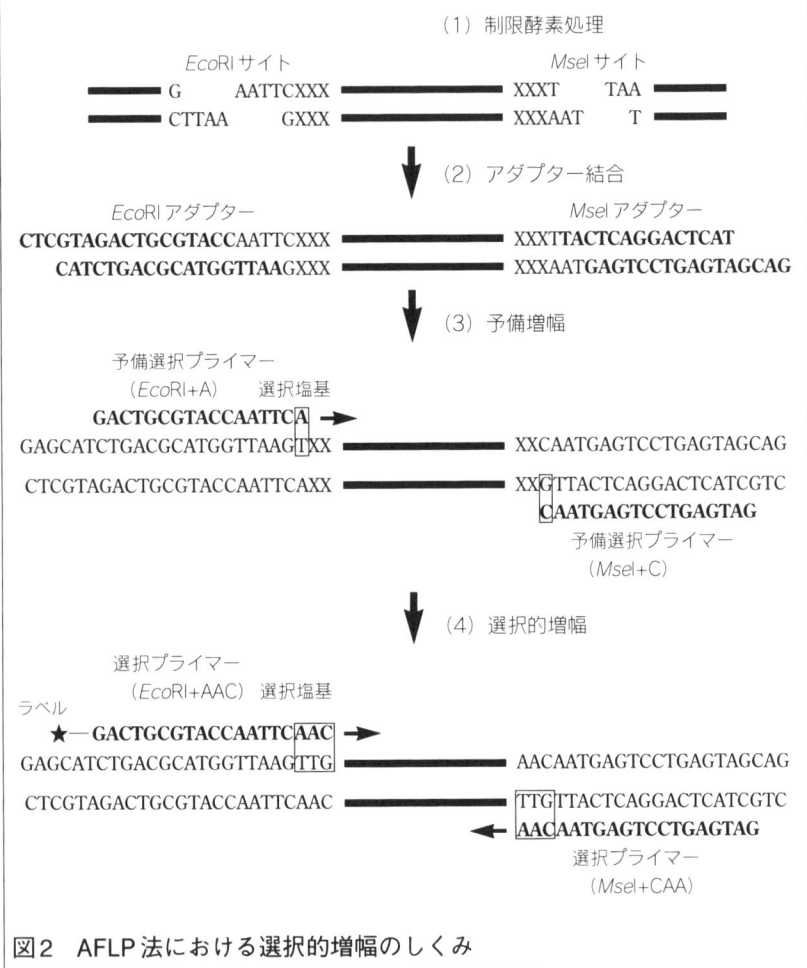

(1) 制限酵素処理

EcoRIサイト　　　　　　　　　Mselサイト
━━━G　　　AATTCXXX ━━━━━ XXXT　　TAA ━━━
━━━CTTAA　　　GXXX ━━━━━ XXXAAT　　T ━━━

↓ (2) アダプター結合

EcoRIアダプター　　　　　　　　　Mselアダプター
**CTCGTAGACTGCGTACC**AATTCXXX ━━━━━ XXX**TTACTCAGGACTCAT**
**CATCTGACGCATGGTTAA**GXXX ━━━━━ XXXAAT**GAGTCCTGAGTAGCAG**

↓ (3) 予備増幅

予備選択プライマー
(EcoRI+A)　選択塩基
　　**GACTGCGTACCAATTC**[A] →
GAGCATCTGACGCATGGTTAAG[T]XX ━━━━━ XXCAATGAGTCCTGAGTAGCAG
CTCGTAGACTGCGTACCAATTCAXX ━━━━━ XX[G]TTACTCAGGACTCATCGTC
　　　　　　　　　　　　　　　　　　　　[C]AATGAGTCCTGAGTAG
　　　　　　　　　　　　　　　　　　　予備選択プライマー
　　　　　　　　　　　　　　　　　　　　(Msel+C)

↓ (4) 選択的増幅

選択プライマー
(EcoRI+AAC)　選択塩基
ラベル
★━**GACTGCGTACCAATTC**[AAC] →
GAGCATCTGACGCATGGTTAAG[TTG] ━━━━━ AACAATGAGTCCTGAGTAGCAG
CTCGTAGACTGCGTACCAATTCAAC ━━━━━ [TTG]TTACTCAGGACTCATCGTC
　　　　　　　　　　　　　　　　　　← [AAC]AATGAGTCCTGAGTAG
　　　　　　　　　　　　　　　　　　　選択プライマー
　　　　　　　　　　　　　　　　　　　　(Msel+CAA)

### 図2 AFLP法における選択的増幅のしくみ
1. 制限酵素処理によってEcoRIおよびMselサイトが切断される.
2. その切断部位の配列にマッチするアダプターを用い,それぞれの切断部位に結合させる.
3. アダプターおよび制限酵素認識部位の配列にマッチした配列,そしてさらに1つの選択塩基を配置した予備選択プライマーを用いて予備的PCR増幅を行うと,プライマーの選択塩基にマッチした配列を持つ断片だけが増幅される.
4. さらに3つの選択塩基を配置した選択プライマーを用いてPCRを行うことで検出可能な数のフラグメントだけ増幅される.EcoRIプライマーはラベルされているので,片側の一本鎖だけが最終的に検出される.図はEcoRI + AAC, Msel + CAAのプライマーを用いた例.

通常50〜100程度のフラグメント（バンド）が検出される.

　本書ではLife Technologies社のAFLP Core Reagent KitおよびApplied Biosystems社のAFLP Plant Mapping Kitを用い,ABI PRISM 377 DNA Sequencer（Applied

Biosystems; 同373や310でも同様) によって解析する方法を紹介する。したがって，上記DNAシーケンシングシステムを通常使用している研究者を対象とした手法を紹介することになるが，主要なノウハウについてはこのシステムを利用しない場合にも共通なので参考にしていただきたい。なおAFLP分析では，分析対象のゲノムサイズに合わせたプライマーを使用する必要があるが，ここでは一般的な植物のゲノムサイズ (500～6,000Mb) を対象とし，主にキットを利用した最も手軽な手法を中心に紹介する。また，実験手順は主にキットに付属のプロトコールに従っているが，改変した部分についてはなるべく詳細に記載した。

## 3. 必要な試薬類

(1) AFLP Core Reagent Kit (Life Technologies; Cat. No. 10482-016)
　このキットの中に，制限酵素，アダプター，T4 DNA Ligase，反応バッファーなどが含まれており，ライゲーションまでの反応を手軽に行うことができる (もちろんこれらの試薬を別々に購入してもよい)。

(2) AFLP Ligation and Preselective Amplification Module (Applied Biosystems; P/N 402004)
　このモジュールの中にはアダプター，予備選択プライマー，PCR反応液などが入っている (ただし，アダプターについては (1) のキットと重複して無駄になってしまうため，このキットを購入する代わりに予備選択プライマーをカスタムDNA合成サービスを利用して別途入手してもよい)。

(3) AFLP Selective Amplification Start-Up Module (Applied Biosystems; P/N 4303050)
　このモジュールの中には16種類の選択プライマーが入っている (必ずしもこれらすべてのプライマーを利用するわけではないので，同社のAFLP Selective Amplification Primersを別々に購入したり，カスタムDNA合成サービスを利用して必要な分だけ購入してもよい)。

(4) Gene Scan 400HD ROX size standard (Applied Biosystems; P/N 402985)
　電気泳動のときに用いるサイズスタンダード。

(5) その他
　通常のシークエンス解析に用いるゲルやバッファー用試薬類等。

## 4. 必要な装置類

Gene Scan Analysis ソフトウェアおよび使用する蛍光色素に合わせたマトリックスファイルがインストールされた ABI PRISM 377 DNA Sequencer あるいは同 373 や 310（Applied Biosystems 社）。そのほか，一般的な DNA シークエンス解析に使用する器具類（遠心分離器やサーマルサイクラー）。

## 5. 手順

### 1) DNA 抽出

抽出量は少量（数百 ng）でかまわないが，より質の高い DNA を抽出することが重要である[1],[2]。抽出した DNA は 100 ng/$\mu\ell$ 程度に濃度調整しておくと便利である。

### 2) 制限酵素処理[3],[4],[5]

1) AFLP Core Reagent Kit（Life Technologies 社）および分析対象の DNA 溶液を用いて以下の組成に混合する。

---

[1] **DNA の質**：AFLP 法では最初のステップである制限酵素処理によってゲノム DNA が完全消化されることが大前提であり，この反応がうまく行われない場合，安定した結果は得られない。したがって，質の高い DNA を抽出することが重要である。DNA の抽出法によって最終的なフィンガープリントに差が出ることも報告されているが（Arens *et al.*, 1998），これは抽出法によって DNA 溶液の質に差が生じるためであると考えられる。特に野生植物を対象とする場合，種によって適した抽出法が異なることがあるので注意されたい。十分な質の DNA が抽出できているかどうかは，そのままの DNA をアガロースゲル電気泳動してみたり，実際に制限酵素で消化して電気泳動し，泳動像を見ることで確認できる。

また，AFLP 法では，試料の DNA 濃度について広い範囲で同一の結果が得られることが示されており（Vos *et al.*, 1995），サンプル DNA 溶液の濃度調整に特に神経質になる必要はない。

[2] **DNA のコンタミネーション**：著者らはクマイザサの葉に存在する菌類が最終的なクマイザサの AFLP フィンガープリントに影響するかどうかを確認する実験を行ってみた（第 1 部参照）。その結果，菌類 DNA 由来のフラグメントがクマイザサのクローン識別に影響しているという証拠は得られなかった。しかしながら，十分に洗浄したつもりの葉（試料）からも多くの菌類が培養され，分析した試料の中にはいくらかの対象外のゲノムが紛れ込んでいる可能性が示唆された。さらに，培養された菌類の DNA から

はクマイザサと同様のフラグメントも増幅された事実は気にとめておく必要がある。AFLP法は感度の高いPCR法を利用する技術なので, 菌類に限らずコンタミネーションには十分に注意することが必要である。

③**AFLP Core Reagent Kit（Life Technologies）を利用するわけ**：本書では基本的にApplied Biosystems社のシステムを利用する方法を紹介しているが, 同社のキットには制限酵素およびライゲーション反応に必要な試薬が含まれていない。これらの試薬に関しては別々に購入して使用してもよいが, Life Technologiesのキットにはこれらすべての試薬が含まれ, 扱いやすい濃度に調整されている。したがって, 初心者でも失敗する可能性が低く安定した分析が行えると考えたため, このキットを使用する方法を紹介した。

　AFLP分析においてはこの段階の反応（制限酵素処理とライゲーション）が最も重要であり, できる限り均一な条件で反応させることが望ましい。このキットを使えば, 濃度調整や混合の手間が省けるため, 初心者には安心であろう。

④**制限酵素およびライゲーション反応の条件**：Applied Biosystems社のマニュアルでは, 制限酵素処理とライゲーション反応を同時に行うように書かれている。この方法にはメリットもあるが, 著者らはこのままの方法では安定した結果が得られない場合があることを確認している。すなわち, クマイザサのDNAを用いて行った比較実験では, この2つの反応を混合反応液で行う場合（温度や時間については4種類の条件を設定して確認した）と別々に行う場合とでは最終的に得られるバンドパターンに明らかな違いが見られ, 後者においてより安定した結果が得られた。これは解析対象とするDNAの質が影響していると推察される。極めて質の高いDNAを使用すれば, 2つの反応を同時に行っても安定した結果が得られるかもしれない。しかしながら, さまざまな野生植物を分析対象とする場合, 常に極めて質の高いDNAを得られるとは限らないので, 本書では著者らの経験をもとに, 2つの反応を別々に行う方法を紹介した。

⑤**2種類の制限酵素を使用する賢いしくみ**：制限酵素処理には2種類の酵素が用いられる。それらはフリークエントカッター（認識配列が高頻度で現れるもの）とレアカッター（低頻度で現れるもの）であり, 市販のキットでは4塩基認識酵素（*Mse*I）と6塩基認識酵素（*Eco*RI）の組み合わせが用いられている。これら2種類の酵素はそれぞれ重要なはたらきをしている。すなわち, フリークエントカッターの認識配列の頻度によって分析対象となる平均的なフラグメント長を調整し, レアカッターの認識配列の頻度によって検出フラグメント数を調整するしくみになっている。これら2種類の制限酵素を用いて消化された断片には, 1）両側が*Mse*Iカット, 2）一方に*Mse*Iカット, もう一方に*Eco*RIカットのもの, そして3）両側が*Eco*RIカットのものの3種類ある。2種類の酵素はレアカッターとフリークエントカッターであるため, 両側が*Eco*RIカットのものは確率的に少ない。また, 最終的にバンドとして検出されるのはラベルされた*Eco*RIプライマーによって増幅されたフラグメントだけなので, 両側が*Mse*Iカットのフラグメントは検出されない。したがって, 最終的に検出されるフラグメントの多くが*Mse*I-*Eco*RIカットのものということになる。また, 変性ゲル中では相補的な一本鎖DNAは移動度がわずかに異なるため, 二本鎖とも標識されてしまうと明瞭なバンドにならないことがあるが, このしくみによって多くの場合, 最終的には*Mse*I-*Eco*RIカットの片側一本鎖を検出していることになるため, ほとんどの場合シャープなバンドを得ることができる。逆に, まれに微妙にブレたような不明瞭なフラグメントが検出されることがあるが, これは両側が*Eco*RIカットのものなのかもしれない。

| | |
|---|---|
| DNA溶液（100 ng/μℓ） | 2.5 μℓ |
| 5×reaction buffer | 5.0 μℓ |
| *Eco*RI/*Mse*I | 2.0 μℓ |
| AFLP-grade water | 15.5 μℓ |
| Total | 25.0 μℓ |

2) 静かに攪拌し，スピンダウンの後37℃で1.5時間反応させる[6]。

### 3) アダプターのライゲーション

1) 上記ステップにより制限酵素処理を行ったサンプルに以下の試薬を加える。

| | |
|---|---|
| adaptor ligation solution | 24.0 μℓ |
| T4 DNA ligase | 1.0 μℓ |

2) 静かに攪拌し，スピンダウンの後20℃で2時間反応させる。

3) 反応液10 μℓ を別のサンプルチューブに移し，キットに付属のTEバッファーを90 μℓ 加えて稀釈し，混合する。

ここまでの操作を以上のようにLife Technologies社のAFLP Core Reagent Kitを用いて行うと手軽である。

### 4) 予備増幅[7]

AFLP Ligation and Preselective Amplification Module（Applied Biosystems社）を用いて行う（必要なものだけ別途購入してもよい）。

1) PCRチューブに以下の組成で溶液を混合する（氷上）。

| | |
|---|---|
| 稀釈した3）の反応産物 | 4.0 μℓ |
| AFLP preselective primer pairs | 1.0 μℓ |
| AFLP Amplification Core Mix | 15.0 μℓ |
| Total | 20.0 μℓ |

2) サーマルサイクラー（Applied Biosystems社の製品が推奨されており，

---

[6]**制限酵素の失活**：Life Technologies社のマニュアルでは，制限酵素処理の後，70℃・15分で酵素を失活させているが，本書ではその操作を行っていない。制限酵素処理に引き続いて行われるライゲーション反応では，制限酵素断片の末端にアダプターが接続されるが，接続後の配列は制限酵素の認識配列と異なるようにアダプターが設計されているため，失活していない制限酵素によってこれらのアダプターが再び切断されることはない。一方，いったん切断された制限酵素切断片どうしはライゲーション反応によって再び接合してしまう可能性がある。この接合を防ぐために制限酵素を失活させないままライゲーション反応をした方がよいと考えられる。

機種によって温度変化スピードを遅めに設定することが必要とされている）を用いて以下の条件でPCRを行う。

72℃（2min）　1サイクル
94℃（20sec）…56℃（30sec）…72℃（2min）　20サイクル
60℃（30min）　1サイクル
4℃ hold

3）反応液10μℓを別チューブに移し，$TE_{0.1}$バッファー（10mM Tris-HCl, 0.1mM EDTA, pH8.0）を190μℓ加えて希釈する。残りの反応液（10μℓ）を使って1.5%アガロースゲル電気泳動を行い，100～1500bpにスメアー状の反応産物が見えることを確認する[8]。

## 5）選択的増幅[9,10]

AFLP Selective Amplification Start-Up Module（Applied Biosystems社）のプライマーを用いる（必要なものだけ別途購入してもよい）。

1）PCRチューブに以下の組成で溶液を混合する（氷上）。

| | |
|---|---|
| 希釈した4）の反応産物 | 3.0μℓ |
| *Mse*I selective primer（5μM） | 1.0μℓ |
| *Eco*RI selective primer（1μM） | 1.0μℓ |
| AFLP Amplification Core Mix | 15.0μℓ |
| Total | 20.0μℓ |

---

[7] **予備増幅のしくみ**：平均的なゲノムサイズの植物では，*Mse*I/*Eco*RIで消化された断片は膨大な数であり，すべてのフラグメントを解析することはできない。そこで，2段階に分けて解析可能な数にまでターゲットを絞り込む操作を行う。プライマーの制限酵素認識部位の先にもう1塩基付加することで，そのプライマーによって増幅されるターゲットの数は計算上1/4になる。この選択は両端のプライマーで行われるため，この予備選択PCRによってターゲットは1/16に絞られる。また，この増幅によって十分なターゲット量が確保されるため，次の段階のPCRで安定した反応が可能となる。

[8] **アガロースゲル電気泳動による予備増幅産物の確認**：予備増幅産物をアガロースゲル電気泳動することによって，ここまでの反応がうまくいっているかを確認することができる。反応がうまく行われていれば，100～1,500bpの範囲にスメアー状の反応産物を見ることができるが，このスメアーが非常に薄くても最終的に安定したAFLPが得られることもある。ただし著者らの経験では，④で述べたように制限酵素・ライゲーション反応を同時に行った場合にはこのスメアーが非常に薄かったが，改善した方法でははっきりとしたスメアーを確認することができた。スメアーが薄いからと言って最終的によい結果が得られないわけではないが，よりよい反応が行われているならば，この段階で濃いスメアーを確認できるだろう。

2) サーマルサイクラー(Applied Biosystems社の製品が推奨されており,機種によって温度変化スピードを遅めに設定することが必要とされている)を用いて以下の条件でPCRを行う。

94℃ (2min)　1サイクル
94℃ (20sec) …66℃ (30sec) …72℃ (2min)　1サイクル
94℃ (20sec) …65℃ (30sec) …72℃ (2min)　1サイクル
94℃ (20sec) …64℃ (30sec) …72℃ (2min)　1サイクル
94℃ (20sec) …63℃ (30sec) …72℃ (2min)　1サイクル
94℃ (20sec) …62℃ (30sec) …72℃ (2min)　1サイクル
94℃ (20sec) …61℃ (30sec) …72℃ (2min)　1サイクル
94℃ (20sec) …60℃ (30sec) …72℃ (2min)　1サイクル
94℃ (20sec) …59℃ (30sec) …72℃ (2min)　1サイクル
94℃ (20sec) …58℃ (30sec) …72℃ (2min)　1サイクル
94℃ (20sec) …57℃ (30sec) …72℃ (2min)　1サイクル
94℃ (20sec) …56℃ (30sec) …72℃ (2min)　20サイクル
60℃ (30min)　1サイクル
4℃ hold

⑨**選択プライマーの選択塩基**:本書では500～6,000Mb程度のゲノムサイズを持つ植物を対象とした方法を紹介した。すなわちApplied BiosystemsのRegular Plant Genome用キットを利用した例であり,その適用植物としてトマト,大麦,大豆,トウモロコシ,レタスなどが掲げられている。同社からはSmall Plant Genome用(50～500Mb;例えばイネ,シロイヌナズナ,ブドウ,キュウリ用),Microbial Fingerprinting Kit(<50Mb;例えばキノコ,カビ,酵母用)なども発売されており,対象とする種に合わせてキットを選ぶ必要がある。また,針葉樹など,さらに大きなゲノムサイズ(>6,000Mb)を持つ植物を対象とする場合には,カスタムDNA合成サービスなどを利用して独自にプライマーをつくる必要がある。

　適した選択プライマーを利用していれば,最終的に検出されるフラグメント数はプライマー組あたり50～100程度になる。これより数が少なければ,反応あたりに得られる情報量が少ないと言えるし,100以上のフラグメントが得られる場合には結果が不安定になることが多い。計算上はプライマーに付加された選択塩基が1つ増えるごとにフラグメント数は1/4になる。例えばRegular Plant Genome用キットでは*Eco*RI/*Mse*Iの両プライマーで3塩基ずつ選択塩基を付加しているが,これらのプライマーを使用して例えば200ものフラグメントが得られるようであれば,*Mse*Iプライマーにもう1塩基(例えば+CCAGや+CCTG)付加したものを使用すれば適度なフラグメント数が得られるように改善されることが期待される。著者らはトウヒ属,スギなどで4塩基付加の*Mse*Iプライマーを用いて明瞭なバンドパターンを検出している。

⑩**どの選択プライマーを使うか**:Applied Biosystems社やLife Technologies社のキットでは,選択プライマーとして*Eco*RI/*Mse*Iそれぞれ8種類ずつ,合計64の組み合わせが用意されている。ただし,例えば個体識別をする場合,これらの中からいくつかの組み合わせを選んで分析すれば十分である場合がほとんどであろう。キットの説明書には主な作物について「適さないプライマー組」の情報は載せられているが,そのほかの種につい

## 6) 電気泳動

1) 1.5mℓ チューブに泳動用バッファー混液を以下の割合で調整する。泳動するレーン数に合わせて全体量を適当に調整する（1レーン用サンプルあたり2.4μℓ 使用）。

| | |
|---|---|
| 脱イオンホルムアミド | 5 |
| blue loading dye（サイズスタンダードに添付） | 1 |
| Gene Scan 400HD ROX size standard | 1 |

2) 泳動用サンプルを以下の組成で混合する。ただし，以下は3種類の蛍光でラベルされた産物を同時に解析する場合であり，その必要がなければ1種類ずつ解析してもかまわない。また，これらの混合比は結果を見ながら適宜調整するとよい[⑪]。

---

ては各自で確かめてみるしかない。著者らはクマイザサのクローン識別を行うにあたって，64組み合わせの中でどのプライマー組が適しているのかを確かめてみた。その結果，得られるフラグメント数やバンドの明瞭さにおいて大きな差があることがわかった（第1部参照）。したがって，予備実験としていくつかのプライマー組を試し，その結果をもとに「よりよい」プライマー組を選んで最終的なデータをとることをおすすめする。

⑪**反応産物の混合比**：Applied Biosystems社のシステムは，1つの電気泳動レーンで4種類の蛍光標識を同時に検出することができる（通常1色はサイズマーカーとして使い，残りの3色は異なるプライマー組を用いて反応させた3種類の反応産物を泳動することが多い）ため，非常に便利だが，重複した波長域を持つ別の蛍光標識産物のシグナルがあまりにも強いと，他の蛍光産物のシグナルとしても重複して検出してしまう結果になる場合がある（マトリックスファイルによっても補正しきれなくなる）。そういった誤認識を避けるためにはできるだけシグナル強度を合わせておいた方がよく，適宜反応産物の混合割合を調整することをおすすめする。これはサイズスタンダードについても同様で，本書で記載した量ではシグナルが強すぎる場合があるため，使用している機器に合わせて量を調整していただきたい。

　AFLPでは，しばしば同一のサイズでありながら別の領域に由来するフラグメントを増幅することがあり（Nikaido *et al.*, 1999），まれにこういったフラグメントが極度に重複している場合がある。このような場合，ある蛍光で非常に強いシグナルが検出されるため，別の蛍光域にも偽バンドとして現れてしまう。こういった誤りを避けるためには念のため全蛍光のシグナルを並べて観察し，「持ち込み」がないかを確認した方がよい。

⑫**再現性**：再現性に関するコントロール実験は必ず行って欲しい。つまり，同一のサンプルを別々に処理し，同一のフィンガープリントが得られることを確認することは必須である。

| | |
|---|---|
| 上記泳動用バッファー混液 | 2.4 µℓ |
| FAMラベル反応産物 | 0.6 µℓ |
| JOEラベル反応産物 | 0.8 µℓ |
| NEDラベル反応産物 | 1.6 µℓ |
| Total | 5.4 µℓ |

3) 調整した泳動用サンプルを90℃で2分間ヒートショック後急冷し、そのうち1.5 µℓ 程度をDNAシークエンサーを用いて泳動する。ゲルは36cmのものを使い、スクエアコームを用いてウエルを作成する。コレクションソフトはGene Scan$^{TM}$を使用し、フィルターセットやマトリックスファイルは使用した蛍光色素に合わせたものを選択する。

## 参考文献

Arens, P., H. Coops, J. Jansen & B. Vosman. 1998. Molecular genetic analysis of black poplar (*Populus nigra* L.) along Dutch rivers. Molecular Ecology **7** : 11-18.

Nikaido, A., H. Yoshimaru, Y. Tsumura, Y. Suyama, M. Murai & K. Nagasaka. 1999. Segregation distortion for AFLP markers in *Cryptomeria japonica*. Genes & Genetic Systems **74** : 55-59.

Vos, P., R. Hogers, M. Bleeker, M. Reijans, T. Lee, M. Hornes, A. Frijters, J. Pot, J. Peleman, M. Kuiper & M. Zabeau. 1995. AFLP: a new technique for DNA fingerprinting. Nucleic Acids Research **23** : 4407-4414.

# 2-5. SSCP分析法

綿野泰行（金沢大学大学院自然科学研究科）

## 1. SSCP分析法の原理と概要

### SSCPとは何か

　SSCPとは，Single-Strand Conformation Polymorphismの略で（Hayashi, 1991），日本語では一本鎖構造多型と呼ばれる。この方法を使えば，短いDNA断片中の塩基配列の変異を，簡単かつ高感度に検出することができる。端的に言えば，塩基配列を決定せずに変異の有無を検出する方法である。多くの場合，DNA断片のサンプルとしてはPCR産物が用いられるので，PCR-SSCPとも呼ばれる。変異検出の感度は非常に高く，PCR産物中のたった1塩基の違いも検出できる場合がある（Orita et al., 1989）。

　同様なPCR産物の変異のスクリーニングに用いられる技術としては，Heteroduplex Analysis，DGGE（Denaturing Gradient Gel Electrophoresis），TGGE（Temperature Gradient Gel Electrophoresis）などがある（Lessa & Applebaum, 1993）。各方法についての詳細はここでは述べない。ただ，分子生物学のための設備や技術のノウハウの整っていない研究室の場合，設備の初期投資の少なさや実験の簡便さから考えて，SSCPが最もおすすめできると私は考えている。

## 2. SSCPの原理

　実験の概略を図1に示した。まずゲノムDNAなどを鋳型にしてPCRを行う。PCR産物は二本鎖のDNAなので，これを熱変性させて一本鎖にする。この一本鎖のDNAを，尿素などの変性剤を含んでいないポリアクリルアミドゲルを用いて電気泳動を行う。ゲル中には変性剤は入っていないので，一本鎖のDNAは自分の分子内で部分的に結合したりして，二次構造をつくる。この二次構造は一本鎖DNA

**図1　SSCPの原理と実験の概略**

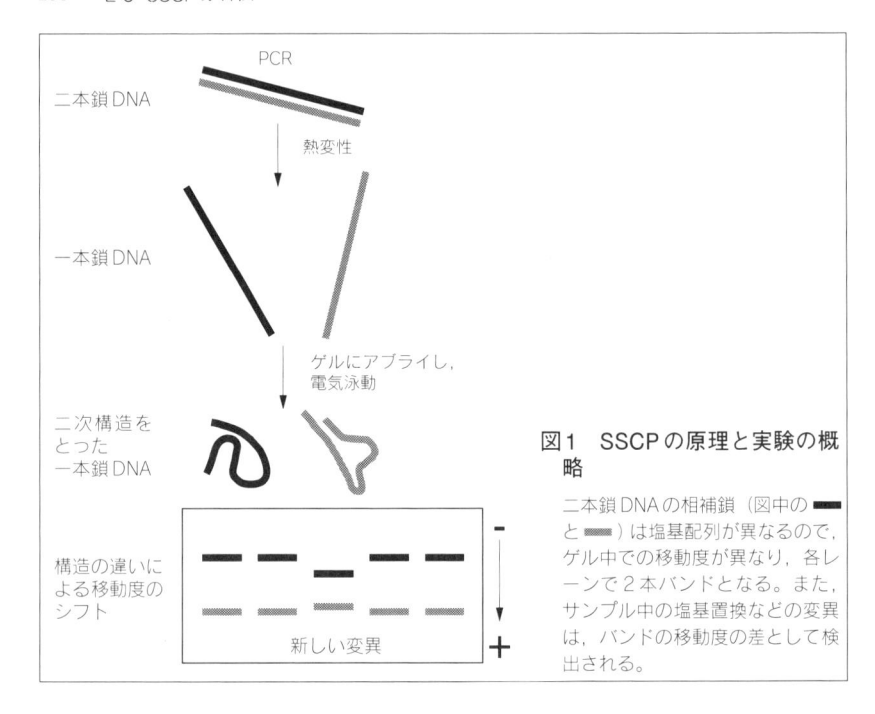

二本鎖DNAの相補鎖（図中の ■ と ■）は塩基配列が異なるので，ゲル中での移動度が異なり，各レーンで2本バンドとなる。また，サンプル中の塩基置換などの変異は，バンドの移動度の差として検出される。

の一次構造に依存するので，塩基配列の異なるDNA断片では二次構造が異なり，この違いがゲル中での移動度の差として検出される。PCR産物のそれぞれの相補鎖はゲル上で分離されるので，DNAの染色を行うと2本バンドのパターンがあらわれる。変異がある場合は，2本のバンドそれぞれの移動度が変化する（図1）[*1]。

## 3. SSCP分析の手順

### 分析手順の全体像

実験の時間的な流れをフローチャートで示した（図2）。この図中の番号は，以下の「実際の手順」の番号と対応させてある。**電気泳動（6）**には時間がかかるので，**ゲル作成（3）**から**泳動用サンプルの調製（5）**までを1日，**電気泳動（6）**はオーバーナイトで，そして翌日に**染色・乾燥（7）**を行うのが楽である。

---

[*1]：実際には泳動条件によって，相補鎖の2本のバンドが重なって1本に見えたりする。また，変異のせいでバンドのシフトがある場合でも，片方のバンドの違いだけが区別できる場合などがある。

図2 PCR-SSCPの実験手順フローチャート

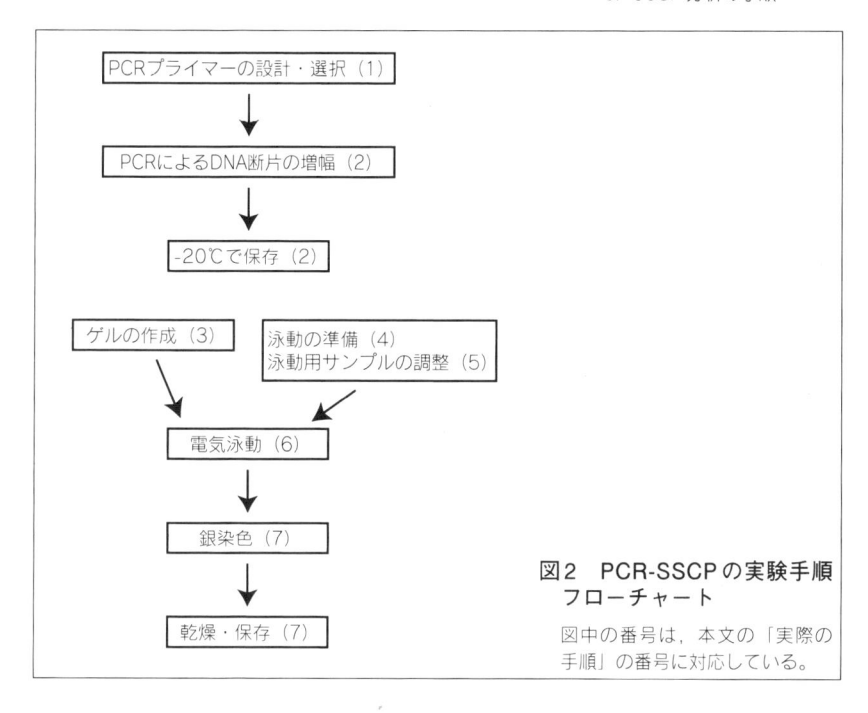

図中の番号は,本文の「実際の手順」の番号に対応している。

## 実際の手順

### 1) PCR プライマー

　SSCPでは,サンプルとするDNA断片の長さが大きくなると,変異の検出感度が落ちるとされている。経験的には400bp以下のものを使用した方がいいらしい(福岡,1995)。しかし,種の特異的マーカーを捕まえたい場合など,すべての変異が検出できなくてもいい場合には,600bpくらいなら使うことができる。新たにSSCPでの解析のためにPCRプライマーを設計する場合には,この断片長の制限に留意してもらいたい。

　塩基配列の情報がまったくない材料の場合は,ユニバーサルプライマー(広範な分類群で使用できるように設計されたプライマー)を用いると簡単にマーカーをつくることができる(表1)。葉緑体DNAの場合,ユニバーサルプライマーがつくられていて断片長の点でもSSCPに利用しやすい領域としては,*trnL* (UAA) と *trnF* (GAA) の遺伝子間領域などがある(Taberlet *et al.*, 1991)。また著者らは,葉緑体DNAの非コード領域のSSCP用に,200～400bp程度の断片長の種子植物のユニバ

表1 SSCP解析に適したDNA断片長が得られる葉緑体DNAの非コード領域のユニバーサルプライマーのリスト

| PCR産物 | プライマーシーケンス | 文献 |
|---|---|---|
| trnL(UAA)のイントロン | 5'-CGAAATCGGTAGACGCTACG-3'<br>5'-GGGGATAGAGGGACTTGAAC-3' | Taberlet et al., 1991 |
| trnL(UAA)～trnF(GAA)<br>の遺伝子間領域 | 5'-GGTTCAAGTCCCTCTATCCC-3'<br>5'-ATTTGAACTGGTGACACGAG-3' | Taberlet et al., 1991 |
| rps16のイントロン | 5'-CCCCCTAGAAACGTATAGGA-3'<br>5'-CGAAGTAATGTCTAAACCCA-3' | Nishizawa & Watano, 2000 |
| rps16のイントロン<br>(上とは違う部分) | 5'-TGGGTTTAGACATTACTTCG-3'<br>5'-ATAGTCCATGATGGAGCTCG-3' | Nishizawa & Watano, 2000 |
| trnG(UCC)のイントロン | 5'-GGTAAAAGTGTGATTCGTTC-3'<br>5'-ATCTTCATCCATGGATCCT-3' | Nishizawa & Watano, 2000 |
| trnG(UCC)のイントロン<br>(上とは違う部分) | 5'-ATATTGTTTTAGCTCGGTGG-3'<br>5'-GTTTCATTCGGCTCCTTTAT-3' | Nishizawa & Watano, 2000 |
| atpFのイントロン | 5'-TTCATTTGGCTCTCACGCTC-3'<br>5'-AATGCTGAATCGACGACCTA-3' | Nishizawa & Watano, 2000 |
| psbC～trnS(UGA)<br>の遺伝子間領域 | 5'-TGAACCTGTTCTTTCCATGA-3'<br>5'-GAACTATCGAGGGTTCGAAT-3' | Nishizawa & Watano, 2000 |
| trnG(GCC)～trnM(CAU)<br>の遺伝子間領域 | 5'-TCTCTTTGCCAAGGAGAAGA-3'<br>5'-ATAACCTTGAGGTCACGGGT-3' | Nishizawa & Watano, 2000 |
| trnV(UAC)～trnM(CAU)<br>の遺伝子間領域 | 5'-TGTAAACGAGTTGCTCTACC-3'<br>5'-CTAACCACTGAGTTAAGTAG-3' | Nishizawa & Watano, 2000 |
| trnW(CCA)～trnP(UGG)<br>の遺伝子間領域 | 5'-GATTTGAACCTACGACATCG-3'<br>5'-GATGTGGCGCAGCTTGGTAG-3' | Nishizawa & Watano, 2000 |
| petBのイントロン | 5'-AGAGATGGTTCTACTTCGTC-3'<br>5'-TTCATACTAGAACCACGATG-3' | Nishizawa & Watano, 2000 |
| petBのイントロン<br>(上とは違う部分) | 5'-GTTCTAGTATGAATCTGAGG-3'<br>5'-ACTTTCATCTCGTACAGCTC-3' | Nishizawa & Watano, 2000 |
| petD～rpoA<br>の遺伝子間領域 | 5'-GGGCATTGGTGCAACATTAC-3'<br>5'-CAGCCAAGAAGATCTTATGA-3' | Nishizawa & Watano, 2000 |
| rpl16のイントロン | 5'-GTTTCTTCTCATCCAGCTCC-3'<br>5'-GAAAGAGTCAATATTCGCCC-3' | Nishizawa & Watano, 2000 |

ーサルプライマーを，10種類ほど作成している（Nishizawa & Watano, 2000）。

## 2）ゲノムDNAを鋳型としたPCR

1) 1.5mℓのエッペンチューブにマスターミックスを調製する。

| | | | |
|---|---|---|---|
| 滅菌した純水 | 18.875 µℓ | × | （サンプル数＋1） |
| 10×反応バッファー | 2.5 µℓ | × | （サンプル数＋1） |
| dNTPmix（each 2.5mM） | 2.0 µℓ | × | （サンプル数＋1） |
| forward プライマー（20µM） | 0.25 µℓ | × | （サンプル数＋1） |
| reverse プライマー（20µM） | 0.25 µℓ | × | （サンプル数＋1） |
| *Taq* DNA polymerase（5unit/µℓ） | 0.125 µℓ | × | （サンプル数＋1） |
| 合　　計 | 24 µℓ | × | （サンプル数＋1） |

2) マスターミックスを0.5mℓ のPCRのエッペンチューブに24µℓ ずつ分注する。
3) 各チューブにDNAサンプル（20ng/µℓ 程度）を1µℓ 加える。
4) 指で軽くはじいて混ぜたのち，チビタンで遠心。
5) ミネラルオイルを各チューブに1滴ずつ落として，蓋をしめる。
6) サーマルサイクラーにセットし，以下の行程でPCRを行う。

```
95℃3分                          ：1サイクル
94℃1分, 55℃1分, 72℃1分        ：25サイクル
72℃10分                         ：1サイクル
```

7) PCR産物を5µℓ 取り，1.5％アガロースゲル電気泳動で増幅の確認を行う。
8) 残ったサンプルは，SSCPを行うまで-20℃のフリーザーで保存する。

### 3) ポリアクリルアミドゲルの作成

　私達の研究室では，アトーのAE-6290というスラブゲル電気泳動装置と，AB-1600という循環冷却恒温装置を組み合わせて泳動を行っている。この泳動装置では，ゲル板が下部の泳動バッファーに水没する構造になっており，循環冷却恒温装置で下部の泳動バッファーの温度をコントロールすることにより，泳動中のゲルの温度を一定に保つシステムになっている。SSCPのバンドパターンは，泳動中の温度によって変化するので，実験の再現性のためにはゲルの温度を一定に保つことが重要である。ラフな温度制御では，夏と冬でバンドパターンが変化してしまう。使っているゲルのサイズは138mm×130mm×0.75mmである。塩基配列決定用のような大きなゲルは特に必要ではない。

1) ゲル溶液の調製（2％グリセリン濃度の場合[*2]，ゲル1枚分）

| | | |
|---|---|---|
| 純水 | 13.6 mℓ | |
| 10×TBE[1)] | 1 mℓ | |
| グリセリン | 0.4 mℓ （0.5g） | [*3] |
| MDE Gel solution（2×）[*4] | 5 mℓ | |
| 合計 | 20 mℓ | |

2) 上記の試薬を混ぜ，アスピレーターで15分ほど脱気を行う。
3) ゲル溶液に8μℓのTEMED，80μℓの10％過硫酸アンモニウム[*5]を加え，静かに攪拌する。
4) 気泡の入らぬようにゲル枠に流し込み，コームを差し込む。室温で2時間以上放置。

### 4) 泳動の準備

1) 10×TBEを純水で薄めて，1.5ℓの0.5×TBEをつくる。
2) つくった0.5×TBEのうち1ℓを下部バッファー槽に入れる。
3) 循環冷却恒温装置を20℃[*6]に設定し，前もって運転して下部泳動槽のバッファーの温度を設定温度にもっていく。

### 5) 泳動用サンプルの調製

0.5mℓのエッペンチューブにホルムアミド色素液[2] 18μℓとPCR産物2μℓを入れ混合する。混ぜる比はPCRの増え方によって，8：2から19：1程度に変えてもよい。サンプル中のホルムアミドの量は，泳動パターンにはあまり影響しない。

### 6) 電気泳動

1) 下部泳動槽のバッファーの温度が設定温度になっているのを確かめてから，ゲルを泳動槽にセットする。
2) 残りの0.5×TBEを上部バッファー槽に注ぐ。下部バッファー槽の量が足りない場合には注ぎ足す。
3) 使い捨てのピペットを用いて，上部バッファーを吸って，サンプル穴に吹きつけて，グリセリンや重合しなかったアクリルアミドを洗い出す。

---

*2：泳動中の温度だけでなく，ゲル中のグリセリン濃度もバンドパターンに影響する。変異の検出感度を上げるために，最初に実験する場合には，複数のグリセリン濃度を試してみた方がいい。私は，10％，5％，2％の3種類くらいを試している。グリセリンの濃度を変えた場合，その分だけ純水の量を加減して，合計で20mℓにする。

*3：グリセリンは粘度が高く，容量を正確に計れない。比重（だいたい1.25）から，必要な重さを計算する。試薬をつくっているビーカーを天秤に載せて，1mℓのピペットマンで滴下して一定の重さを計り取ればいい。

*4：構造変異の検出のために開発された特殊なアクリルアミド（宝酒造）。

*5：過硫酸アンモニウムはすぐに劣化するので，10％溶液を100μℓずつ小分けし，-20℃のフリーザーに保存しておくと便利。

*6：最初のサンプルの場合，グリセリン濃度と同様に，泳動温度も変えて試してみる（5～40℃）のが検出感度を上げるこつである。ただ，夏では5℃など低い温度を保つのが難しい場合があるので，室温に近い温度にした方が楽である。

図3 染色済みのゲルの乾燥方法

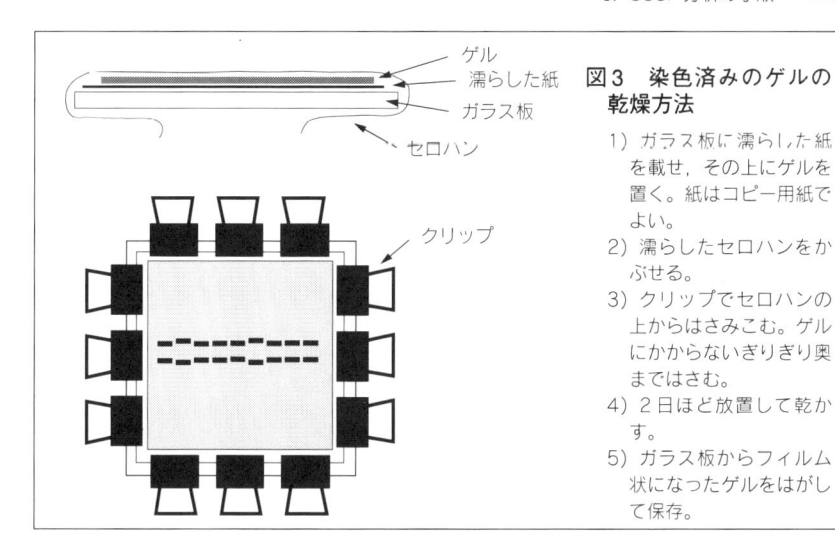

1) ガラス板に濡らした紙を載せ，その上にゲルを置く。紙はコピー用紙でよい。
2) 濡らしたセロハンをかぶせる。
3) クリップでセロハンの上からはさみこむ。ゲルにかからないぎりぎり奥まではさむ。
4) 2日ほど放置して乾かす。
5) ガラス板からフィルム状になったゲルをはがして保存。

4) 泳動用サンプルを，サーマルサイクラーにセットし，95℃・3分で熱変性させる。
5) 氷上で急冷する。
6) 再びサンプル穴を洗った後，サンプルを1レーン4μℓずつアプライする。
7) 200〜300Vで泳動[*7]。

### 7) 銀染色

バンドの検出は，EtBr（エチジウムブロマイド）でも可能であるが，感度のよさとゲルの乾燥保存が可能なことから銀染色を使っている。

1) ゲルをガラス板から注意してはずし，タッパーウェアなどの密封容器に入れる。
2) 10％酢酸250mℓを加え，30分間振盪。
3) 前液を捨て，純水250mℓを加え2分間振盪（3回くり返す）。
4) 前液を捨て，銀染色液[3] 250mℓを加え，20分間振盪する。
5) 前液を捨て[*8]，純水を加え30秒間振盪する
6) 前液を捨て，現像液[4] 250mℓを加え，バンドが明確になるまで振盪[*9]。

*7：泳動に要する時間は，DNAの断片長と泳動条件（温度とグリセリン濃度）に依存する。参考までに，20℃で2％グリセリンの場合の目安の泳動時間は以下の通りである。200bp（250V，4時間），300bp（300V，6時間），400bp（300V，10時間）。温度を低くしたりグリセリンの濃度を上げると泳動にはさらに時間がかかる。アトーの泳動装置にはタイマーがついているので，オーバーナイトで泳動することができる。

7) 前液を捨て，停止液[5] 250mℓ を加えて10分以上振盪する。
8) 前液を捨て，保存液[6] 250mℓ を加えて30分以上振盪する。
9) 密封容器に蓋をして，冷蔵庫（4℃）でひと晩静置する[*10]。
10) 図3に従って，ゲルを乾燥・保存する。

### 8) 調製試薬リスト

1) 10×TBE（1ℓ）

 トリス …………………………………………121.14g
 ほう酸 …………………………………………51.32g
 EDTA,2Na ……………………………………3.72g
 純水に溶かして1ℓ にする。

2) ホルムアミド色素液

 ホルムアミド …………………………………9mℓ
 0.5％BPB（ブロムフェノールブルー）溶液 0.1mℓ
 純水 ……………………………………………0.1mℓ
 グリセリン ……………………………………0.8mℓ

3) 銀染色液（250mℓ，つくり置きしないこと）

 純水 ……………………………………………225mℓ
 1％硝酸銀溶液 ………………………………25mℓ
 ホルマリン（原液，37％程度）……………250μℓ（使用する直前に添加）

4) 現像液（250mℓ，つくり置きしないこと）

 純水 ……………………………………………250mℓ
 炭酸ナトリウム（無水）……………………6.25g
 2％チオ硫酸ナトリウム ……………………250μℓ
 ホルマリン（原液，37％程度）……………250μℓ（使用する直前に添加）

5) 停止液（250mℓ，つくり置きしないこと）

 純水 ……………………………………………250mℓ
 EDTA,2Na,2水和物 …………………………3.65g

---

＊8：硝酸銀は下水に流してはいけない。タンクに貯蔵し，処理施設に廃棄処理を依頼すること。
＊9：約4分ほどかかる。目を離さないこと。放っておくと真っ黒になる。
＊10：染色作業をしている間にゲルは伸びて広がるが，保存液中で低温に置くとアルコールで脱水されて適度な大きさに縮む。

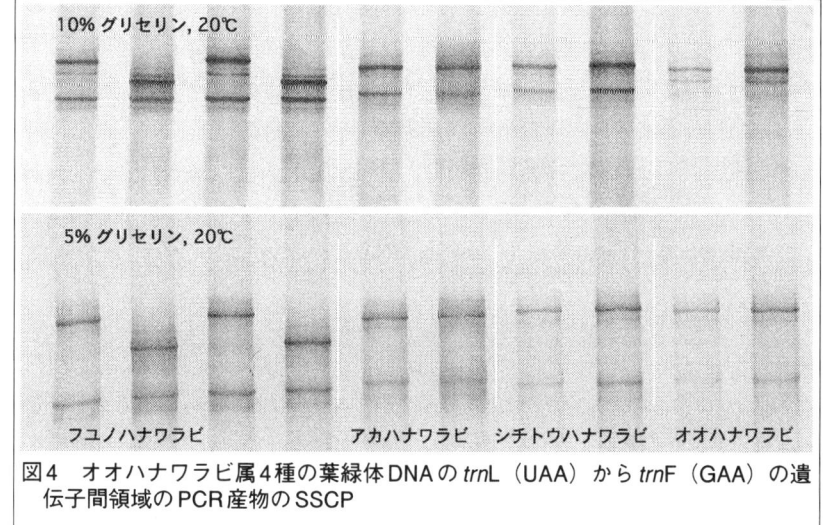

図4 オオハナワラビ属4種の葉緑体DNAのtrnL (UAA) からtrnF (GAA) の遺伝子間領域のPCR産物のSSCP

フユノハナワラビでは種内変異が検出されている。アカハナワラビ，シチトウハナワラビ，オオハナワラビの3種の違いは，下段（5％グリセリン）では明確ではないが，上段（10％グリセリン）でははっきりと区別できる。

6）保存液（250ml）

　　純水 …………………………………………165mℓ
　　エタノール……………………………………75mℓ
　　グリセリン……………………………………10mℓ

## 9）実験のコツ

　プロトコールのいろいろな場所で，注釈として述べてきたコツを整理してみたいと思う。SSCPのバンドパターンは，泳動中の温度とゲル中のグリセリン濃度によって大きく変化する（図4）。したがって，高感度で変異を検出するためには，いくつかの泳動条件を試してみることが必要である。特に，新しい材料や新しいDNA領域の解析を初めて行う場合には重要である。十分な分離が見られる最適な条件を見つけてから，大量のサンプルの解析を行えばよい。しかし，1つのDNA領域について温度もグリセリン濃度も変えて様々な実験を行うと相当な時間がかかる。場合によっては，全部のサンプルの塩基配列を決定した方が早い場合があるかもしれない。研究全体の枠組みとして，どれだけの数のサンプルをこなす必要があるのか，またどれだけの精度で変異をつかまえる必要があるのかということを考えて，そのうえでうまく，SSCPとその他の方法を組み合わせることを考えるべきである。

*272* 2-5 SSCP分析法

　アガロースゲルで泳動してみた場合にはきれいな1本バンドでPCR増幅が見られる場合でも，SSCPをやってみると非常に複雑なバンドパターンが得られることがある。これは，核DNAのPCR産物を試した場合によくある。おそらく複数の領域が増幅されてきたことが原因なので，このままでは解析はできない。対象とするDNA領域を変更するか，PCRプライマーを設計し直す必要がある。

# 4. 分析結果の検討および解釈：SSCPを何に適用するか？

　SSCPの変異検出の感度は非常に高く，PCR産物中のたった1塩基の違いも検出できる場合がある（Orita *et al.*, 1989）。しかし，この感度は絶対的なものではなく，変異があっても検出できない場合もある。また，SSCPではDNA断片のタイプ分けはできても，各タイプが塩基配列レベルでどれだけ違っているのかという量的な違いはわからない。このような長所と短所を考えあわせて，どのような目的で使用したらいいのかという点を具体的な研究例を交えて述べてみる。

## 1）種特異的な分子マーカーの作成

　本書第1部「種を越えた遺伝子の流れ」で述べた通り，交雑が関与する生物現象の解析のためには種を特徴づける分子マーカーが非常に役に立つ。近縁種間でほとんど変異がない場合など，PCR-RFLP（2-3参照）では，なかなか種間の違いが見つからないが，SSCPは感度がいいので変異さえあれば簡単に区別ができる。

　図4に，シダ植物のオオハナワラビ属植物で，葉緑体DNAの種特異的マーカーをつかまえた例を示した。図4の4種は，伊豆大島では盛んに交雑を起こしており，いろいろな雑種が記載されている。シチトウハナワラビが関与している3種類の雑種（シチトウハナワラビ×フユノハナワラビ，シチトウハナワラビ×アカハナワラビ，シチトウハナワラビ×オオハナワラビ）について，その葉緑体DNAのタイピングを行ったところ，交雑の相手にかかわらず，すべての個体がシチトウハナワラビの葉緑体DNAを持っていた（綿野・佐橋，未発表）。シダ植物でも葉緑体の母性遺伝の報告があるので，交雑の際は，ほとんどシチトウハナワラビだけが母親になっていることになる。

## 2）既知の変異の大量個体でのスクリーニング

　系統地理学（第1部「遺伝子の来た道」参照）などでは，多くの地域の多くの個体サンプルを処理する必要がある。遺伝子系統樹を正しくつくるためには十分な系統情報が必要なので，塩基配列の決定をすることが望ましい。一方，すべてのサン

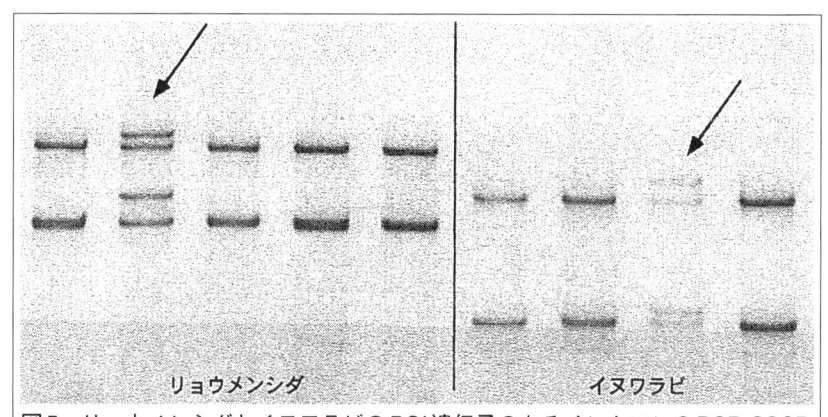

**図5 リョウメンシダとイヌワラビのPGI遺伝子のあるイントロンのPCR-SSCP**
リョウメンシダの左から2個体とイヌワラビの左から3個体目は4本バンドになっており，ヘテロ遺伝子型であることが示唆される。これらは同じ集団から採った個体である。

プルの塩基配列を決定することは，コストと時間の両方がかかりすぎる。

Fujii *et al*. (1997) は，高山植物のエゾコザクラの葉緑体DNAの系統地理学において，塩基配列決定とSSCPを組み合わせて効率よく変異のスクリーニングを行っている。彼らの手順は次の通りである。まず採取した24集団55個体のサンプルについて，各集団から1個体だけ塩基配列の決定を行う。次に塩基配列の違いから認識された各ハプロタイプがSSCPで区別できることを確かめ，それから集団内変異を調べる。もしSSCPによって，塩基配列のわかっているサンプルとは異なる変異が検出されたら，さらにそのサンプルの塩基配列の決定を行う。最初の塩基配列の決定で15種類のハプロタイプが区別され，SSCPではさらに2つの新しいハプロタイプが見つかった。この成功からわかるように，SSCPのような変異のスクリーニング技術と塩基配列のシーケンシングを組み合わせた解析は，今後，集団生物学において大きな貢献をなすだろう。

### 3) DNAライブラリーからの分子マーカーの作出

cDNAライブラリーやゲノムDNAライブラリーのそれぞれのクローンについて塩基配列の決定をすすめれば，ゲノムのいろいろな場所にPCRのためのプライマーを設計することができる。このPCR産物の多型の検出にはPCR-RFLPだけではなく，SSCPも利用できる。SSCPはRFLPよりずっと感度がいいので，効率よく多型の検出ができるかもしれない。ただ，SSCPにはDNA断片長の制限があるので，短い断片になるようにプライマーを設定する必要がある。この核ゲノムのPCR-

SSCPは，RAPDなどとは違って共優性マーカーなので，ゲノムマッピング（第1部「遺伝子の地図」参照）だけではなく，アロザイム（2-1参照）と同じような用途でヘテロ接合度の推定など集団遺伝学的解析に用いることができる。

図5は，ハチジョウベニシダのPGI遺伝子のcDNAの塩基配列（石川，未発表）をもとにして,あるイントロンを挟むかたちでエクソン部分にPCRプライマーを作成し,そのPCR産物についてSSCPを行った結果である（綿野ら，未発表）。2本バンドと4本バンドのレーンがあるが，それぞれホモ接合個体，ヘテロ接合個体に対応するものと考えられる。プライマーは保存的なエクソンの部分で設計しているので，ある程度広い分類群で使用可能と思われる。調べた限りでは，リョウメンシダ（オシダ科），イヌワラビ，ナヨシダ（イワデンダ科）で増幅可能であった。

今後，核のシングルコピー遺伝子の塩基情報が集まれば，いろいろな遺伝子についてユニバーサルに近いプライマーが設計できるようになるであろう。アロザイム解析には，解析できる遺伝子座数に制限があること，生の材料を必要とするなどの弱点がある。DNAレベルのマーカーへの移行は，実験のコストや労力の点では不利ではあるが，上記の弱点の克服につなげることができる。特に海外など生の材料を持ち帰ることが困難な場合に有効かもしれない。

## 引 用 文 献

Fujii, N., K. Ueda, Y. Watano & T. Shimizu. 1997. Intraspecific sequence variation of chloroplast DNA in *Pedicularis chamissonis* Steven (Scrophulariaceae) and geographical structuring of the Japanese "alpine" species. J. Plant Res **110**: 195-207.

福岡修一 1995. SSCP法による多型検出と連鎖解析 細胞工学別冊 植物細胞工学シリーズ2 植物のPCR実験プロトコール 秀潤社.

Hayashi, K. 1991. PCR-SSCP: a simple and sensitive method for detection of mutations in genomic DNA. PCR Methods Appl. **1**: 34.

Lessa, E. P. & G. Applebaum. 1993. Screening technique for detecting allelic variation in DNA sequences. Molecular Ecology **2**: 119-129.

Nishizawa, T. & Y. Watano. 2000. Primer pairs suitable for PCR-SSCP analysis of chloroplast DNA in angiosperms. J. Phytogeogr. Taxon. **48**: 63-66.

Ohta, M., H. Iwahana, H. Kanazawa, K. Hayashi & T. Sekiya 1989. Detection of polymorphisms of human DNA by gel electrophoresis as single strand conformation polymorphisms. Proc. Natl. Acad. Sci. USA **86**: 2766-2770.

Taberlet, P., L. Gielly, G. Pautou & J. Bouvet. 1991. Universal Primers for amplification of three non-coding regions of chroloplast DNA. Plant Molecular Biology **17**: 1105-1109.

# 2-6. マイクロサテライトマーカー分析法

**井鷺裕司**（広島大学総合科学部）

### 分析手順の全体像

　マイクロサテライトマーカーは，樹木個体群における個体識別や親子判定には極めて有力なツールとなりうるが，最大の欠点は，利用できるまでに1, 2か月の開発の手間が必要なことである。マイクロサテライトマーカーの開発手順を大筋でたどると，

1) ライブラリー作成用のサンプルDNA抽出
2) 制限酵素によるサンプルDNAの分解
3) アガロースゲルからのDNA断片の回収
4) ベクターへのライゲーション
5) 形質転換
6) 組換え体のスクリーニング
7) 陽性クローン（目的のマイクロサテライト部位を含んでいるクローン）のシーケンシング
8) PCRプライマーのデザイン
9) PCRプライマーの有効性チェック

となる。これらの過程はいずれもごく一般的な分子生物学の実験であるが，ここでは，一般的なフィールドワーカーを想定して，ラジオアイソトープ（RI）とDNAシーケンサーを使用しないで開発・解析ができるようなプロトコルを紹介する。実際，RIについては使わなくてもほとんど不便を感じることはないが，DNAシーケンサーは使用できると格段に正確に効率よく解析ができるようになる。何とか購入を試みるか，知り合いの研究室や共同利用施設で使用ができるよう検討されることを強くおすすめする。

　これから紹介するのは，ゲノム内に数十〜数百kbごとに分布するマイクロサテ

ライトを見つけて配列を決定し，PCRプライマーを設計するまでの手順であるが，ここでは紙面の関係で，最も単純で基本的な方法を紹介する。この方法では，多くの場合，形質転換を行った大腸菌コロニーの数百個に1個程度がマイクロサテライトを含んだものとなる。この方法では効率が悪いときや，より多くのマーカーが必要なときには，形質転換を行う前に，何らかの方法でマイクロサテライトを含むDNA断片の濃度を高くし（「enrichment」と呼んでいる），スクリーニング効率を良くすることも行われている。その詳細については，PubMed等のデータベースを「enrichment, microsatellite」というキーワードで検索すると参考となる文献が多数見つかるはずである。

また，マイクロサテライトマーカー開発には組換えDNA実験が必要であり，組換えDNA実験指針[*1]に従った手続き・方法で実験を進めなければならない。

## 実際の手順

### 1）DNA抽出

植物体からのDNA抽出は，基本的にはCTAB（臭化ヘキサデシルトリメチルアンモニウム）を含む抽出バッファーで行う。マイクロサテライトマーカー開発に必要なライブラリー作成には質のよいDNAが必要である。一方，マーカーの開発が終わり，個体群の解析を行う場合は，PCRでターゲットが増幅可能な程度の質のDNAが得られればよい。この場合求められるのは，いかに早く，簡単かつ低コストで多量のサンプルからDNAを抽出するかということである。質のよいDNA抽出法に関しては他の章にゆずり，ここではPCRのテンプレートとして十分な質のDNAを簡単に抽出する方法を紹介する。この方法は，Stewartら（1993）の方法を改変したものであるが，サンプルを含む抽出バッファーを新しいチューブに移す過程が1回しかなく，クロスコンタミネーションを起こしにくいことや，プロテナーゼやRNase処理をせず，極めて簡便で，多数のサンプルを処理できることが特長としてあげられる。この方法では，最も手間のかかる過程である葉のすりつぶしを乳鉢を

---

[*1]：組換えDNA実験指針研究会編　1997．改訂組換えDNA実験指針：解説・Q＆A（第一法規）に詳しく解説されている。

[*2]：適当量の純水にTris HClストック溶液，EDTAストック溶液，CTAB粉末を加え，スターラーでよく撹拌し，CTABを細かくした後にNaClストック溶液を入れる。塊のCTABが残った状態でNaClを加えると，CTABを均一に溶解するのに時間がかかる。

[*3]：サンプルをあまり欲張らないのがコツ。サンプルをすりつぶした後の抽出バッファーの色が，少し濃い目の緑茶程度がよい。抹茶のようだとPCRの増幅が悪くなることがある。数mgのサンプルでも十分抽出できる。もちろんその場合，バッファーには緑の色はつかないが，PCRのtemplateには十分な量のDNAがとれる。

用いて行っても，1人の研究者が1日に30サンプル程度を楽に処理できる。また，Bio101のFastPrep FP120などを用いて葉のすりつぶしを行えば，1人で1日に50～100のサンプルの処理も可能である。

1) 以下の抽出バッファーを使用直前に必要量作成する。

  2%  CTAB
  1.42M NaCl*2
  20mM EDTA
  100mM Tris-HCl（pH8.0）
  2%  PVP
  5mM  アスコルビン酸
       以上をよく混和後，
  4mM  DIECA
  0.5%  βメルカプトエタノール
       を加える。

2) 1mlの抽出バッファーを入れた乳鉢に数十mgの葉を入れ*3，乳棒でよくすりつぶす*4。

3) 乳鉢の底にたまっているバッファーを500μl回収*5し，1.5mlマイクロチューブに移す。

4) 55℃で15～30分静置する。

5) クロロホルム・イソアミルアルコール（24：1）を500μl加えて，チューブを15分間上下攪拌の後に，10,000g，室温で5分遠心する。

6) 上清400μl程度を別チューブに移す*6。

7) イソプロパノールを回収したバッファーの3/4容量加え，数回上下攪拌の後に，10,000g，4℃で20分遠心し，液層を捨てる。

8) 70%エタノール（-20℃）を500μl加え，数回上下攪拌する。

9) 10,000g，4℃で3分遠心し，液層を捨てる。

10) 8)～9)を2，3回くり返す。

11) 減圧乾燥する。

12) 50～100μl程度の純水またはTE（10mM Tris-HCl pH8.0，1mM EDTA）に溶かす。

---

*4：Stewartら（1993）のプロトコルでは，先端を折ったマイクロチップを用いて1.5mlマイクロチューブに入れたサンプルをすりつぶすとしているが，かたい植物の葉はあまりうまくつぶれない。

*5：バッファーが乳鉢の壁に付着するので，1mlのバッファーのすべてを回収はできない。

*6：本プロトコルでは別チューブにサンプル層を移す操作はここだけである。すべてを移さなくても，十分量のDNAを得ることができるので，中間層を吸い込まないように200～300μlだけを回収してもよい。

## 2) 制限酵素によるサンプルDNAの分解

ライブラリー作成のために抽出したDNAを制限酵素で切断し，ベクターDNAとのライゲーションを行う。ここでは，ベクターDNAにpUC18を用いた例を紹介する。pUC DNAには他の生物由来のDNAを挿入するための，マルチクローニングサイトと呼ばれる部位があり，*Eco*RI，*Bam*HI，*Hin*dIII等の制限酵素で分解した場合，マルチクローニングサイトのみが切断される。制限酵素で切断されたベクターDNAの末端の形に合わせてサンプルDNAを分解する。たとえば，分解後のDNA末端が2本鎖のうちの1本が突出した，いわゆる突出末端の場合，その塩基配列と相補的な塩基配列を作成するような制限酵素でサンプルDNAを切断する。

ベクターDNAとサンプルDNA双方を同じ制限酵素で処理すれば上記の条件を満たす断片が得られるが，私たちの研究室ではpUC18を*Bam*HIで，サンプルDNAは*Mbo*Iで処理している。どちらの酵素も3'CTAG5'の突出末端を形成するが，*Bam*HIは3'CCTAGG5'の6塩基を認識してDNAを切断するのに対し，*Mbo*Iは3'CTAG5'の4塩基を認識する点が異なっている。サンプルDNAをよりきめ細かく分解するために，6塩基認識の*Bam*HIではなく4塩基認識の*Mbo*Iを用いている。もちろん，これらの条件を満たす制限酵素の組み合わせは他にもあるので，研究室で利用しやすいものを用いればよい。

1) 50μg/mℓ 程度のDNA溶液に，1/10容量の反応バッファー*7，1μgのDNAに対して2〜5Uの制限酵素*8を加え，ピペッティングで混和する。
2) 37℃*9で1〜2時間インキュベートする。
3) 反応液から10μℓを取り，アガロースゲル電気泳動でチェック*10する。
4) エタ沈でDNAを回収し，適量*11の純水またはTEに溶かす。

---

*7：制限酵素を購入すると添付されている。酵素ごとに最適なバッファーが異なるので注意する。
*8：制限酵素の活性は1μgのλDNAを1時間で分解する量を1Uとしているが，保存中の酵素活性の低下や，サンプル中の不純物による反応阻害等も考慮に入れて，標準量の数倍の酵素を用いる。
*9：制限酵素によっては最適反応温度が異なるので注意する。
*10：λ/*Hin*dIIIと100 base ladder（アマシャム ファルマシア バイオテク 27-4001-01など）をサンプルの両側に流す。前者を用いて大まかな定量ができる。すなわち約48.5kbpのλDNAは*Hin*dIIIによる消化により8個の断片に分かれ，アガロースゲル電気泳動の結果，8個のバンドがあらわれる。これらのバンドはサイズの違いを反映した場所に位置するが，バンドの濃さの違いは量の違いを反映している。たとえば，λ/*Hin*dIIIは大きなバンドから，23.1kb，9.4kb，6.6kb……というサイズとなっているが，トータルで0.5μgのλ/*Hin*dIIIを電気泳動した場合，それらのバンドのDNA量はそれぞれ，0.24μg，0.10μg，0.07μg……となる。各バンドの濃さとサンプルの濃さを比較するこ

## 3) アガロースゲルからのDNA断片の回収

制限酵素で分解したDNAを電気泳動すると，連続した様々なサイズのDNA断片からなる縦長のバンドがあらわれる。このバンドから目的のサイズのDNAを回収する。アガロースゲルからのDNAの回収にはいくつかの方法があるが，ここでは一般的によく使われるGENECLEAN II （Bio101, Cat. # 1001-400）を用いた方法について紹介する。GENECLEAN IIは高塩濃度下でDNAがガラス粉末に付着しやすくなる性質を利用し，DNAの回収，精製を行うものである。

1) 制限酵素で分解したDNAを寒天ゲルで電気泳動[*12]する。
2) ゲルを0.5μg/mlのエチジウムブロマイドを含むTAEバッファー中[*13]で10～15分放置し，DNAを染色させる。
3) トランスイルミネーター上で寒天ゲルの400ベースから600ベースの部分を剃刀[*14]で切り取り，1.5mlマイクロチューブに入れる。マイクロチューブはあらかじめ重量を測定しておき，切り取った寒天ゲルの容積を求める[*15]。
4) 寒天ゲル容積の3倍の6M NaI溶液[*16]を加え，45～55℃のウォーターバスでゲルを溶かす[*17]。
5) 使用直前にVortexでよくかき混ぜた5～10μlのグラスミルク（ガラス微細粉末）液を加え，ピペットでよく撹拌する。
6) 氷上にチューブを5分静置する。1，2分ごとに液をかき混ぜる。
7) 12,000g，数秒遠心してグラスミルクをチューブの底に落とし，液層を捨てる。大まかに除いた後に，もう一度軽く遠心し，マイクロピペットで最後の1滴まで取り除く。

---

とでサンプルDNAの大まかな定量ができる。さらに100 base ladderとの比較で，サンプルDNAのサイズをより詳しく知ることができる。制限酵素による消化が十分であれば数十ベースから数千ベースに至る連続した1つのバンドが見られるはずである。
* 11：次のプロセス，アガロースゲルからのDNA断片の回収時には，一般的な形状の寒天ゲルで処理できるサンプル容量は10～20μl程度であるので，なるべくたくさんのDNAを処理できるようDNAの濃度を高くしておく。
* 12：DNAを回収する場合，電気泳動のバッファーはTAEを用いるのが楽である。
* 13：アガロースゲルや泳動バッファー中にエチジウムブロマイドを加えて染色する方法もあるが，エチジウムブロマイドは発ガン性物質であるので，汚染の機会を少しでも減らすために，電気泳動後に染色している。
* 14：使い捨ての剃刀がよく用いられるが，外科刀を用いると作業を行いやすい。
* 15：比重＝1として重量から求める。
* 16：GENECLEANキット中に含まれている。
* 17：数分で溶ける。

8) New Wash＊18を500～700μℓ加え，ピペッティングでチューブの底にペレット状に固まっているガラス粉末をかき混ぜる。
9) 12,000g，数秒遠心し，New Washを捨てる。大まかに除いた後に，もう一度軽く遠心し，最後の1滴まで取り除く。
10) 8)～9) を3回くり返す。最後の1回は特に丁寧にNew Washを取り除く。
11) 5)で加えたグラスミルクと同容量のTEを加え，ピペッティングでよくかき混ぜる。
12) 12,000g，30秒遠心し，グラスミルクをペレットにし，液層のみを他のチューブに回収する。
13) 回収した溶液の一部をアガロースゲル電気泳動し，収量とサイズをチェックする。

## 4) ベクターへのライゲーション

### 1. プラスミドの準備

ライゲーションに用いるプラスミドのマルチクローニングサイトを目的に合った制限酵素で分解する。ライゲーション時に，制限酵素で分解した部位がインサートDNAを含まないで再び連結（セルフライゲーション）しにくくするために，アルカリフォスファターゼを用いて，制限酵素による分解によって生じたベクターの5'末端を脱リン酸化する。

1) 以下の順で1.5mℓ マイクロチューブに加える＊19。

　　i) 純水　　　　　　　　　　　　$x\,\mu\ell$
　　ii) 10×制限酵素バッファー　　　$2\,\mu\ell$
　　iii) pUC DNA　　　　　　　　　 $2\,\mu g$
　　iv) 制限酵素　　　　　　　　　 $4\sim10\,U$
　　　純水の量 $(x)$ を調節して全量 $20\,\mu\ell$ とする。

2) 37℃で1時間インキュベートする＊20。
3) 1μℓ を取り，アガロースゲル電気泳動でチェックする。バンドが1本で

---

＊18：キットに含まれている試薬瓶にエタノールを加えたもの。
＊19：変質しやすいもの，クロスコンタミネーションを起こすと困るものを後に入れる。
＊20：制限酵素の反応温度は37℃のものが多いが，中には異なった反応温度のものがあるので注意する。ちなみに，*Bam*HIは30℃での反応が推奨されている。
＊21：本来pUC DNAは環状分子であるが，制限酵素で分解されて線状になると，アガロースゲル電気泳動における泳動速度が変化する。制限酵素による分解が不十分な場合，環状分子と線状分子の2つのバンドがあらわれる。
＊22：制限酵素反応溶液を精製することなくCIPを添加しているので，本来の酵素活性より過剰な量を加えている。

あれば，次のプロセスに進む。バンドが2本*21であれば制限酵素を加えてさらにインキュベートする。

4) 5μℓ 10Xフォスファターゼバッファーをチューブに加える。
5) 24μℓ 純水をチューブに加える。
6) 10U*22 CIP (Calf Intestine Phosphatase) をチューブに加えて，ピペッティングで攪拌する。
7) 37℃で30分インキュベートする。
8) 100μℓ TEをチューブに加える。
9) 150μℓ TEフェノールを加え，Vortexでよく攪拌する。
10) 15,000g，室温で2分遠心する。
11) 上層を新しい1.5mℓ マイクロチューブに移す。
12) 15μℓ 3M 酢酸ナトリウムをチューブに加え，ピペッティングで攪拌する。
13) 300μℓ エタノールを加え，数回上下攪拌する。
14) -70℃で10分冷却する。
15) 15,000g，4℃で10分遠心する。
16) 液層を捨てる*23。
17) 500μℓ 70%エタノールを加え，数回上下攪拌する。
18) 15,000g，4℃で2分遠心する。
19) 液層を捨てて*23，減圧乾燥する。
20) 20μℓ のTEを加え，Vortexで溶かす。
21) 1μℓ を取り，アガロースゲル電気泳動でバンドの数と濃さをチェックする。
22) 適当量に分注して-20℃で保存する*24。

## 2. ライゲーション

ライゲーションは制限酵素によって分解したプラスミドDNAとサンプルのDNAとを連結させる過程である。ライゲーションはT4DNAリガーゼやdNTP，ATPな

---

*23：チューブの底にpUC DNAが沈殿しているはずであるが，ほとんど何も見えない。チューブの底に頼りなげにDNAが付着しているとイメージしながら，静かに液層を取り除く。
*24：後述のライゲーション反応数十回分のpUC DNAが得られるが，凍結，融解をくり返すとライゲーションの効率が落ちるので，小分けして冷凍保存する。
*25：ライゲーション反応温度は16℃であるので，PCRサーマルサイクラーを用いると便利である。

どを加えた反応液で行わなければならないが，各社から便利なライゲーションキットが販売されているので，これを利用するとよい．ここでは，タカラのDNAライゲーションキット Ver. 1（No. 6021）を用いた例を紹介する．

1) 以下の順番で適当な大きさのマイクロチューブ[*25]に加え混合する．

  50～100 ng pUC DNA
  適量のインサートDNA[*26]
  DNA溶液の4倍容量のDNAライゲーションキットA液
  DNA溶液と等容量のDNAライゲーションキットB液

2) 16℃で30分インキュベートする．
3) ライゲーションを行ったDNAは形質転換にすぐに使用する．使用しないときはエタ沈等でDNAを回収する[*27]．

### 5) 形質転換

大腸菌等に適当なベクターを用いて新たな遺伝子を導入するプロセスである．ここではライゲーションでインサートDNAをマルチクローニングサイトに取り込んだpUC DNAを大腸菌の細胞内に取り込ませる．pUCにはアンピシリン耐性遺伝子があり，pUCを取り込んで形質転換した大腸菌はアンピシリンを含む培地上で生育ができるようになる．また，pUCはラクトースオペロンの誘導物質であるIPTG（isopropyl-$\beta$-D-thiogalactoside）の存在下でX-gal（5-bromo-4-chloro-3-indolyl-$\beta$-D-galactoside）を分解して青い色素とする$\beta$ガラクトシダーゼを生産する遺伝子（$lac\ Z$）を持っている．$\beta$ガラクトシダーゼ遺伝子を欠く大腸菌（$lac\ Z^-$）がpUCを取り込んで$\beta$ガラクトシダーゼ遺伝子が発現すると，そのコロニーは青くなるが，$\beta$ガラクトシダーゼ遺伝子中のマルチクローニングサイトにサンプルのDNAが挿入されると，正常な$\beta$ガラクトシダーゼが生産されなくなり，通常の白色コロニーとなる．培地にアンピシリンを入れることで，pUCを取り込んだ大腸菌のみを選

---

[*26]：ベクターDNAとインサートDNAはモル比が1：2～1：10程度になるよう調整する．インサートDNAが少なすぎるとベクターDNAのセルフライゲーションが増える．反対にインサートDNAが多すぎると，複数のインサートDNAが1分子のベクターDNAと連結してしまう．モル比が1：2～1：10程度とは，ずいぶん大まかな指針だと思えるかもしれないが，最適なモル比はDNAの精製度，脱リン酸化の程度等に影響を受け，ケースバイケースで変化する．ちなみに，pUC DNAは2686 bpなので，400～600 bpのインサートDNAとライゲーションを行う場合，同じ質量のベクター，インサートを用いるとモル比は1：5程度になる．

[*27]：ライゲーション反応溶液中のDNAは不安定なので，すぐに使わないときにはこの操作が必要．

[*28]：DIFCO #0123-17-3．
[*29]：DIFCO #0127-17-9．

別することができ，さらにIPTGとX-galを入れることでインサートDNAを含んだ大腸菌を選別できるのである。

　形質転換を起こしやすい状態にした大腸菌をコンピテントセル（competent cell）と呼んでいる。コンピテントセルの作成法はいくつかあるが，培養液中の大腸菌密度のモニターを伴う培養が必要であり，時間と手間がかかる。マイクロサテライトマーカーの開発ではコンピテントセルを何度も使うわけではないので，市販品を利用するのもよい。ここでは，タカラのコンピテントセル（JM109, No. 9052）を使用した例を紹介する。

**1. LB-プレートの作成**（直径90mm，深さ20mmのシャーレ20枚分）

1) 1〜2ℓの三角フラスコに下記の600mℓ LB寒天培地溶液を入れる。

　　i) スターラーバーを入れたビーカーに水300mℓを入れる。
　　ii) Bacto tryptone [*28] 6g, Bacto yeast extract [*29] 3g, NaCl 6gを加え，スターラーで完全に溶かす。
　　iii) 1N NaOHでpH7.0に調整する。
　　iv) 水を600mℓまでメスアップし，寒天を9g加える。

2) アルミホイルで三角フラスコの口を閉じ，オートクレーブで滅菌と寒天の溶解を行う。

3) 55℃のウォーターバスにフラスコを浸け，オートクレーブした寒天培地を55℃まで冷却する。

4) 20mg/mℓ アンピシリンナトリウム[*30]溶液3mℓ, 20mg/mℓ X-gal溶液[*31] 1.2mℓ, 23.8mg/mℓ IPTG溶液3mℓを加え，混合する。

5) クリーンベンチの中で，シャーレに寒天層が厚さ3〜4mmになるまで手早く分注する。

6) シャーレの上蓋を開けたまま，寒天が固まり，表面が乾燥するまで放置する[*32]。

7) 寒天が固まった後にすぐに使わないときは，パラフィルムで蓋を閉じ保存する[*33]。

---

[*30]：アンピシリンは水に溶解しやすいナトリウム塩のものを用いるとよい。
[*31]：アンピシリン，IPTGは蒸留水に溶かすが，X-galはジメチルホルムアミドに溶かす。
[*32]：寒天の表面があまり濡れていると，大腸菌のコロニーが流れやすくなる。
[*33]：室温ならば1週間程度，4℃ならば1か月程度保存できる。4℃で保存したときは，使用時に室温に戻すときに，寒天表面に水滴がついて大腸菌のコロニーが流れやすくなるので，クリーンベンチの中でよく乾かして使用する。

*284*　2-6. マイクロサテライトマーカー分析法

## 2. 形質転換操作

1) 1.5mℓ マイクロチューブに入っているコンピテントセルを使用直前にディープフリーザー（-70℃）から取り出し，氷上で溶かす。
2) 適当な大きさのチューブ*34にライゲーションを行ったDNA溶液10μℓ（DNA量は10ng程度とする）を入れ，氷上でよく冷やす。
3) 凍結の融けたコンピテントセル溶液100μℓ を2) のチューブに加え，手で緩やかに振って混合する。
4) 氷上で30分静置する。
5) 42℃のウォーターバスに45秒浸け，すぐに氷上に戻して1～2分静置する。
6) 下記SOC培地*35 890μℓ を加えて最終容量1mℓ とする。

    SOC培地
    　　2 %　　　　Bacto tryptone
    　　0.5 %　　　Bacto yeast extract
    　　10mM　　　NaCl
    　　2.5mM　　 KCl
    　　10mM　　　$MgSO_4$
    　　10mM　　　$MgCl_2$
    　　20mM　　　グルコース

7) 37℃でゆっくりと振盪しながら，1時間培養する。
8) SOC培地で適当に稀釈して100μℓ をスプレッダーを用いてプレートにまく*36。
9) 37℃でひと晩培養する。
10) 白いコロニーと青いコロニーが混在してあらわれる*37。インサートを含む組換え体が数万個*38のオーダーで得られるようにする。

---

*34：1.5mℓ マイクロチューブでもよいが，チューブ壁がより薄く，熱を伝えやすいFalcon 2059などを使うと形質転換効率が上がる。

*35：SOC培地を用いると，よく使われるLB培地を用いるよりも形質転換効率が上がる。作成に際しては，$Mg^{2+}$溶液およびグルコース以外の薬品を混和した溶液をオートクレーブ処理した後，あらかじめ0.22μmフィルターを通して滅菌しておいた2M $Mg^{2+}$ストック溶液（1M $MgSO_4$ + 1M $MgCl_2$）と2Mグルコース溶液を必要量加える。SOC培地は作成に手間がかかるので，あらかじめ多めに作成したものを，1.5mℓ マイクロチューブに分注して凍結保存しておくとよい。

*36：スプレッダーで丁寧にプレート全体に広げる。雑に行うとコロニーがむらに生えてくるため，単独コロニーのピックアップが難しくなる。

*37：基本的に白いコロニーがサンプルDNAのインサートを含むものである。しかしながら，インサートDNAを含んでいてもβガラクトシダーゼ遺伝子の機能が失われず，コロニーが青くなることがあるので注意する。

## 6) 組換え体のスクリーニング

### 1. コロニーリフト

　寒天上のコロニーの中からマイクロサテライト部位を含むインサートを持ったものをスクリーニングするが，そのままの状態では取り扱いが困難であるので，コロニーをメンブレンに移し取り，メンブレン上で陽性クローンを探し出す。

1) 培養器から取り出したプレートを4℃で1時間以上冷却する。
2) バクテリアコロニーの生育している寒天面にメンブレンフィルター*[39]をかぶせ，1分放置する。
3) メンブレンを寒天面から静かにはがし，コロニーが付着している面を上にして，ワットマン3MM濾紙上で数分間乾燥させる。
4) 寒天プレートは再び37℃の恒温器に入れ，コロニーを回復させる。
5) ラップフィルム上に変性溶液（0.5M NaOH, 1.5M NaCl, 0.1% SDS）をマイクロピペットで1ml 落とす。メンブレンをコロニー付着面を上にして変性溶液の上に5分間置く*[40]。
6) 中和溶液（1M Tris-HCl pH7.5, 1.5M NaCl）を浸したワットマン3MM濾紙上にコロニー付着面を上にしてメンブレンを5分間置く。
7) タッパーウェア等，適当な容器の中に入れた2×SSCでメンブレンを軽く洗う。
8) ワットマン3MM濾紙上で15分間自然乾燥させる。
9) UVクロスリンク*[41]を行う。

---

*[38]：マイクロサテライトの頻度を100kbpに1つ，インサートDNAのサイズを500bpとすると，組換え体の1/200がマイクロサテライトを含んでいる。100個のマイクロサテライトを得るためには20,000個の組換え体が必要となる。

*[39]：ナイロン製のメンブレン（アマシャム ファルマシア バイオテク Hybond-N+, RPN87B）が丈夫で扱いやすい。メンブレンの寒天に接しない面には鉛筆でフィルター識別のために番号を記入しておく。また，フィルターがシャーレに接した位置を再現できるように，メンブレンに数個の切れ込みを非対称にハサミで入れる。シャーレを裏面から透かしてみて，ナイロンメンブレンの位置をシャーレに油性ペンで記入しておく。

*[40]：この過程で溶菌が起きるとともに，2本鎖DNAがアルカリ変性で1本鎖となり，メンブレンに吸着される。

*[41]：UV強度が弱いとメンブレンへのクロスリンクが不十分となり，シグナル強度が落ちる。反対にUVを当てすぎるとDNAが破壊されるためにシグナルが弱くなる。UVクロスリンカーがあれば120mJ/cm²程度の最適な強度の紫外線を簡単に照射することができる。ただし実際には最適値からかなりずれても，たとえば，最適値の数分の1から数倍程度の範囲であればスクリーニングには問題はない。UVクロスリンカーは簡単な構造の割には高価（20〜30万円）であるが，これがなくても，クリーンベンチの殺菌灯を蛍光灯電気スタンドに取りつけたもので代用できる。その場合，予備実験として6) 2., 6) 3.の方法でラベルされたDNAをブロットしたメンブレンを数枚用意し，メンブレン

10) 3×SSC, 0.1％SDS溶液にメンブレンを浸し，68℃で1〜3時間処理し，キムワイプ等をメンブレンに押しつけるようにして，メンブレン上に残っているバクテリアの残骸[*42]を取り除く[*43]。

## 2. スクリーニング用オリゴヌクレオチドのラベリング

マイクロサテライトを含むクローンのスクリーニングには，探し当てたいマイクロサテライトと相補的な配列のオリゴヌクレオチドを用いる。個体識別や親子判定のマーカーとしては，2塩基のくり返しからなるマイクロサテライトは3塩基以上のモチーフからなるものに比べるとゲノム内で頻度が高いため，スクリーニングが楽である。

2塩基でもCGまたはATのくり返しのものはPCRで増幅が難しかったり，あるいはプローブが分子内で相補的配列を持つためにヘアピン状になることが考えられるので避けた方がよい。2塩基ではGA，CT，GT，CAのくり返しにはこのような問題はないが，細胞内ではGAリピートはCTリピートと2本鎖を形成して存在しているので，GAリピートとCTリピートのオリゴヌクレオチドによるスクリーニングは基本的には同じ場所を捜していることになる。GTリピートとCAリピートに関しても同様である。したがって，2塩基のマイクロサテライトに関しては，GAとCTのどちらか一方と，GTとCAのどちらか一方の2種のオリゴヌクレオチドを用いてスクリーニングを行えばよいだろう。

プローブとして利用するオリゴヌクレオチドのラベリングにはラジオアイソトープ（RI）が広く用いられているが，安全な取り扱いのためには技能の習得と施設の整備が必要であり，そのようなものを持たないものにとっては敷居が高い。

RIを使わないNon-RIのラベリングキットはいくつかのものが販売されているが，アルカリフォスファターゼで基質を分解するときの発光を利用するものは，十分感度が高く取り扱いも簡単である。

アルカリフォスファターゼは直接オリゴヌクレオチドやDNAに取り込ませるこ

---

から殺菌灯までの距離を15cm程度取り，それぞれのメンブレンに対して30秒から数分の範囲で紫外線を照射し，6) 5.の方法で検出反応を行って最も強いシグナルが得られる時間を求める。

[*42]：メンブレン上にバクテリアの残骸が付着しているとスクリーニングで擬陽性となりやすい。

[*43]：68℃の3×SSC, 0.1％SDS溶液で処理する方法の他に，プロテナーゼKでメンブレン上に残ったバクテリアのコロニーを分解する方法がある。その方法は，ラップフィルム上に2mg/mℓのプロテナーゼK溶液を1mℓ程度落とし，メンブレン全体に溶液が行き渡るようにメンブレンを静かに置き，37℃で1時間処理した後に，純水で湿らせた濾紙を押しつけるようにして，バクテリアの残骸を取り去るというものである。

とができないので，いろいろな工夫が考案されている．代表的なものとしてはビオチンを利用したものと digoxigenin (DIG) を利用したものがある．

DIG を用いたラベリングにはいくつかの方法があるが，ここでは，1分子のオリゴヌクレオチドに多数の DIG 分子を付加するため高い感度が期待できる DIG tailing (DIG オリゴヌクレオチド・テイリングキット，ロシュ・ダイアグノスティックス Cat. No. 1417 231) によってラベリングを行う．

1) 適当な容量のマイクロチューブに下記の順で試薬[*44]を混合する．

| | |
|---|---|
| 5×テイリングバッファー | 4 $\mu\ell$ |
| 25 mM 塩化コバルト溶液 | 4 $\mu\ell$ |
| オリゴヌクレオチド | 100 pmol |
| 1 mM DIG-dUTP 溶液 | 1 $\mu\ell$ |
| 10 mM dATP 溶液[*45] | 1 $\mu\ell$ |
| 50 U/$\mu\ell$ ターミナル・トランスフェラーゼ | 1 $\mu\ell$ |
| 純水を加えて総容量を 20 $\mu\ell$ にする． | |

2) 37℃で15分反応させた後に氷上に移す．
3) 下記の混合溶液 2 μℓ を加える．

| | |
|---|---|
| 0.2 M EDTA (pH8.0) | 200 $\mu\ell$ |
| 20 mg/m$\ell$ グリコーゲン[*46] | 1 $\mu\ell$ |

4) 2.5 μℓ 4M 塩化リチウム，75 μℓ 100%エタノール (-20℃) を加えて混和する．
5) -20℃で2時間，または-70℃で30分静置する．
6) 12,000 g，4℃で20分遠心する．
7) 液層を捨て，50 μℓ 70%エタノールを加えて数回上下撹拌する．
8) 12,000 g，4℃で3分遠心する．
9) 液層を捨て，減圧乾燥する．
10) 適量の純水 (50 μℓ 程度) に溶解させる．

## 3. ラベリング効率の確認

プローブとして用いるオリゴヌクレオチドへの DIG テイリングの効率は，キット中の試薬の状態だけでなく，オリゴヌクレオチドの配列や精製度などにも依存して著しく変化するため，ラベリング効率の確認が必要である．

---

[*44]：ラベリング対象のオリゴヌクレオチド以外はすべてキットに含まれている．
[*45]：dATP を加えることで DIG-dUTP の取り込み効率が上がる．
[*46]：キットに含まれている．

1) パラフィルム上に9μℓの純水を5滴,数cmの間隔をあけて落とす。
2)「6) 2. スクリーニング用オリゴヌクレオチドのラベリング」の手順でラベルしたオリゴヌクレオチド溶液を1μℓ取り,最初の水滴に加えて,ピペッティングでよく混和し,$10^{-1}$濃度の溶液をつくる。
3) 1つ目の水滴から1μℓを取り,2番目の水滴とよく混和し,$10^{-2}$濃度の溶液をつくる。
4) 同様の作業をくり返し,$10^{-1}$から$10^{-5}$までの濃度の溶液をつくる。
5) それぞれの稀釈溶液から1μℓを取り,ナイロンメンブレン上に落とす。
6) キット中に含まれているDIG-dUTPでテイル・ラベルされたコントロールオリゴヌクレオチドに対しても,同様に1)〜5)のプロセスを行う。
7) UVクロスリンクを行った後に,後述の「6) 5. DIGシステムによるプローブの検出」の方法でシグナルを検出する。
8) コントロールオリゴヌクレオチドの稀釈系列のシグナルと比較して,ラベリングの効率を推定する[*47]。

## 4. プローブのハイブリダイゼーションと Stringency washes

ラベルしたオリゴヌクレオチドをナイロンメンブレン上にUVクロスリンクされたDNAとハイブリダイゼーションさせる。プローブとして用いるオリゴヌクレオチドがマイクロサテライト部位とのみ特異的にハイブリダイズするようにstringency washを行う。

1) メンブレン100cm$^2$あたり20mℓ以上のプレハイブリダイゼーション溶液を用意する。

  プレハイブリダイゼーション溶液
   5×  SSC
   1%  blocking reagent for nucleic acid hybridization [*48]
   0.1% N-ラウロイルサルコシン
   0.02% SDS

2) ハイブリダイゼーションバッグにメンブレンとプレハイブリダイゼーション溶液を入れ,プローブとして用いるオリゴヌクレオチドの塩基配列から算出した温度[*49]でゆっくりと攪拌しながら,2時間プレハイブリダイゼーシ

---

[*47]:桁が合う程度の推定で十分である。
[*48]:キット (DIG Luminescent Detection Kit, ロシュ・ダイアグノスティックス Cat. No. 1363 514) に含まれているブロッキング試薬50gを,0.1Mマレイン酸,0.15M NaCl (pH7.5) 溶液にオートクレーブで溶かし,500mℓとした10%溶液をあらかじめ作成しておく。

ョンを行う。

3) メンブレン100cm$^2$あたり2.5mℓのハイブリダイゼーション溶液を用意する。

ハイブリダイゼーション溶液
| | |
|---|---|
| 5× | SSC |
| 1% | blocking reagent for nucleic acid hybridization *48 |
| 0.1% | N-ラウロイルサルコシン |
| 0.02% | SDS |
| 0.1 - 2 pmol/ml | DIG tailingでラベルされたオリゴヌクレオチド |
| 0.1mg/ml | ポリアデニル酸*50 |
| 5μg/ml | ポリデオキシアデニル酸*50 |

4) ハイブリダイゼーションバッグの角を切ってプレハイブリダイゼーション溶液を捨てた後に必要量のハイブリダイゼーション溶液を入れ，バッグをシールする。

5) プローブとして用いるオリゴヌクレオチドの塩基配列から算出した温度でゆっくりと攪拌しながら，1～6時間ハイブリダイゼーションを行う*51。

6) ハイブリダイゼーション溶液は数回利用できるので，ハイブリダイゼーション後，ハイブリダイゼーションバッグから回収し，50mℓポリプロピレン遠心管等に入れ凍結保管する。

7) メンブレンを適当な大きさのタッパーウェア等に入れ，適量（数百mℓ）の2X SSC，0.1％SDS溶液を加え，室温で5分間ゆっくりと攪拌した後に溶液を捨てる。2回くり返す。

8) 適量の0.1X SSC，0.1％SDSを加え，ハイブリダイゼーションを行った

---

*49：オリゴヌクレオチドの長さが18塩基未満の場合は，A，Tに2℃，G，Cに4℃を加算し合計した値をmelting temperature（$T_m$）とする。より長いオリゴヌクレオチドでは $T_m$ = 81.5 - 16.6（log［溶液中のNa$^+$濃度］）+ 0.41（配列の中のG，Cの％）- 600/（オリゴヌクレオチドの長さ bp）で計算する。

*50：DIG tailingによってラベルされたオリゴヌクレオチドには末端に反復したA配列が付加されるので，目的と異なった配列がスクリーニングされてしまう。これを防ぐために大量のポリアデニル酸（ロシュ・ダイアグノスティックス 108 626）やポリデオキシアデニル酸（ロシュ・ダイアグノスティックス 223 581）を加え，ゲノム内のくり返しT配列をあらかじめブロックする。プレハイブリダイゼーション溶液にもポリアデニル酸やポリデオキシアデニル酸を加えるようにメーカーのプロトコルには記載してあるが，プレハイブリダイゼーション溶液はハイブリダイゼーション溶液に比べると使用量が多いため，コストがかさむ。私たちはハイブリダイゼーション溶液にのみポリアデニル酸やポリデオキシアデニル酸を添加している。

*51：ハイブリダイゼーション溶液は量が少ないため，シェーカー等で攪拌しても溶液が動きにくく，気泡がハイブリダイゼーションバッグ内の特定の位置にとどまることがあるので，ときどき，手でハイブリダイゼーションバッグを揉むようにして攪拌する。

温度*52で15分ゆっくりと攪拌した後に溶液を捨てる。2回くり返す。

## 5. DIGシステムによるプローブの検出

ポジティブクローンとハイブリダイズしたプローブをDIG Luminescent Detection Kit（ロシュ・ダイアグノスティックス Cat. No.1363 514）を用いて検出する。このキットでは，プローブに含まれているDIG分子に対する抗原抗体反応を利用してアルカリフォスファターゼ分子をプローブに取り込ませ，アルカリフォスファターゼで基質を分解，発光させ，ターゲットDNAを検出する。

以下のプロセスは$100cm^2$の面積のメンブレン用に記載してある。実際のメンブレンの面積にあわせて，バッファーの量を変化させて処理するとよい。

1) 以下のバッファーを用意する。

  maleic acid buffer（バッファー1）
   0.1M  マレイン酸
   0.15M  NaCl
   NaOHでpH7.5（20℃）に調整する*53。
  washing buffer
   バッファー1に0.3% Tween20を加える。
  10×blocking stock solution
   キットに含まれているblocking reagent（50g）をバッファー1に加え，総量500mℓとする。オートクレーブ後に4℃で保存する。
  1×blocking solution（バッファー2）
   10×blocking stock solutionをバッファー1で10倍に希釈する。
  detection buffer（バッファー3）
   0.1M  Tris-HCl（pH9.5）
   0.1M  NaCl
   50mM  $MgCl_2$

2) hybridizationとstringency washが終わったメンブレンをwashing bufferで数分洗浄する。
3) メンブレンを100mℓのバッファー2に浸し，30分穏やかに振盪させる。
4) 20mℓのバッファー2でキット中のanti-DIG-AP conjugateを75mU/mlまで希釈した液にメンブレンを浸し，30分穏やかに振盪させる。
5) 100mℓのwashing bufferでメンブレンを15分洗浄する。2回くり返す。
6) 20mℓのバッファー3にメンブレンを浸し，2〜5分穏やかに振盪させる。
7) 2mℓのバッファー3にキット中に含まれているCSPDを20μℓ加え，よ

---

*52：0.1×SSC，0.1%SDSは，あらかじめハイブリダイゼーションの温度に温めておく。
*53：1ℓあたり7g程度のNaOHが必要。

く混ぜる。

8) 7)のCSPD溶液とメンブレンをハイブリダイゼーションバッグに入れシールし，5分穏やかに振盪させる*[54]。

9) ハイブリダイゼーションバッグの一部を切断し，CSPD溶液を完全に捨て，再びシールする*[55]。

10) 37℃で15分，メンブレンを温める。

11) X線フィルム用のフィルムカセットに，ハイブリダイゼーションバッグごと，セロテープでメンブレンを張りつける*[56]。

12) 暗室でフィルムカセット内にX線フィルムを入れ，適当な時間露光させ，現像する*[57]。

## 6. プローブのストリッピング

同一のメンブレンを異なったプローブを用いてスクリーニングにかけたいときは，ハイブリダイズしているプローブをメンブレンから取り去り，新しいプローブで再度ハイブリダイゼーションを行う。

1) メンブレンを蒸留水で洗浄する。

2) 37℃の0.2M NaOH，0.1％ SDSでゆっくり振盪させて15分間洗浄する。2回くり返す。

3) 2×SSCで洗浄する。

4) プレハイブリダイゼーションからくり返す。

## 7. ポジティブクローンの2次スクリーニング

5.の過程を終え，フィルム上にはっきりとイメージがあらわれたクローンが1次スクリーニングで陽性と判断されたクローンであるが，この段階ではX線フィルム

---

*[54]：メンブレン全体にCSPD溶液が行き渡るよう，手でハイブリダイゼーションバッグを揉む。

*[55]：このとき，CSPD溶液が残っていたり，ハイブリダイゼーションバッグにしわが寄っていると，X線フィルム上に鮮明なイメージが得られない。いびつにシールされている場所があればそこを切り取り，再度，丁寧にシールする。

*[56]：DNAがメンブレンにブロットされている側がX線フィルムに接する面となるように気をつける。

*[57]：15～30分で検出可能なイメージが露光されることが多い。発光の強さはさまざまな条件に影響を受けるので，いくつか露光時間を変えて，最適な濃さのイメージを得るようにする。overnightの露光で最適な濃度のイメージが得られることも少なくない。陽性クローンのイメージだけでなく，メンブレンの形やネガティブクローンの位置もX線フィルム上に露光されると後の作業が楽であるので，2，3通りの濃さのものを作成するとよい。

のイメージが擬陽性であることも多いし,また,目的のコロニーをピックアップするときに複数のコロニーが混じることもあり得る。単一の陽性クローンを単離するために2次スクリーニングは必要である。

1) ライトボックス上で,X線フィルム上の陽性クローンのイメージと寒天プレート上のコロニーの位置とを対応させる。シャーレの裏側に油性ペンで陽性クローンの位置をマークする。
2) クリーンベンチの中で,目的のコロニーをあらかじめオートクレーブで滅菌しておいた竹串で取り出す[*58]。
3) 竹串をLB液体培地に入れ,コロニーをすすぎ落とす[*59]。
4) 白金耳を液体培地に入れて,プレート上にまく[*60]。
5) 培養,コロニーリフト[*61],ハイブリダイゼーション,検出と,1次スクリーニングと同様のプロトコルをくり返す。

## 7) ポジティブクローンのシーケンシング

2次スクリーニング(必要に応じて3次スクリーニング)の結果,陽性であったクローンよりシーケンシング反応のためのtemplate DNAを回収し,塩基配列を解読する。ここでは,まず1.でtemplate DNAの回収について説明する。この方法で準備したtemplateはDNAシーケンサーにも使うことができるが,ここでは,2.以降でオートシーケンサーを用いずにマニュアルでDNAの塩基配列を決定する方法について紹介する。この方法では10万円程度のアクリルアミドゲル電気泳動装置と,20万円程度の電源,そして5万円程度の反応キットがあれば一度に200~300ベース程度の塩基配列を読むことができる。

開発されたマイクロサテライトマーカーを用いて集団レベルで解析を行う場合には,1塩基の精度でPCR産物のサイズを測定しなければならない。この作業もオー

---

[*58]:滅菌した爪楊枝をピンセットでつまんで目的のコロニーを軽く突き,爪楊枝ごと試験管に落としても良い。
[*59]:この溶液をすぐにプレートにまいてもよいが,菌が溶液中に均等に拡散していなくて,プレート上に生えてこないこともある。液体培地にわずかな濁りが出るまで,37℃で数時間軽く培養したものを用いると確実である。
[*60]:白金耳にたくさん液体培地をつけすぎると,プレート上にあらわれる大腸菌のコロニーが単離しないので注意する。濡れていて寒天上をスムーズに動いていた白金耳が,乾いて抵抗が大きくなるか否かが目安である。最後までスムーズに動くようだとコロニーが単離していないことが多い。
[*61]:2次スクリーニングでは,プレート上にあらわれるコロニーは1クローン,あるいはたかだか数個のクローンにすぎないはずであるから,すべてのコロニーを対象に確認を行う必要はない。1次スクリーニングで用いるナイロンメンブレンを扇形に6~8等分し,コロニーが十分単離している場所を対象にコロニーリフトを行えばよい。

トシーケンサーを用いて行えば非常に楽であるが，比較的少数の個体からなる（数十個体程度）集団であれば，30×40cm程度のアクリルアミドゲルを用いてマニュアルでも十分測定できる。その場合，手法はマニュアルのシーケンシングとほぼ同じである。したがって，マニュアルによるシーケンシングの手法を習得しておくことは決して無駄ではないだろう。

## 1. シーケンス反応用のtemplate DNAの作成

2次スクリーニングで選択された陽性クローンの塩基配列を決定するためには，シーケンシング反応のtemplateとなるDNAを陽性クローンから回収しなければならない。ここでは（1-a）大腸菌を培養してインサートDNAを含むpUCを回収する方法（アルカリミニプレップ法）と（1-b）プレート上の大腸菌コロニーを培養しないで溶菌し，これをPCRのtemplateとして，PCRでインサートDNAを増幅する方法を紹介する。アルカリミニプレップ法によるプラスミドDNAの回収は各社からキットが発売されている。それを使うとより簡便に上質のプラスミドを得ることができる。いずれの方法でも，大腸菌の培養液や，竹串，チューブ等，組換え体に接触したものはすべてオートクレーブした後に廃棄する。

### 1-a.アルカリミニプレップ法

1) 陽性クローンを滅菌した竹串で取り出し，0.1mg/mℓのアンピシリンを含むLB培地2mℓに接種する。試験管を斜めにセットし，激しく攪拌[*62]しながら，37℃で12〜18時間培養する。

2) 以下の溶液を実験の直前に作成し，溶液IとIIIは氷上で冷却しておく。

```
溶液I
    50mM           ブドウ糖
    25mM           Tris-HCl (pH8.0)
    10mM           EDTA (pH8.0)
溶液II
    0.2N           NaOH
    1％            SDS
溶液III
    5M酢酸カリウム   60mℓ
    酢酸           11.5mℓ
    純水           28.5mℓ
```

3) 培養液1.5mℓを1.5mℓマイクロチューブに取り，14,000g，4℃で2分

---

＊62：培養液中に十分酸素が取り込まれるようにする。

遠心する。
4) 液層を捨て*[63]，溶液Iを100μℓ加え，Vortexで攪拌する。
5) 溶液IIを200μℓ加え，2〜3回ゆっくり上下攪拌*[64]し，氷上で5分静置する。
6) 溶液IIIを150μℓ加え，激しく攪拌*[65]し，氷上で5分静置する。
7) 14,000g，4℃で5分遠心の後，液層を別のチューブに移す。
8) 回収した液層と同容量のイソプロパノールを加え，上下攪拌し，室温で5分静置する。
9) 14,000g，室温で10分遠心する。
10) 液層を捨て，70％エタノールでリンスする。
11) 減圧乾燥する。
12) 100μℓのRNase溶液（2mg/mℓ）に溶解させ，30℃で30分インキュベートする。
13) 100μℓのPCI*[66]を加え，Vortexで激しく攪拌する。
14) 15,000rpm，室温で2分遠心して，上層を新しいマイクロチューブに移す。
15) エタ沈，リンス，遠心乾燥をして20〜100μℓのTEに溶かす*[67]。

### 1-b. PCRによるインサートDNAの増幅

1) 陽性クローンの一部を滅菌した爪楊枝で取り上げ，マイクロチューブに入れておいた，20μℓの10mM Tris-HCl (pH8.0)，1mM EDTA，50μg/mℓ プロテナーゼKですすぐ。
2) 30秒，Vortexで攪拌する。
3) 55℃で15分静置する。
4) 80℃で15分静置する*[68]。
5) 氷上で1分静置する。
6) 12,000g，4℃で15分遠心する。
7) 得られた上清をtemplateとして，容量50〜100μℓ程度でPCRを行う。

---

*[63]：アスピレーターまたはマイクロピペットを用いて培養液を丁寧に取り除く。
*[64]：アルカリ溶液によって溶菌し，液が半透明になる。
*[65]：溶液が中性になり，白色の沈殿が現れる。
*[66]：TEフェノール：クロロホルム：イソアミルアルコール＝25：24：1
*[67]：この状態でシーケンシング反応に使えるが，さらに精製を行いたいときにはPEG沈を行う。
*[68]：プロテナーゼKを失活させる。

PCR反応溶液をカラム*69に通して精製した後に定量し、シーケンシング反応のtemplateとして用いる。

## 2. サイクルシーケンシング反応

シーケンシング反応のためのキットはたくさんの種類が販売されているが、ここでは、少量のtemplateでもシーケンスの解読が可能なサイクルシーケンシングについて紹介する。ここで用いるキットはプロメガのfmol DNA Sequencing System（カタログ番号Q4100）であるが、同等のものは各社より販売されている*70。fmol DNA Sequencing Systemはシーケンシングプライマーを RI でラベルすることを想定しているが、ここでは最初の約束通りRIは使わず、ビオチンでラベルしたシーケンシングプライマーを用いる。シーケンシング対象のDNAはpUC DNAに連結されているので、市販のシーケンシングプライマー*71が利用できる。また、pUCのマルチクローニングサイト近辺の配列から、シーケンシングプライマーを設計し、ビオチンでラベルされたDNAの依託合成を行ってもよい。

1) 1サンプルに対して4本のマイクロチューブを用意し、蓋、あるいは側面に、それぞれG, A, T, Cと記入する。
2) それぞれのチューブに2μl d/ddNTPを入れる。
3) 別のマイクロチューブ内に以下の試薬*72を入れる。

| | |
|---|---|
| 100 ng | templete DNA（pUC DNAを用いるとき） |
| または1 ng | template DNA（PCR産物を用いるとき） |
| 5 μl | fmol sequencing 5 × buffer |
| 1.5 pmol | ビオチンラベル・シーケンシングプライマー |
| 純水で総量を16 μl にする。 | |

4) 3)の溶液に1μl Sequencing Grade *Taq* DNA polymeraseを加え、ピペッティングで混和し、1)で用意した4本のチューブに、4μl ずつ分注する。
5) 0.5 ml マイクロチューブを用いる場合は、20μl 程度のミネラルオイル

---

*69：ロシュ・ダイアグノスティックスHigh Pure PCR Product Purification kit (#1732676)など。

*70：サイクルシーケンシングは、シーケンシンググレードの*Taq* DNA polymeraseとdNTP, template DNA, シーケンシングプライマーがあれば可能であるが、各キットともdNTP analogueやポリメラーゼ、反応バッファー等の改良でよりよい結果が得られるようはかられている。

*71：たとえば、TOYOBOのBiotinylated Universal Primer (PRM-012)、Biotinylated Reverse Primer (PRM-013)、Biotinylated M13 Forward HT Primer (PRM-011)、Biotinylated M13 Reverse HT Primer (PRM-022) など。

*72：ビオチンラベル・シーケンシングプライマー以外はキットに含まれている。

を重層する。
6) 下記条件でサイクルシーケンシング反応を行う。

    a. 24塩基より短いプライマー[73]を使う場合
       95℃2分[74]の後に，
          95℃，30秒 ┐
          42℃，30秒 ├ 30サイクル
          70℃，1分 ┘
       4℃保存。
    b. 24塩基以上のプライマー[75]を使う場合
       95℃，2分の後に，
          95℃，30秒 ┐
          70℃，30秒 ┘ 30サイクル
       4℃保存。

7) 下記組成溶液を各チューブに3μℓ加える。

    10mM        NaOH
    95％           ホルムアミド
    0.05％       ブロモフェノールブルー
    0.05％       キシレンシアノール

8) アクリルアミド電気泳動を行うまで4℃または-20℃で保存する。

## 3. シーケンスゲルの作成

### 3-a. 泳動板のシリコン処理

　電気泳動後，重ね合った2枚のゲル板をはがし，ゲル内のサンプルをナイロンメンブレンにブロッティングする。このとき，ゲルはどちらか一方の泳動板にのみ付着していなければならない。2枚のゲル板のうち片方にシリコン処理を施すことでゲルが付着しにくくする。シリコン処理の効果は数回の電気泳動の間，維持される。ゲルのはがれが悪くなったら，再び処理する。通常の洗浄とシリコン処理を行ってもゲルのはがれが悪いときは，ガラス板のアルカリ処理[76]の後にシリコン処理を

---

[73]：たとえば，TOYOBOのBiotinylated Universal Primer（PRM-012），Biotinylated Reverse Primer（PRM-013）。
[74]：室温のサーマルサイクラーのブロックが95℃まで加熱される間に，ターゲット以外の部分にプライマーがアニールするのを少しでも防ぐために，あらかじめ95℃に温めておいたブロックにチューブをセットする。
[75]：たとえばTOYOBOのBiotinylated M13 Forward HT Primer（PRM-011），Biotinylated M13 Reverse HT Primer PRM-022）。
[76]：ガラス板を洗剤で洗った後に，流し台の中に水平に置き，1N NaOHをガラス板全体に行き渡るように注ぐ。数分間放置の後に再びガラス板を洗剤で洗う。この処理を行うときは手袋，保護メガネを着用のこと。

行う．

 1) ガラス板を洗剤でよく洗い，蒸留水でリンスの後，乾燥させる．
 2) ティッシュペーパー[*77]でシリコン化溶液（アマシャム ファルマシア バイオテク Repel-Silane ES 17-1332-01 など）をガラス面に均等に広げる．
 3) 5〜10分放置して乾燥させた後に，ガラス面に残っている溶液をティッシュペーパーでぬぐい取る．
 4) エタノール，蒸留水でリンスの後に乾燥させる．

### 3-b. 泳動板の組立てとシーケンスゲルの作成

 1) 丁寧に洗浄し乾燥させたガラス板[*78]の左右両端に，蒸留水で少し湿らせたスペーサーを置く．
 2) もう1枚のガラス板を重ね，大型のクリップで左右両端をそれぞれ数か所ずつ止める．
 3) 泳動板の底を大型のビニールテープで閉じる．
 4) 下記のシーケンスゲル溶液を作成[*79]し，スターラーで撹拌してよく溶解させる．

  5％　　　　　　アクリルアミド/ビスアクリルアミド（19：1）[*80]
  0.46g/mℓ　　　尿素
  1×　　　　　　TBE

 5) シーケンスゲル溶液を減圧濾過[*81]する．
 6) ゲル溶液容積の0.001容量の10％APS，0.0005容量のTEMEDを加え，スターラーで軽く撹拌する．
 7) 3)で組み立てた泳動板に，ゲル溶液を気泡を巻き込まないように上部まで流し込む[*82]．

---

*77：柔らかくてほこりの出にくいもの（たとえばケイドライ）を使うとよい．
*78：ガラス板は内側のゲル面と外側を区別し，特に内側のゲル面を丁寧に洗浄する．
*79：たとえば，泳動板のサイズが30cm×40cm，ゲル厚が0.4mmの場合，30×40×0.04＝48mlのゲル溶液が必要となる．こぼれる量を考慮して，60ml作成する場合，40％アクリルアミド/ビスアクリルアミドストック溶液を7.5ml，尿素を27.6g，10×TBEを6ml蒸留水に加え，60mlにメスアップする．アクリルアミドは神経毒なので使い捨ての手袋を着用して作業を行う．
*80：アクリルアミド，ビスアクリルアミドはあらかじめ19：1に調整してあるものを購入すると便利である．たとえばSIGMA A-2917は直接瓶に適量の純水を加えるだけで，40％のストック溶液が作成できる．
*81：濾過後もしばらく減圧状態を保ち，ゲル溶液を脱気する．
*82：慣れないうちは，2人で作業を行い，気泡を巻き込みそうになったら，指先でガラス板をたたいて気泡を追い出す．

8) シャークティースコームのコームと反対側をゲル溶液が入った泳動板の上部に差し込む[*83]。差し込む深さは，コーム歯の長さの半分程度にする。
9) ゲルが完全に固まるまで2～3時間，水平に静置する[*84]。
10) 泳動板からコーム板を静かに抜き取り，泳動板下部のテープをはがす。
11) 泳動板表面やコーム板を抜き取った後に形成されたウェル内の汚れを蒸留水で洗い取る。

## 4. 電気泳動

1) 泳動板を泳動槽に取りつけ[*85]，上下のバッファー槽に泳動バッファーとして1X TBE[*86]を入れる。
2) ウェルと泳動板の底に気泡があれば，シリンジでバッファーを吹きかけ，取り除く。
3) 40 cm長ゲル板の場合40～60 W程度，60 cm長ゲル板の場合，35～40 W程度で予備通電を15分行う。
4) 予備通電後，シリンジでバッファーを吹きかけ，ウェル内の尿素やゲル片を取り除く。
5) シャークティースコームの歯をウェルに差し込む。歯の先がウェル底のゲルに1mm程度[*87]入るぐらいまで差し込む。
6) サンプルを95℃のアルミブロックヒーターで3分間熱変性し，氷上で急冷する。
7) サンプルを2～5μℓ ウェルに入れる[*88]。左右端の数レーンは使用しない。
8) 40 cm長ゲル板の場合40～60 W程度，60 cm長ゲル板の場合35～40 W程度で電気泳動を行う。5％変性アクリルアミドゲルの場合，ブロモフェノ

---

[*83]：このときにもコーム板の縁に気泡が巻き込まれないように気をつける。
[*84]：ビーカーに残った溶液は通常15～30分程度で固まるので，ゲル溶液が正常か否か（APS，TEMEDの入れ忘れや劣化の有無を）確認できる。
[*85]：泳動板の裏にアルミ板を密着させると，泳動板の温度が均一になり，スマイリング（温度の高いゲル中央部でバンドがより早く移動するため，バンドパターンが逆「ヘ」の字型になること）を軽減できる。
[*86]：シーケンシングプライマーから近くの塩基配列を読むときは，上部の陰極バッファー槽に0.5×TBE，下部の陽極バッファー槽に0.67×TBE，1M 酢酸ナトリウムを入れて電気泳動をすると，小さいサイズのバンド間隔があきすぎず，より広い範囲にわたって解読できる。
[*87]：浅すぎるとサンプルが隣のレーンに漏れる。深すぎるとゲル表面が湾曲するため，バンドイメージが曲がる。
[*88]：アクリルアミドゲルのように薄いゲルのウェルにサンプルを入れるときは，マイクロチップの先端が薄くフラットになっているもの（たとえばSorenson BioScienceのMini Flex.2mm Flat Tips No.17350）を用いると作業が格段に楽になる。

ールブルーの位置が35bp,キシレンシアノールの位置が130bpに相当するので,これらの位置を参考に電気泳動を続ける。

5. **泳動像のメンブレンへのブロッティング**(縦横40×30cmゲル板を用いた場合)
   1) 電気泳動中に,ナイロンメンブレン(アマシャム ファルマシア バイオテク RPN303B),ワットマン 17Chr(Cat No. 3017 915),ワットマン 3MM(Cat No. 3030 917)を以下のサイズに切断する。

   | | |
   |---|---|
   | ナイロンメンブレン | 30×30cm |
   | ワットマン 17Chr | 30×35cm,2枚 |
   | | 24×28cm,2枚 |
   | ワットマン 3MM | 30×35cm,1枚 |
   | | 24×28cm,1枚 |

   2) 泳動板を泳動槽より取り外し,流し台の中でガラス表面を水道水で洗浄する。
   3) 泳動板をシリコン処理したガラス板を上にして水平な作業台に移し,氷と水を入れたビニール袋を泳動板の上に置き,5分程度冷却する。
   4) 泳動板の隣に使用していない泳動用ガラス板を置き,その上に30×35cmのワットマン17Chrを2枚重ね,十分に0.5X TBEを含ませる[*89]。
   5) 薄いスパーテルやカッターの刃を用いて,泳動板のガラスを引き剥がす[*90]。
   6) ゲルの必要部分を含むように30×35cmのワットマン3MMを覆い,手で軽く押さえる。3MMよりはみ出した不要なゲルを薄いスパーテル等で切りはずし,3MMをゆっくり引き上げる。
   7) 4)で準備しておいた17Chr上に,6)の3MMをゲルの付着している面を上にして置く[*91]。
   8) ゲルと3MMの間に気泡がないか,ゲルにしわが入っていないか確認する。気泡,しわが入っていても,下にひいた17Chrが十分に0.5X TBEを含んでいれば,ゲルは浮いたような状態になっており,息を強く吹き付けて,気泡やしわを追い出せる[*92]。
   9) ゲル全体を覆うように30×30cmのナイロンメンブレンを置く[*93]。

---

[*89]:ワットマン17Chrの表面にバッファーがうっすらと浮く程度にたっぷりと0.5×TBEを加える。17Chrにしわが寄らないようにする。
[*90]:うまくいけば,下のガラス板にゲルが残った状態になっている。
[*91]:急に置くと3MM中の空気が行き場を失い,ゲルの下で気泡になる。3MMの端を17Chrの端に合わせた後に,ゆっくりと下ろしてゆく。
[*92]:気泡やしわを追い出すために,手やピンセットでゲルをさわってはならない。ゲルに穴が空くと,穴の部分だけでなく,それを取り囲む広い部分が正常にブロッティングされなくなる。

10) ゲルのブロッティングしたい部分を覆うように，ナイロンメンブレン上に24×28 cm 3MMと2枚の24×28 cm 17Chrを重ねて置く[*94]。
11) 17Chr上に泳動用ガラス板を1枚置き，30分静置してブロッティングを行う。
12) ナイロンメンブレンを取り出し，不要部分を切り取り[*95]，表裏がわかるように鉛筆で印を付けておく[*96]。
13) UVクロスリンクを行う。メンブレンは暗所，室温で数か月は安定である。

## 6. バンドイメージの検出

これまでのプロセスで，メンブレンにはビオチンを含むDNAがリンクされた状態になっている。この状態のDNAをストレプトアビジン，ビオチンの結合したアルカリフォスファターゼを用いて検出する。ここで紹介する試薬キットは，NEBのPhototope-Star Detection Kit (#7020) である。

1) 以下の試薬を準備する

　　blocking solution
　　　　5 %　　　　SDS
　　　　125 mM　　NaCl
　　　　17 mM　　 $Na_2HPO_4$
　　　　8 mM　　　$NaH_2PO_4$
　　wash solution I
　　　　blocking solutionを脱イオン水で10倍に薄めたもの
　　wash solution II
　　　　10 mM　　Tris-HCl (pH9.5)
　　　　10 mM　　NaCl
　　　　1 mM　　 $MgCl_2$

2) ブロッティングを行ったナイロンメンブレンをハイブリダイゼーションバッグに入れシーラーで封をする[*97]。

---

[*93]：ゲルとナイロンメンブレン間に気泡が入らないように注意する。
[*94]：必ずゲルのある場所の上に置く。下から，0.5×TBEを含む17Chr　2枚，3MM，ゲル，ナイロンメンブレン，3MM，17Chr 2枚となっている。ゲルの存在しない場所を上部の3MM，17Chr 2枚が覆うと，0.5×TBEがshort circuitし，それを取り囲む広い範囲でメンブレンへのブロッティングが正常に起きなくなる。
[*95]：後の検出反応では，メンブレンの面積に比例してコストがかかる。ブロモフェノールブルーやキシレンシアノールの位置を参考に不要部分を切り捨てる。
[*96]：ブロッティング終了直後にはブロッティング面にブロモフェノールブルーやキシレンシアノールが残っているので表裏がわかるが，後の検出反応のプロセスでこれらの色素は落ちてしまう。
[*97]：バッグの一部をシーラーでなく折り畳んでクリップで封をするようにしておくと，後のバッファーの出し入れが楽である。

3) ナイロンメンブレン1cm²あたり0.1mℓのblocking solutionをハイブリダイゼーションバッグに入れ，5分間，室温でゆっくり振盪した後に，blocking solutionを捨てる。

4) キットに含まれるストレプトアビジン溶液（1mg/mℓ）をblocking solutionで1,000倍に薄め，最終濃度を1μg/mℓとした溶液を，ナイロンメンブレン1cm²あたり0.05mℓの割合でハイブリダイゼーションバッグに加え，5分間，室温でゆっくり振盪[*98]した後に，溶液を捨てる。

5) ナイロンメンブレン1cm²あたり0.5mℓのwash solution Iをハイブリダイゼーションバッグに加え，室温で5分間ゆっくりと振盪した後に，wash solution Iを捨てる。2回くり返す。

6) キットに含まれるBiotinylated Alkaline Phosphatase溶液（0.5mg/mℓ）をblocking solutionで1,000倍に薄め，最終濃度を0.5μg/mℓとした溶液を，ナイロンメンブレン1cm²あたり0.05mℓの割合でハイブリダイゼーションバッグに入れ，5分間，室温でゆっくり振盪[*98]した後に，溶液を捨てる。

7) ナイロンメンブレン1cm²あたり0.5mℓのblocking solutionをハイブリダイゼーションバッグに入れ，5分間，室温でゆっくり振盪した後に，blocking solutionを捨てる。

8) ナイロンメンブレン1cm²あたり0.5mℓのwash solution IIをハイブリダイゼーションバッグに加え，室温で5分間ゆっくりと振盪した後に，wash solution IIを捨てる。2回くり返す。

9) キットに含まれる25X CDP-Star Diluentを純水で薄めて作成した1X CDP-Star Diluentで，キット中のCDP-Star溶液を100～500倍に薄めたものを，ナイロンメンブレン1cm²あたり0.025mℓ作成する。

10) ハイブリダイゼーションバッグに9)で作成した溶液を入れ，室温で5分間ゆっくりと振盪[*98]した後に，溶液を完全に捨て，再びシーラーでバッグを封じる[*99]。

11) ハイブリダイゼーションバッグごとX線フィルムカセットにセロテープで貼りつける[*100]。

12) 暗室内でX線フィルムをカセットにセットし，露光，現像を行う。

---

[*98]：溶液の量が少ないので，手で揉むようにしてメンブレン全体に行き渡るようにする。

[*99]：溶液がバッグ中に残っていると鮮明な像が得られない。バッグのしわも取るように必要に応じてシールし直す。

[*100]：ブロッティング面がフィルムと接するように固定する。

13) X線フィルム上のラダーを読み取る。

## 8) PCR プライマーのデザイン

　DNAシーケンサーや上記のマニュアルシーケンシングの結果得られた塩基配列を元にマイクロサテライト部位を特異的に増幅するようなPCRプライマーを設計する。塩基配列は2方向から解読し，alignmentを行い，読み間違いをなくしておく。一般にはプライマーの設計は何らかのソフトウェアを用いて行うが，プライマー設計を行う際に注意すべきポイントを列挙しよう。

(1) ベクター配列を排除する。解読したばかりの配列には両端にベクター配列が含まれているのでこれを忘れないように取り除く。ベクターの配列を検知し，自動的に取り除くソフトウェアもある。実際には塩基配列の読み始めの部分は複数のクローンで共通するのでベクター部分を取り除くのは容易である。後ろのベクター部分は，たとえば*Bam*HIと*Mbo*Iを用いているケースではGATCという配列をエディター等を用いて捜せば見つかるはずである。

(2) インサートがダイマーで入っていないかチェックする。インサートDNAが複数入っていると当然それらのインサート間でプライマーを設計してもPCRで増幅はされない。ベクターやインサートの準備に使用した制限酵素が認識する配列がインサートの配列中に存在したときには，(i) 制限酵素による分解が不十分であったという場合と，(ii) 複数のインサートDNAがベクターに取り込まれたという場合が考えられる。(i) と (ii) を識別することはできないので，プライマーの組が制限酵素認識配列をはさまないようにする。

(3) プライマーがヘアピン構造をとらないような配列にする。

(4) 2つのプライマーが相補的な配列を持ちダイマーを形成しないような配列にする。

(5) 2つのプライマーのTm値が大きく異ならないようにする。

(6) Tm値が十分に高くなるようにする。

## 9) プライマーの有用性のチェック

　設計したPCRプライマーが実際の個体群でどの程度使えるかチェックする。
　まず最初に，目的の遺伝子座が作成したプライマーで増幅されるかをアガロースのミニゲルで確認した後に，対立遺伝子の詳細な識別とチェックを以下の方法で行う。集団の分析に使用しうるプライマー数は，設計した数の半分以下となるのがふつうであるので，必要な遺伝子座数の数倍のプライマーを設計，合成しなければならない。

## 1. ビオチンでラベルする場合

1) 通常のPCR反応溶液に3～5pmol/μℓ程度のbiotin-16-dUTP[*101]を加えてPCRを行う。
2) PCR後，下記組成溶液を容積比で15％加える。

   | | |
   |---|---|
   | 10mM | NaOH |
   | 95％ | ホルムアミド |
   | 0.05％ | ブロモフェノールブルー |
   | 0.05％ | キシレンシアノール |

3) 7)，3.～6..の方法でバンドの検出を行う。

## 2. 蛍光プライマーを用いてアプライドバイオシステムズの
## シーケンサーで分析する場合

1) PCRに用いる2つのプライマーのうち，片方を蛍光物質[*102]でラベルしたものを用いて通常のPCRを行う。
2) 以下の溶液を準備する。

   GeneScanサイズスタンダード
   ブルーデキストラン溶液（50mg/mℓ ブルーデキストラン，25mM EDTA）
   ホルムアミド
   を1：1：5で混和。

3) 2)で準備した溶液2.5μℓにPCR反応溶液を0.5μℓ加える[*103]。
4) シーケンサーに3)の溶液を1～3μℓアプライし，電気泳動，GeneScan™による分析を行う。

## 3. チェック項目

1.，2.で得られた結果に関して，ヌル対立遺伝子の有無，対立遺伝子の数，ヘテロ接合度，イメージの読みやすさ等について確認をする。交配実験をして，突然変異率や親子で目的のピークがどのように遺伝しているかを調べることができれば理想的である。マイクロサテライトマーカーのピークパターンについては第1部第3

---

[*101]：ロシュ・ダイアグノスティックス 1 093 070。
[*102]：数種類用意されている蛍光物質から異なった発光をする3種類の蛍光物質を選択して依託合成する。
[*103]：異なった蛍光物質でラベルした反応液を最大3種類加え，同時に分析できる。

章「マイクロサテライトマーカーで探る樹木の更新過程」の図4を参照いただきたい。

## 参考資料

本章では，エタ沈，PEG沈などの基本的操作や，PCI，TAE，TBE等の試薬調整に関して詳しく記載しなかった。また，実験を始めたばかりの頃はプロトコルを読んでも具体的なイメージがわかずとまどうことが多い。下記の出版物は，分子生物学実験の手順を多くのイラストとともに説明してあり，内容のわかりやすさ，詳しさ，そして面白さの点で非常に優れているものである。

中山広樹・西方敬人　1995．バイオ実験イラストレイテッド(1)　分子生物学実験の基礎　秀潤社．
中山広樹・西方敬人　1995．バイオ実験イラストレイテッド(2)　遺伝子解析の基礎　秀潤社．
中山広樹　1998．新版バイオ実験イラストレイテッド(3)　本当にふえるPCR　秀潤社．

森の分子生態学　了

## 分担執筆者一覧 （五十音順，所属は原稿執筆時）

井鷺裕司（いさぎゆうじ）（広島大学総合科学部：第1部第3章，第2部第6章担当）

石田　清（いしだきよし）（森林総合研究所北海道支所：第1部第2章担当）

川窪伸光（かわくぼのぶみつ）（岐阜大学農学部：和文誌編集委員長・分子生態学への招待担当）

陶山佳久（すやまよしひさ）（東北大学大学院農学研究科：責任編集・第1部第1章・第2部第4章担当）

津村義彦（つむらよしひこ）（森林総合研究所生物機能開発部：第1部第6章・第2部プロローグ・遺伝的多様性をはかるパラメータ・第1章・第3章担当）

戸丸信弘（とまるのぶひろ）（名古屋大学大学院生命農学研究科：この本を読むための集団遺伝学の基礎・第1部第4章・第2部第2章担当）

西脇亜也（にしわきあや）（宮崎大学農学部：責任編集・分子生態学への招待担当）

綿野泰行（わたのやすゆき）（金沢大学大学院自然科学研究科：第1部第5章・第2部第5章担当）

### 現在の所属 （2007年4月現在）

井鷺裕司：京都大学大学院農学研究科
石田　清：独立行政法人森林総合研究所関西支所
川窪伸光：岐阜大学応用生物科学部
津村義彦：独立行政法人森林総合研究所森林遺伝研究領域
綿野泰行：千葉大学大学院理学研究科

# 事項索引

■英数字■

1年生草本→草本
2倍体 13
2量体 184, 201
4塩基認識酵素 251, 257, 278
4量体 184, 201, 201
6塩基認識酵素 251, 257, 278
6連式冷却スラブ電気泳動 195

A→アデニン
AFLP 4, 8, 19, 22, 24, 29, 34-37, 141, 142, 144, 164, 170, 251, 256, 257, 259, 261
AFLPフィンガープリント 253, 256
ARLEQUIN 205
BC集団→戻し交雑
BIOSYS 205
BPB溶液 270
C→シトシン
CAPS 5, 144, 149, 150, 166, 170, 237
cDNA→DNA
cpDNA→DNA
cryptic gene flow 69
CTAB法 224
$D$（遺伝的距離） 181
DDBJ 238
DIG（ジゴキシゲニン） 227, 287, 290
DNA 64, 146, 158, 159, 230
―― シーケンサー 73, 275, 302
―― シーケンシング 66, 73, 255
―― 指紋（フィンガープリント） 19, 164
――（の）断片（フラグメント） 5, 100-104, 141, 164, 221, 222, 224, 226, 228, 243, 244, 251, 263-265, 272, 275, 279
――（の）抽出 23, 35, 66, 71, 224, 256, 275
―― データベース 151, 166, 241, 238
―― のコンタミネーション 36
―― の非コード領域 120
―― フィンガープリント→DNA指紋
―― フラグメント→DNA断片
―― マイクロアレー 153
―― ライブラリー 144
mt（ミトコンドリア）―― 144
c―― 149, 152, 241, 273, 274
cp（葉緑体）―― 4, 79, 108, 113, 117, 120, 121, 123, 126, 130, 132-135, 142, 144, 152, 159, 161, 166, 237, 238, 244, 245, 265, 272, 273
mt（ミトコンドリア）―― 4, 79, 81, 97, 100, 102-104, 107, 108, 117, 120, 121, 123, 126-129, 131, 133-135, 144, 159, 226, 227, 237, 238, 240, 244, 245
n（核）―― 79, 145, 159, 237, 241, 272
r（リボソーム）―― 113, 116, 135, 222
アルフォイド―― 63
オルガネラ―― 7, 79, 99, 108, 117, 124-126, 128-130, 158, 164, 244
ゲノム―― 63, 221, 256, 263, 273
サテライト―― 63
$D_{ST}$（分集団間の平均遺伝子多様度） 181
EMBL 238
$E_{ST}$→Expressed Sequence Tag
EtBr（エチジウムブロマイド） 228, 242, 244, 279243, 269
$F_{IS}$（固定指数） 47, 182, 205
$F_{ST}$（分集団間の遺伝的分化の尺度） 83
G-MENDEL 143
G→グアニン
GDA 205
GENBANK 238
GENEPOP 205
GENESTRAUT 205
Good species 111
$G_{st}$（遺伝子分化係数） 16, 83, 87, 91, 92, 103, 133, 180, 181, 187, 205
$H_e$（ヘテロ接合度の期待値） 47, 179, 205
$H_{ep}$（集団レベルのヘテロ接合度） 87, 92
$H_{es}$（種内全体のヘテロ接合度） 87

308　索　引

$H_O$（ヘテロ接合度の観察値）　47
$H_S$（分集団内の平均遺伝子多様度）　103, 181
$H_T$（全集団の遺伝子多様度）　103, 181
$I$（遺伝的同一度）　104
IAM　83
IFG　116
IPTG　282
ISSR　142, 144, 164, 170
ITS領域　113, 116
lac Z　282
MAPL　143, 144
MAPMAKER　143
MAPMAKER-QTL　144
MENDEL　143
mtDNA→DNA
$n_a$（遺伝子座あたりの平均対立遺伝子数）　180
nDNA→DNA
Ne→集団の有効な大きさ
$n_e$（対立遺伝子の有効数）　180
Oligo　241
PCR　8, 26, 35, 64-66, 73, 75, 80, 82, 120, 149, 152, 158, 159, 164, 170, 222, 230, 237, 243, 253, 257, 263, 272, 276, 303
PCR-RFLP　240, 245, 272
PCR-SSCP　263
PCR産物　71
PCRプライマー　26, 67, 82, 71, 144, 159, 170, 238, 241, 242, 246, 259, 260, 265, 272-275, 302, 303
PEG沈　304
$Pl$（多型遺伝子座の割合）　179
POPGENE　205
pUC　278, 282, 293

QTL（量的形質遺伝子座）　7, 141, 143, 144, 146-148, 153
QTL Cartographer　144
QTL地図（マップ）　141, 147
QTLマッピング　142, 143, 147
RAPD（ゲノムDNAをランダムに増幅する方法）　5, 6, 8, 20, 65, 100, 104, 108, 120, 141, 142, 144, 147, 164, 170, 274
rDNA→DNA
RFLP（制限酵素断片長多型）　100-102, 170
Rf値　199, 201, 221, 222, 224, 227, 237
RI（放射性同位元素）　224, 226, 227, 275, 286, 295
$R_{ST}$（遺伝子分化係数）　83
RSTCALC　205
Slippage　83
SMM　83
SNPs（Single Nucleotide Polymorphisms）　153
SSCP（一本鎖構造多型）　4, 8, 166, 170, 263, 265, 267, 271-273
SSR（マイクロサテライト）　141, 144, 158, 165, 170
STS（Sequence-Tagged Site）　166, 170, 246
T→チミン
TAE　228, 242, 279, 304
$Taq$ポリメラーゼ　164, 231, 242, 295
TBE　270, 298, 304
TPM　83
tRNA　238
$t$検定　92
UVクロスリンカー　285

UVトランスレーター　242-242
X-gal　282, 283
X線フィルム　73, 82, 226, 233, 291, 292, 301

$\pi$（塩基多様度）　182

■ア行■

アイソザイム　89, 91, 150, 151, 153, 170, 183, 184, 187-190, 192, 202, 204, 245
アガロース電気泳動→電気泳動
アクリルアミドゲル　66, 73, 298
亜高山帯　114
アスピレーター　268, 294
アデニン（A）　140, 295
アダプター　255, 258
アニーリング　75, 231, 242, 243
アメリカ農務省　116, 136
アルカリフォスファターゼ　280, 286, 290, 300
アルカリミニプレップ　293
アルフォイドDNA→DNA
アロザイム　3-7, 13, 20, 25, 41, 45, 48, 83, 86, 91, 102, 103, 106, 113, 133, 134, 158, 159, 163, 170, 184, 274
アロザイム遺伝子座　45
アロザイム多型　61
アンカープライマー法　165
アンピシリン耐性遺伝子　282
異質倍数体　204
移住　13-15, 91, 97, 98, 103
移住率　15, 103

索 引

移住ルート　97, 99
遺伝学的地図→遺伝地図
遺伝距離　91, 181
遺伝子　7, 5, 140, 141, 159
　劣性——　5
遺伝子型　5, 13, 45, 46, 56, 71, 74, 76, 81, 89, 91, 121, 125, 142, 162, 184, 188, 201
　——の読み取り　199, 202, 204
遺伝子型頻度　13, 46
遺伝子間相互作用→エピスタシス　120
遺伝子間領域　140, 238, 240, 265
遺伝子交流　81, 83
遺伝子座　13, 34, 41-43, 46, 54, 61, 62, 64, 65, 68, 71, 73, 74-76, 102, 104, 147, 161, 204, 205
　多型——　152, 170
遺伝子座間ヘテロダイマー　204
遺伝子情報　4
遺伝子浸透　8, 112, 114, 117, 120, 125, 131, 132, 135
遺伝子多様性　82
遺伝子多様度　103, 179
遺伝子（の）地図　153, 139, 141, 144, 222
遺伝子伝達　53
遺伝子の重複　202, 204
遺伝子頻度　5
遺伝子分化係数→$G_{ST}$
遺伝情報　3, 6, 64, 160, 161
遺伝子流動　15, 62, 69, 87, 94, 97-99, 103, 113, 120, 129, 133, 158, 160, 184
遺伝子領域　101
遺伝地図→連鎖地図
遺伝的距離→$D$
遺伝的（な）構造　3, 81, 97,
99, 107, 133
遺伝的多型　45, 158
遺伝的多様性　5, 8, 60, 62, 145, 148-150, 160, 184, 187, 189, 205
遺伝的同一度→$I$
遺伝的浮動　13-15, 62, 91, 94, 96, 103
遺伝的分化　7, 12, 17→集団分化
遺伝的分化程度　87, 91, 92, 182
遺伝的分子情報　3
遺伝的変異　12-15, 86, 89, 91, 92, 95, 96, 150, 153, 158, 160, 161, 164
遺伝的類似度　6
遺伝分離分析　245
遺伝マーカー→マーカー
遺伝率　146
いとこ交配　46
イントロン　120, 166, 241, 274

ウェル　298
ウォーターバス　279, 283, 284

泳動条件　264, 269
泳動槽　299
泳動度　5
泳動用ガラス板　191, 192, 196
泳動用緩衝液　206
液体窒素　194
エクソン　65, 120, 274
エタ沈　282, 294, 304
エチジウムブロマイド→EtBr
エピスタシス（遺伝子間相互作用）　117
塩基多様度→$\pi$
塩基置換　99, 108, 120, 166,
221, 222, 240, 241, 242, 245, 251, 263-265, 272-274, 289
塩基配列　66, 67, 73, 81, 139, 144
遠心分離　193-196

大型哺乳類　82
オートシーケンサー　8, 163, 292, 293
雄親　97
親候補　61, 63, 68, 71, 76, 77, 79, 83
親子解析　63, 64, 69
親子間距離　77
親子鑑定　3, 6, 63, 158, 275, 286
親子判定　60, 62, 64, 69, 75, 81
オリゴヌクレオチド　286-289
オルガネラDNA→DNA
オルガネラゲノム→ゲノム

■カ行■

開花時期　61
開花フェノロジー　80
開花様式　49
花冠　147
核遺伝子　114, 134, 135
核ゲノム→ゲノム
隔離分布　86, 94
風散布　91
片親遺伝　79, 117→単性遺伝
花粉移動（散布）距離　60, 79, 81
花粉親　3, 45, 59, 79, 80, 128
花粉化石　95
花粉管　134
花粉競争　134
花粉散布　6, 15, 61, 98, 103
花粉症　150

# 索引

花粉稔性 147
花粉媒介昆虫 40
花粉の飛散距離 61
花粉媒介者 147
花粉分析 95, 107
花粉流動 158, 160, 165
環境勾配 113
完全劣性 42
間氷期 108

基本染色体数 143
キメラ 130
　細胞質── 122, 124-126, 128, 129
逆位 99, 221, 234
球果 116, 123
休眠種子 189
兄弟交配 46, 47
共通するバンド
共通祖先 104
共優性（遺伝） 5, 6, 65, 89, 141, 183, 184, 222, 245
共優性マーカー→マーカー
近交係数 45, 47, 48, 50, 53
近交弱勢 9, 39-56, 61, 80
　生涯── 41, 43, 44, 48
　二親性── 47
菌類 35, 36, 184, 256, 257
近隣接合法 104

グアニン（G） 140, 295
組換えDNA実験指針 276

組換え価 141
組換え体 275, 284, 293
クライン（地理的勾配） 92, 94, 96, 106, 113
グラスミルク 279, 280
クリーンベンチ 283, 285, 292
グリセリン 268-270
クロスコンタミネーション→コンタミネーション
クローン 22-33, 35-37, 82, 231, 273, 286, 302
クローン構造 28, 34, 36, 37, 164, 165, 251, 256, 261
クローン識別 8, 22, 26, 30, 34, 36, 37

蛍光色素 73, 101, 256, 262
蛍光物質 60, 303
形質転換 116, 275, 277, 282-284
形質マーカー→マーカー 142
形態的中間型 115, 125
茎頂部 43
系統 61
系統地理学的構造 107
血縁度 61
欠失 99, 221, 234, 245, 246, 251
ゲノム 35, 43, 62, 82, 99, 135, 145,

251
──（の）マッピング 82, 164, 274
オルガネラ── 7, 97-100, 102, 240
核── 7, 75, 79, 89, 97, 98, 103, 113, 116, 159, 222, 273
細胞質── 113, 124, 125, 130, 133, 135
ミトコンドリア── 97, 101, 103, 104, 107, 159, 222, 234
葉緑体── 79, 97, 159, 159, 222, 234
ゲノムDNA→DNA
ゲノム解析プロジェクト
ゲノムサイズ 64, 74, 148, 238, 240, 253, 255, 259, 260
ゲノム情報 4, 148
ゲノム突然変異率 43, 54, 55
ゲノムの再編成 99
ゲノムのマッピング 82
ゲル 63, 229, 230, 255, 264, 268, 271, 296, 299, 300
ゲル原液 206
ゲル電気泳動 5
減数分裂 142

恒温循環装置 196
後期自殖率→自殖率
交雑現象 111
交雑帯 111, 12, 115, 120, 125, 134, 135
交雑不和合性 61, 130
高次反復配列 35
更新過程（プロセス） 59, 63, 70, 83
洪積世 151
酵素活性 190, 195, 198, 278, 204
酵素種とそれらの略号 197
酵素タンパク質 5, 89, 184
高等植物 39
高突然変異率 43, 53-56
交配家系 141, 184, 202, 204, 246, 158, 160, 161, 184, 187, 205
交配様式 39-41, 45, 56, 86
後発型自家不和合性→自家不和合性 19, 20, 60-64
個体 12, 15, 20
──識別 275, 286
固着性 15
固定指数→$F_{IS}$
コドン 65
コモンプライマー 159, 164
孤立化 60
コロニー 284, 285, 292
混合交配モデル 45

索引

コンタミネーション（コンタミ） 35, 36, 257
　クロス—— 276, 280

コンピテントセル 283, 284

■サ行■

サーマルサイクラー（循環冷却恒温装置） 256, 259, 260, 267, 269, 281, 296
再現性 8, 20, 222
最終氷期 95-97, 99, 106, 107
最終氷期最寒冷期 95
サイズマーカー 73, 74, 227, 228, 261
最頻値 40
細胞質 112, 117
細胞質遺伝 97
細胞質キメラ→キメラ
細胞質ゲノム→ゲノム
細胞質捕獲 113, 114, 117, 126, 132, 135
ザイモグラム 184, 190, 199, 201
サザントランスファー（サザンブロッティング） 224
サザンハイブリダイゼーション 100, 170, 158, 221, 222, 224, 226
サザンブロッティング→サザンハイブリダイゼーション
雑種 111, 245
雑種群落 113
雑種第1代→F1雑種
雑種バンド 184, 202
サテライトバンド 63, 228
さび病耐性遺伝子 136
山地帯 85, 114

サンプルコーム 192, 228

自家花粉 40, 50
自家受粉 52, 81
　遅延—— 40
自家不和合性 41, 52, 56, 146
　後発型—— 52
雌期 49, 50
シグナル強度比 29
資源獲得競争 32
シーケンサー 73, 82, 244, 303
　DNA—— 73, 74
ジゴキシゲニン→DIG
自殖 40-43, 45, 53, 55, 56, 80, 141, 142, 147
自殖家系 143
自殖性 9, 39, 187
自殖率 40-50, 52-54, 56
　後期—— 44, 47, 54
　初期—— 44-46, 52-54
雌性先熟 49
雌性配偶体（大配偶体） 188, 195
自然交配種子 142
自然雑種 115, 131, 147
自然集団 13, 16, 44, 89, 183, 184, 204, 205, 246
自然淘汰（淘汰） 3, 6, 7, 13, 42, 54, 61, 65, 91, 92, 99, 112, 117, 161
失活 196, 227, 258
ジテルペン炭化水素 148
シトクローム酸化酵素 238
シトシン（C） 140, 295
市販プライマー 164
試薬調整リスト 206
弱有害突然変異→突然変異
雌雄異体 39
臭化エチジウム 221
集合果 80
修飾バンド 202

集水域 71, 77
集団 12, 13, 15, 39-41
　——あたりの平均対立遺伝子数→$n_a$
　——の遺伝的分化 83
　——の有効な大きさ（$N_e$, 集団の有効サイズ） 14, 15, 79, 95, 97, 98, 103, 180, 181
集団遺伝学 3, 9, 13, 87, 94, 95, 97, 98, 161
集団生物学 273
集団分化 12, 13, 15, 87, 91, 92, 94, 97-99, 103, 104, 158, 189→遺伝的分化
雌雄同体 39, 40
重複 99, 202, 234
重力散布 91, 98
種概念の呪縛 111
種間交雑 111, 134, 142, 147
種子親 3, 59, 60, 79, 128
種子形成期 44, 48, 49, 52-56
種子散布（分散） 6, 15, 56, 61, 96-99, 103, 116, 158, 160, 161, 165
種子散布様式（形態） 80, 86, 187
種子の移動（飛散）距離 60, 61
種子の非脱粒性 146
主成分分析 92
種の境界 111
種の定義 111
種皮 56
種分化 139, 143, 145-147, 158
樹木 40, 41, 44, 45, 52, 56, 70, 187
樹木集団 44
重力散布 91, 98
シュードテストクロス 142, 143
樹齢 90

純系　34, 143
純林　70, 85
生涯近交弱勢→近交弱勢
小進化　135
縄文海進　132
初期自殖率→自殖率
植物群落の維持機構　59
植物社会学　106
植物の伝播経路　94
植物防疫　190
シールチューブ　190, 192
人為攪乱　60
進化生物学　3
進化速度　7, 159, 222, 236
進化のジャンピングボード　112, 136
人工交配集団　245
人工造林　86
シンテニー　145, 146
浸透（性）交雑　112, 147
心皮（雌ずい）　56, 61
針葉樹（種）　43, 44, 184, 188, 190, 195, 238, 240, 244
森林構造　20

数理モデル　54
スクリーニング　285, 286
スター活性　243
スマイリング　73, 74, 298
スメアー　221, 259

生化学　116
生活形　86
生活史段階　42, 52-54, 56
制限酵素　24, 100-104, 120, 170, 221, 224, 227, 228, 243-246, 251, 252, 255-259, 275, 278-281, 302
制限酵素処理　224, 227, 256, 258
制限酵素断片長多型→RFLP

制限サイト（制限酵素認識サイト）　221, 244, 245, 251, 253, 259
制限部位（制限酵素認識部位）→制限サイト
生殖　13, 111, 114, 147
生殖（的）隔離　133, 146
生存率　39, 44, 47, 49, 50, 55, 82
生態遺伝学　9
生態学　3, 4, 7, 59, 60, 70
生態系　59, 60, 70
生態的隔離機構　115
成長休止期　90
生命の設計図　140
遷移段階　86, 187
染色液　210
染色液の調整　196
染色体　63, 140, 142, 146, 147
染色体の構造変異
染色体領域　146
染色手順　210
染色用緩衝液　210
選択　112
選択干渉　42, 43, 54-56
選択係数　42, 55
選択プライマー　253, 260
センチモルガン　143
セントロメア　63

相加効果　142
創始者　99
双子葉植物　184
相同染色体　142
挿入　99, 221, 234, 245, 246, 251
送粉者　60, 80, 81
草本　40, 43, 44, 52
　1年生——　40
　多年生——　40
阻害物質　184, 188
組織染色技術　183

祖先集団　104, 107

■タ行■

大配偶体→雌性配偶体
対立遺伝子　13, 15, 42, 45-47, 64-66, 68, 71, 73-76, 81, 82, 89, 91, 94, 96, 104, 184, 245, 303
——の空間分布　82
——の有効数　→$n_e$
——頻度　13, 14, 46, 66, 77, 83, 102, 106
他家花粉　40
タギング　116
多型遺伝子座→遺伝子座
多系統　116
他殖　39, 53, 142
他殖率　9, 40, 43, 45, 187
多年生草本→草本
単系統　116
単性遺伝　145, 244, 245→片親遺伝
タンパク質分子　183
単量体　184, 201, 202
単離　165

遅延自家受粉→自家受粉
地下茎　21-23, 25, 31, 32
致死遺伝子　43
致死因子　142
致死作用　43
地史的変遷　7
致死突然変異→突然変異
稚樹　71, 76, 77, 81
地層　94, 95
父親の繁殖成功度→繁殖成功度
父親判定　8
チミン（T）　140, 295
抽出液　207
柱頭　49, 52, 56, 147

索　引　*313*

長期大面積調査プロット
超低温冷凍庫（ディープフリーザー）　284
超優性仮説　41
地理的傾向　92, 94
地理的勾配→クライン

ディープフリーザー→超低温冷凍庫
低温湿層処理　189, 193
データベース　166, 237, 240, 241, 276
適応　7, 116, 117, 148, 179
適応的性質　148
適応度　39, 40, 43
電気泳動　45, 64, 73, 89, 91, 102, 158, 166, 170, 184, 190, 221, 224, 231, 251, 256, 279
　　アガロース（ゲル）――
　　101, 166, 224, 227, 228, 242, 243, 245, 256, 259, 267, 275, 280, 281
　　アクリルアミドゲル――
　　292
　　ポリアクリルアミドゲル――
　　　253
電気泳動装置　195, 196, 163, 267, 269
電気泳動パターン　184
電源装置　195
転座　146
点突然変異→突然変異
デンプンゲル　190

統計的有意　92
同質倍数体　204
淘汰→自然淘汰
淘汰圧　53
突然変異　13, 15, 42, 69, 91, 97, 99, 103, 221
　　弱有害――　42

致死――　42, 43
点――　99
有害――　53-55
葉緑体――　43
劣性致死――　44
突然変異モデル　81
突然変異率　14, 15, 43, 54, 69, 75, 120, 303
トランスイルミネーター　228, 242-244, 279
トランスファー（ブロッティング）　224, 227, 229, 230

■ナ行■

内樹皮　189
ナイロンメンブレン→メンブレン

二親性近親交配→近親交配
二次構造　166
二次散布　98
ニッチ　96
日長不反応性　146
二本鎖DNA　221
二本鎖アダプター　252
日本列島　89, 108, 114, 124
任意交配（ランダム交配）13, 14, 45, 53-55, 68

ヌル対立遺伝子　67, 68, 202, 204, 205, 303

熱帯樹木　184
熱帯多雨林　70
稔性　111

濃縮ゲル　190, 192
農林水産省DNAバンク　238
ノーザンハイブリダイゼーション　222
ノンパラメトリックな検定　92

■ハ■

塩基多様度→π
配偶子　39, 142, 182, 188
胚珠　117
珠孔　134
珠心　134
胚珠発達率　52
排除確率　75
倍数体　202
胚乳　188, 193
白亜紀　151
葉組織　189, 224
ハチドリ媒　147
ハーディ-ワインバーグ（の）平衡　13, 47, 179
ハーディ-ワインバーグの法則　13, 14, 182
ハナバチ媒　147
ハプロタイプ　8, 104, 121, 126, 244, 245, 273
犯罪捜査　63
繁殖個体　40, 60, 70, 71, 75, 77, 79
繁殖個体数　14
繁殖サイズ　70, 71
繁殖成功度　6
　　父親の――　6
繁殖プロセス　60
繁殖力　39, 41
半数体　188, 195, 234, 244
ハンチントン舞踏病　65
バンド　6, 8, 20, 32, 26, 29, 30, 36, 62, 63, 68, 75, 204, 221, 251, 278
　　――の相対移動距離
バンドパターン　5, 23, 24, 26, 29, 253, 267, 268, 271, 272
　　――の読み取り　184
反応バッファー　255, 265,

278, 295
反復配列 63, 64, 82, 228

ビオチンラベル 295
非コード領域 120
被子植物 117, 130, 134, 187, 238
ヒトゲノム計画 140
表現型 5, 89
標準誤差 47, 48, 104

ファージ 221
フィルターセット 262
フィンガープリント 23-26, 29, 30, 35, 36, 256, 261
ブートストラップ確率 116
風媒花 86, 150
フェノール性物質 189, 190, 195
フォスファターゼ 202, 232, 280, 281, 286, 290, 300
父性遺伝 117, 128, 132, 133, 159, 238, 240, 245
父性排斥率 165
父性マーカー→マーカー
物理地図（制限酵素切断地図）141, 170, 222, 234
不等交叉 81
不等乗換 142
部分優性仮説 41
部分劣性 42
冬芽 85, 90, 100, 190
プライマー→PCRプライマー
フラグメントサイズ 30, 244
フリークエントカッター 251, 257
プレート 276, 283, 284, 286, 292, 293
不連続世代 13
プローブ 62, 82, 101-104, 221, 222, 224, 226, 227, 230-233, 286-290

DNA── 170
ブロッティング 101, 296, 299-301
プロテアーゼ 294
分岐進化 135
分子遺伝学 116
分子遺伝マーカー→マーカー
分子系統学 144
分子情報 3
分子生態学 3, 9, 12
分子内組換え 240
分子マーカー→マーカー
分集団間の平均遺伝子多様度 →$D_{ST}$ 181
分析キット 19, 23, 24
分布帯 86, 132
分布範囲 86, 90
分布変遷 95, 96, 106, 139
分離ゲル 190, 199
分離比 142
分類群 161

平行進化 116
βガラクトシダーゼ 282, 284
ベクター 282
ベクター配列 302
ヘテロ性 34
ヘテロ接合 5, 65, 68, 74
ヘテロ接合型 147, 179, 188, 202, 204, 246, 274, 303
ヘテロ接合体率→$H_e$
ヘテロ接合度 14, 15, 64, 68, 75, 87, 96
──の期待値→$H_e$
──の観察値→$H_o$
ヘテロタイプ 244
ヘテロダイマー 202
ヘテロプラズミー 244

放射性ラベル 158
母植物 45, 46
母性遺伝 79, 97, 99, 112, 117, 128, 132, 133, 159, 238, 245, 272
母性マーカー→マーカー
保全生物学 60
北方系樹種 96
ホモジナイザー 193
ホモ接合 5, 34, 47, 65, 68, 74
ホモプラシー 104
ホモロジー検索 153
ポリアクリルアミドゲル 45, 190, 244, 263
ポリペプチド 202
ポリメラーゼ連鎖反応→PCR

■マ行■

マイクロサテライト 4-6, 45, 64-68, 71, 73, 75, 80-83, 162, 165, 276, 285, 286, 302→SSR
マイクロサテライトマーカー →マーカー
マーカー 143
　CAPS── 150, 152, 153
　DNA── 141, 144-146, 148
　アロザイム── 61, 62, 64, 69, 81
　遺伝── 45, 47, 61, 63, 64, 67, 70, 81, 89, 91, 130, 141, 142, 144, 147, 153, 158, 164, 170
　核── 133
　ランダム── 142
　共優性── 34, 62, 142, 144, 149, 152, 162, 164
　形質── 142
　父性── 120
　分子── 4-6, 9, 112-114, 117, 120
　分子遺伝── 113

母性―― 120
マイクロサテライト――
　60, 63-66, 68-71, 74, 79-83,
　275, 276, 283, 303
優性―― 34, 142, 160, 164,
　245, 246
ランダム―― 142, 144
マイクロチューブ 277, 279,
　282, 284, 287, 293-295
マイクロピペット 294
マスターミックス 242, 244,
　267
マトリックスファイル 256,
　261, 262
マルチクローニングサイト
　278, 280, 282, 295

ミスマッチ修復系遺伝子 75
蜜腺 147
密度勾配遠心 63
ミトコンドリア 117, 126,
　128, 132, 222, 230
ミトコンドリアDNA→DNA
ミニサテライト部位 62

無限対立遺伝子モデル 14,
　15
無効対立遺伝子 67
無性繁殖 34

雌しべ 49, 80, 147
雌期 49, 50
芽生え 59, 60, 79, 80, 188
メンデル遺伝 89, 97, 170
メンデルの優性の法則 5
メンブレン 170, 224, 226,
　229, 230, 232, 233, 285,
　286, 289, 290, 291
　ナイロン―― 101, 170,
　229, 288, 296, 299-301

網状進化 135

モチーフの反復数 64, 82
モデル生物 116
戻し交雑（戻し交配）（BC）
　129, 141 143

■ヤ行■

薬 146
野生植物 3, 24, 66

有害遺伝子 41, 42
有害突然変異→突然変異
有効集団サイズ→集団の有効
　な大きさ
優性遺伝 5, 6, 8
有性生（繁）殖 13, 34, 99
優性の度合い 42, 53-55
優性（遺伝）マーカー→マー
　カー
ユニバーサルプライマー
　120, 238, 265

陽性クローン 275, 292, 293
葉緑体 117, 128, 129, 222
葉緑体DNA→DNA
葉緑体突然変異→突然変異
四元交雑集団 142

■ラ行■

ライゲーション 24, 252, 257-
　259, 275, 278, 280-282, 284
ライブラリー作成 66, 275,
　276, 278
落葉高木 49
落葉広葉樹林 86
　冷温帯―― 95
ラジオアイソトープ→RI
裸子植物 74, 117, 134, 187
卵細胞
ランダム交配→任意交配
ランダムマーカー→マーカー

両親（性）遺伝 117, 159
両性花 49
量的形質（を支配する）遺伝
　子座→QTL
林冠 59
林床 71, 80
林木 89
林床性植物 82

類似度関係図 104

レアカッター 251, 257
冷温帯
冷温帯落葉広葉樹林→落葉広
　葉樹林
劣性遺伝子→遺伝子
劣性致死突然変異→突然変異
レフュージア 96, 97, 106,
　107
連鎖 46, 161
連鎖解析 82, 141, 142, 144,
　188, 195, 222
連鎖群 141, 143, 146, 150,
　151
連鎖地図（遺伝学的地図, 遺
　伝地図） 8, 141, 143-150
連鎖不平衡 150, 153

# 生物名索引

### ●学名●

Abies  185
—— balsamea  187
Acasia  185
—— auriculiformis  187
—— crassicarpa  187
Aureobasidium pullulans  36
Bidens menziesii  187
C. elegance  116
Chamaecyparis  185
Cryptomeria
—— japonica→スギ  148
—— fourtunei  148
Cronartium ribicola  185
Echium plantagines  187
Eichhornia paniculata  187
Eichhornia paniculata  187
Endocronartium sahoanum var. sahoanum  135
Eucalyptus  185
—— delegatensis  187
Epicoccum sp.  36
Epifagus virginiana  238
Eucalyptus  185
Fagus  185
Glycine argyrea  187
Helianthus
—— annuus  146, 147
—— anomalus  146
—— debilis ssp. cucumerifolius  147
—— petiolaris  146
Larix laricina  187
Limmanthes alba  187
Limmanthes bakeri  187
Lupinus alba  187
Mimulus
—— cardinalis  147
—— lewisii  147
Narcissus  175
Nelumbo  175
Neofinetia  175
Nicotiana  175
Nymphaea  175
Pestalotiopsis sp.  36
Picea  185
—— abies→ヨーロッパトウヒ
—— engelmanni  134
—— glauca→グラカトウヒ
—— sitchensis  134
Pinus  185
—— albicaulis→シロハダゴヨウ
—— banksiana  134, 244
—— cembra→シモフリマツ
—— contorta  134, 187
—— engelmanni  134
—— hakkodensis Makino→ハッコウダゴヨウ
—— kalepensis  130
—— jeffreyi  187
—— kwangtungensis  116
—— monticola  187
—— parviflora Sieb. Et Zucc. var. pentaphylla (Mayr) Henry→キタゴヨウ
—— pumila (Pallas) Regel→ハイマツ
—— raeda→テーダマツ
Pithecellobium elegans  79
Populus  185
Pseudotsuga  185
—— menziesii  187
Quercus  185
Sasa senanensis→クマイザサ
Taxodium  148
Tetramolopium  185
Thuja plicata  44

索引　*317*

## ●ア行●

アカマツ　22, 71, 114, 124
アザラシ　82
イヌワラビ　274
イネ　139, 145, 146, 238, 240, 241, 260
イワデンダ科　274

ウラスギ　148

エゾコザクラ　273

オオシラビソ　112, 124, 132
オオハナワラビ属　272
オオムギ　145, 241, 260
オシダ科　274
オモテスギ　148

## ●カ行●

カケス類　94
カツラ　70
キタゴヨウ（*Pinus parviflora* var. *pentaphylla*）
　111, 114-116, 118-132, 136
キュウリ　260

クマイザサ（*Sasa senanensis*）　20, 23, 25, 28, 31, 34
グラカトウヒ（*Picea glauca*）　134, 239
クラミドモナス　240
クロマツ　238

齧歯類　98

酵母　260
コムギ　145, 241
コメツガ　125, 132
ゴヨウマツ　115, 125, 135, 136

## ●サ行●

さび病菌　118, 134, 136

シチトウハナワラビ　272
シナノキ　70
シモフリマツ（*Pinus cembra*）　116
ショウジョウバエ　116
ショウジョウバカマ　82
シラカシ　70
シロイヌナズナ　116, 139, 240, 260
シロハダゴヨウ（*Pinus albicaulis*）　116

スギ（*Cryptomeria japonica*）　85, 139, 142, 148, 149, 150, 152, 239
ストローブス亜属　115
ストローブス節　115
ストロビ亜節　115

ゼニゴケ　238
センブラエ亜節（subsection Cembrae）　115

ソルガム　146

## ●タ行●

大豆　260
大腸菌　82, 276, 282, 283, 293
タバコ　238

チシマザサ　22, 23
鳥類　98

テーダマツ　187, 239

トウガラシ　146
トウヒ属　134, 260
トウモロコシ　145, 146, 238, 260
トチノキ　70
トマト　145, 146, 260

## ●ナ行●

ナス科　146
ナヨシダ　274
ナラの一種　96

ヌマスギ（*Taxodium*） 148, 151-153

●ハ行●

ハイマツ（*Pinus pumila*） 111, 114-116, 118, 120-136
ハクウンボク 70
ハッコウダゴヨウ（*Pinus hakkodensis*） 114, 118, 128
ハリギリ 70
パンコムギ 240

ヒノキ科 44, 238

ブドウ 260
フユノハナワラビ 272

ベニシダ 274

ホオノキ 41, 49-57, 70-72, 77, 79, 80
ホシガラス 96
ボルドサイプレス 151, 152
ホンシャクナゲ 70
ポンドサイプレス 151, 152

●マ行●

マツ亜属 115
マツ属 114, 116, 130

ミズキ 70
ミズナラ 22

●ヤ行●

ヤマザクラ 70

ヨーロッパトウヒ（*Picea abies*） 134, 239

●ラ行●

リョウメンシダ 274

レタス 260
レッドマングローブ 272

**種生物学会** (The Society for the Study of Species Biology)

植物実験分類学シンポジウム準備会として発足。1968年に「生物科学第1回春の学校」を開催。1980年，種生物学会に移行し現在に至る。植物の集団生物学・進化生物学に関心を持つ，分類学，生態学，遺伝学，育種学，雑草学，林学，保全生物学など，さまざまな関連分野の研究者が，分野の枠を越えて交流・議論する場となっている。「種生物学シンポジウム」（年1回，3日間）の開催および学会誌の発行を主要な活動とする。

●運営体制（2007～2009年）
  会   長：可知直毅（首都大学東京）
  副 会 長：角野康郎（神戸大学）
  庶務幹事：木下栄一郎（金沢大学）
  会計幹事：西谷里美（日本医科大学）
  学 会 誌：英文誌　Plant Species Biology（発行所：Blackwell）
      編集委員長／大原雅（北海道大学）
     和文誌　種生物学研究（発行所：文一総合出版，本書）
      編集委員長／工藤　洋（神戸大学）
  学会HP：http://sssb.ac.affrc.go.jp/

<br>

### 森の分子生態学
～遺伝子が語る森林のすがた～

2001年2月28日　初版第1刷発行
2007年5月1日　初版第4刷発行

編●種生物学会
©The Society for the Study of Species Biology 2001, 2007

カバー・表紙デザイン●村上美咲

発行者●斉藤　博
発行所●株式会社　文一総合出版
〒162-0812　東京都新宿区西五軒町2-5
電話●03-3235-7341
ファクシミリ●03-3269-1402
郵便振替●00120-5-42149
印刷・製本●奥村印刷株式会社

定価はカバーに表示してあります。
乱丁，落丁はお取り替えいたします。
ISBN978-4-8299-2150-0　Printed in Japan

日本の植物学研究をリードする種生物学会の和文誌が，
学会員以外の方にも入手しやすい単行本として登場！

植物進化生物学研究の基礎から応用まで

# 種生物学シリーズ

- 学会シンポジウムの講演で紹介された内容をわかりやすく編集。
- 最新の研究動向を伝える読み物から，実験室ですぐに役立つちょっとしたヒントを満載したラボマニュアルまで，学習，研究の現場に必要な情報を網羅。
- 分類学，生態学，遺伝学，育種学，雑草学，林学，保全生物学など，植物科学全般にわたる分野をカバーするラインナップで順次刊行。

### 第1回刊行　花生態学の最前線―美しさの進化的背景を探る

植物の花は美しく，そしてはかない。それはいったいなぜなのだろう？　花のさまざまな性質の意味を「適応進化」の観点から説き明かす，野外研究の苦労や喜びとは？　植物繁殖生態研究を志す人必読の1冊。　　本体3,000円

分担執筆者（五十音順）：石井博・井上健・丑丸敦史・大橋一晴・大原雅・川窪伸光・工藤岳・工藤洋・小林史郎・酒井聡樹・鈴木和雄・西川洋子・西廣淳・松井淳・三宅崇・矢原徹一

### 第2回刊行　森の分子生態学―遺伝子が語る森林のすがた（本書）

樹木の親子関係，栄養繁殖する植物1個体の広がりなどの情報を，正確かつ容易に得られる分子マーカーというツール。どんな研究ができるのか，どんな場合にどんな手法が有効なのか。研究例とマニュアルで紹介。　　本体3,600円

分担執筆者（五十音順）：井鷺裕司・石田清・川窪伸光・陶山佳久・津村義彦・戸丸信弘・西脇亜也・綿野泰行

### 第3回刊行　保全と復元の生物学―野生生物を救う科学的思考

大量絶滅の時代にあって，社会とのかかわりにおいて果たすべき役割を自覚する保全生物学。近年，定量的な絶滅リスク評価の考え方を採用したレッドデータブックが刊行されるなど，近年新たな潮流が生まれている。そのレッドデータブックを解説しつつ，今後の展開を概観する。　　本体3,200円

分担執筆者（五十音順）：石濱史子・角野康郎・川窪伸光・鈴木武・服部保・藤井伸二・牧雅之・松田裕之・矢原徹一・鷲谷いづみ

### 第4回刊行　光と水と植物のかたち―植物生理生態学入門

ナマの生きもの観察とは一見縁遠く感じられる植物生理生態学だが，実は「この植物はなぜここにあり，こんな形をしているのだろう？」と問い植物の「生きざま」を見据える魅力的な分野。「生きもの好き」が集う種生物学会の特長が存分に発揮された，「生きもの好き」への贈りもの。　　本体3,800円

分担執筆者（五十音順）：石田厚・可知直毅・久米篤・小池孝良・舘野正樹・谷享・寺島一郎・半場祐子・彦坂幸毅・村岡裕由

## 次回配本：植物の生活史研究――解き明かされる植物のダイナミクス

本体価格，刊行予定は2003年11月現在のものです。